"十三五"国家重点出版物出版规划项目
面向可持续发展的土建类工程教育丛书

计算机绘图与 BIM 基础

主　编　栾英艳　何　蕊
参　编　王　迎　高　岱　姜文锐　李平川　崔馨丹
主　审　吴佩年

机 械 工 业 出 版 社

本书分为AutoCAD建筑制图基础与BIM基础——Revit Architecture两部分，共10章。第一部分主要介绍AutoCAD在建筑工程相关专业二维绘图中的操作及应用，包括：AutoCAD制图基础、二维图形绘制、二维图形编辑、文本与尺寸、图块及建筑工程图综合举例。第二部分主要介绍BIM技术基础及Revit的建筑三维建模操作及应用，包括：BIM技术基础、Revit基础、建筑三维建模、族与体量、施工图及明细表。

本书总结了编者多年来的教学成果，章节安排合理，示例贴近工程实际，操作规范，语言精炼，结构紧凑，通俗易懂。

本书引入了BIM技术，将二维绘图与三维建模有机结合，紧跟行业发展，更新知识体系，有助于培养新时代的人才。

本书可作为高等院校建筑工程领域相关专业，如土木工程、交通工程等专业的教材，也可供相关工程技术人员阅读参考。

本书的授课PPT等相关配套资源，免费提供给选用本书的授课教师，需要者请登录机械工业出版社教育服务网（www. cmpedu. com）注册后免费下载。

图书在版编目（CIP）数据

计算机绘图与BIM基础/栾英艳，何蕊主编. —北京：机械工业出版社，2020.1（2025.1重印）
（面向可持续发展的土建类工程教育丛书）
“十三五”国家重点出版物出版规划项目
ISBN 978-7-111-65917-4

Ⅰ.①计… Ⅱ.①栾… ②何… Ⅲ.①土木工程-建筑设计-计算机辅助设计-应用软件-高等学校-教材 Ⅳ.①TU201.4

中国版本图书馆CIP数据核字（2020）第112683号

机械工业出版社（北京市百万庄大街22号 邮政编码100037）
策划编辑：李 帅 责任编辑：李 帅
责任校对：王 欣 封面设计：张 静
责任印制：单爱军
北京虎彩文化传播有限公司印刷
2025年1月第1版第7次印刷
184mm×260mm · 14.5印张 · 359千字
标准书号：ISBN 978-7-111-65917-4
定价：39.90元

电话服务	网络服务
客服电话：010-88361066	机 工 官 网：www. cmpbook. com
010-88379833	机 工 官 博：weibo. com/cmp1952
010-68326294	金 书 网：www. golden-book. com
封底无防伪标均为盗版	机工教育服务网：www. cmpedu. com

前　言

本书主要介绍美国欧特克（Autodesk）公司开发的两款软件——AutoCAD 及 Revit Architecture 在建筑工程行业的应用。AutoCAD 主要解决二维设计工程图样的设计与绘制，Revit Architecture 主要解决建筑三维信息模型的设计与建立。

AutoCAD 是经典的二维、三维设计软件，在建筑、机械设计、电气设计等行业均有广泛的应用，本书针对建筑工程行业特点，专门介绍该软件在建筑工程行业二维设计的应用。书中相应图形绘制、编辑、综合举例等内容的示例均为具有建筑特点的图形、图样，针对性强，适合建筑工程领域相关教师、学生、从业人员选用。

建筑信息模型（Building Information Model，简称 BIM）是在建筑工程及设计全生命期内，对其物理和功能特性进行数字化表达，并参与设计、施工、运营的过程和结果的总称，是建筑工程行业近年来新兴起的技术，具有传统二维设计不可比拟的优点。

党的二十大报告指出："推动战略性新兴产业融合集群发展，构建新一代信息技术、人工智能、生物技术、新能源、新材料、高端装备、绿色环保等一批新的增长引擎。" BIM 技术在我国处于大面积推广阶段，BIM 技术人才稀缺，人社部 2019 年发布新职业中包含建筑信息模型技术员。2017 年 2 月，国务院办公厅发布《关于促进建筑业持续健康发展的意见》（国办发〔2017〕19 号），加快推进建筑信息模型（BIM）技术在规划、勘察、设计、施工和运营维护全过程的集成应用。住建部自 2012 年起持续发文旨在推动 BIM 技术发展，北京、上海等城市也持续推出了相关 BIM 应用文件。住建部编制了 GB/T 51212—2016《建筑信息模型应用统一标准》和 GB/T 51235—2017《建筑信息模型施工应用标准》。

在各部门多年来的积极推动下，我国已有很多标志性建筑采用了 BIM 技术，感受到了 BIM 技术的魅力并从中受益，但由于人才紧缺等原因使得 BIM 技术在我国未得到普遍应用，因此，高等学校应尽快培养相关教师开设相关 BIM 课程。

哈尔滨工业大学工程图学部自 2013 年起开展 BIM 教育，通过开设选修课、开设 MOOC、组建创新创业项目团队、学科竞赛、行业实习等方式培养掌握 BIM 技能的人才。接受 BIM 教育的学生在学术研究和工作中受到广泛好评，我团队在培养 BIM 技术创新型人才中做出了努力。本书是在讲义基础上结合多年教学经验整理编写而成的，操作过程介绍规范明了，顺序介绍操作过程，学生易于上手并掌握，部分章节配有相关习题，便于学习人员检验知识的掌握程度。本书可作为普通高等学校本科及高职高专教材，也可作为 BIM 等级考试自学教材。

Revit Architecture 是美国欧特克公司开发的一款软件，是目前 BIM 技术软件市场中份额较大的一款软件。通过该软件的学习，学生可初步掌握 BIM 技术中的建筑设计环节，对其他专业软件的学习有一定的基础和启发作用，对学生了解 BIM 技术也是个良好的开端。

本书编者为哈尔滨工业大学工程图学部具有丰富教学经验的一线教师。栾英艳编写第 1 章和第 4 章，何蕊编写第 6 章和第 8 章的 8.1 ~ 8.7 节，姜文锐编写第 2 章，王迎编写第 3 章，高岱编写第 5 章和第 9 章，李平川编写第 7 章和第 8 章的 8.8、8.9 节，崔馨丹编写第 10 章，全书由栾英艳教授进行统稿。中国图学会制图技术专业委员会副主任委员吴佩年教授担任本书主审。

根据本书内容制作的 MOOC 课程“BIM 技术基础——Revit2019 建筑”已在中国大学 MOOC 网站上线，读者可参考学习。

在校学生及教师可在欧特克官方网站下载教育版相关软件免费试用。

编　者

目　录

前言
第 1 章　AutoCAD 制图基础 …… 1
1.1　启动与 AutoCAD 工作界面 …… 1
1.2　文件管理 …… 6
1.3　绘图环境与图层设置 …… 8
1.4　基本操作 …… 12
1.5　辅助绘图工具 …… 14
第 2 章　二维图形绘制 …… 20
2.1　绘制点和线 …… 20
2.2　绘制基本图形 …… 32
2.3　图案填充 …… 37
2.4　应用举例 …… 41
习题 …… 43
第 3 章　二维图形编辑 …… 46
3.1　构造选择集 …… 47
3.2　删除命令 …… 47
3.3　增加图形对象 …… 47
3.4　调整图形位置 …… 52
3.5　调整图形形状 …… 54
3.6　调整图形尺寸 …… 59
3.7　其他编辑命令 …… 62
3.8　综合应用举例 …… 65
习题 …… 67
第 4 章　文本与尺寸 …… 70
4.1　文本 …… 70
4.2　表格 …… 74
4.3　尺寸 …… 77
习题 …… 88

第 5 章　图块及建筑工程图综合举例 …… 89
5.1　图块 …… 89
5.2　建筑制图综合应用举例 …… 103
第 6 章　BIM 技术基础 …… 112
6.1　BIM 技术基本概念 …… 112
6.2　BIM 技术特点 …… 112
6.3　BIM 技术基本应用 …… 115
6.4　BIM 基本工具 …… 116
第 7 章　Revit 基础 …… 118
7.1　Revit 启动与界面介绍 …… 118
7.2　Revit 基本命令 …… 126
第 8 章　建筑三维建模 …… 129
8.1　标高与轴网 …… 129
8.2　墙的创建 …… 135
8.3　门、窗的插入 …… 138
8.4　楼板 …… 145
8.5　洞口与竖井 …… 147
8.6　楼梯的创建 …… 150
8.7　屋顶 …… 152
8.8　场地配景渲染 …… 155
8.9　建模实例 …… 163
习题 …… 180
第 9 章　族与体量 …… 185
9.1　参数化设计方法 …… 185
9.2　族 …… 186
9.3　体量 …… 193
习题 …… 206
第 10 章　施工图及明细表 …… 208
10.1　创建施工图 …… 208
10.2　创建明细表 …… 221

第1章 AutoCAD制图基础

美国欧特克（Autodesk）公司是全球最大的二维、三维设计和工程软件公司，为制造业、工程建设行业、基础设施业以及传媒娱乐业提供卓越的数字化设计和工程软件服务和解决方案。其旗下的AutoCAD系列产品是一款通用计算机辅助设计软件，该软件具有易于掌握、使用方便、体系结构开放等优点，胜任各类二维与三维图形的绘制、尺寸标注、图形渲染以及图纸的打印输出等工作，被广泛应用于机械、建筑、电子、航天、石油化工、土木工程等各领域。

AutoCAD是欧特克公司发布的系列软件产品，自AutoCAD 2018版开始不再支持Windows XP系统，并在性能和功能方面都有较大改进与提升。

1）全新优化的界面拥有更新的外表和体验，有助于改善设计流程。

2）功能区库：从功能区中直观地访问图形内容，省时又省力。功能区库提供了直观、可视且快速的工作流程。例如，要将块添加到设计中，使用功能区库，将光标悬停在功能区上方以插入块。块库会显示所有块的缩略图，用户可以直接插入选择的内容，而无须使用对话框。

3）新建选项卡页面：快速打开新的和现有的图形，并访问大量的设计元素。

4）命令预览：在提交命令之前，先预览常用命令的结果。命令预览能通过评估潜在的命令更改（例如：OFFSET、FILLET和TRIM），减少撤销命令的次数。

5）联机地图：从图形区域内部直接访问联机地图（以前称为实时地图），用户可以将其捕获为静态图像并进行打印，整合到设计中的地图，现在可包含在最终图像中，可以打印到纸张或创建包含地理位置地图的PDF。

6）设计提要：增强功能包括可以在Intranet上使用设计提要，也可在Internet或云连接上。设计和对话处于同一位置，但在发送最终图形时，可以选择是否随对话一起发送。

7）可用性增强功能：借助全新的在线帮助主页、重新设计的欢迎屏幕以及打印对话框预览按钮快速直观地工作。按下<F1>键查找关于文档、安装和部署的相关帮助。使用搜索来查找可共享的文章，并添加至书签以供将来参考。

■1.1 启动与AutoCAD工作界面

1.1.1 启动AutoCAD

在成功安装AutoCAD之后，用户可以通过以下3种方式启动软件：

1）双击桌面上的AutoCAD快捷方式。

2）双击工作文件夹中扩展名为“.dwg”的文件。

3）从Windows“开始”菜单的程序项中找到“Autodesk”→“AutoCAD—简体中文（Simplified Chinese）”的快捷方式。

启动AutoCAD后，默认情况下打开如图1-1所示的“开始选项卡”窗口。这个界面上有“了解”和“创建”两个选项卡。

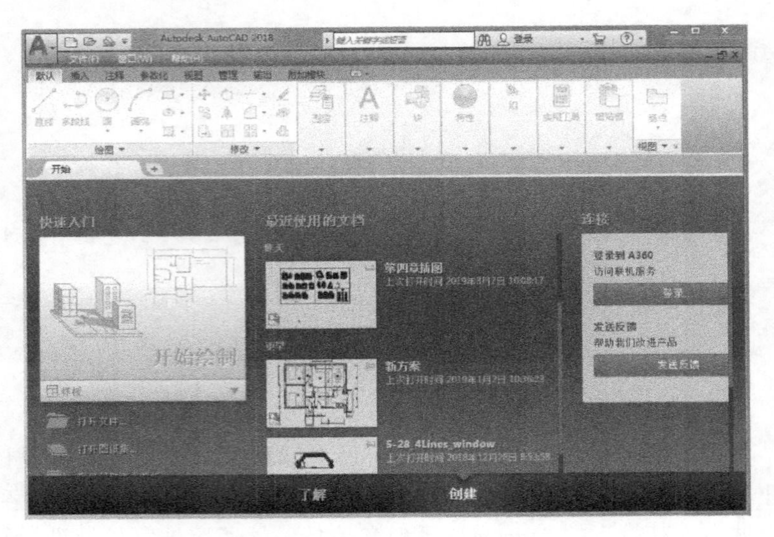

图1-1 AutoCAD“开始选项卡”窗口

1.1.2 AutoCAD工作界面

AutoCAD的工作界面是AutoCAD显示、编辑图形的区域。完整的操作界面如图1-2所示，包括快速访问工具栏、标题栏、交互信息工具栏、菜单栏、功能区、工具栏、坐标系图标、绘图区、导航栏、视图控件、命令窗口、布局标签、坐标和状态栏等。

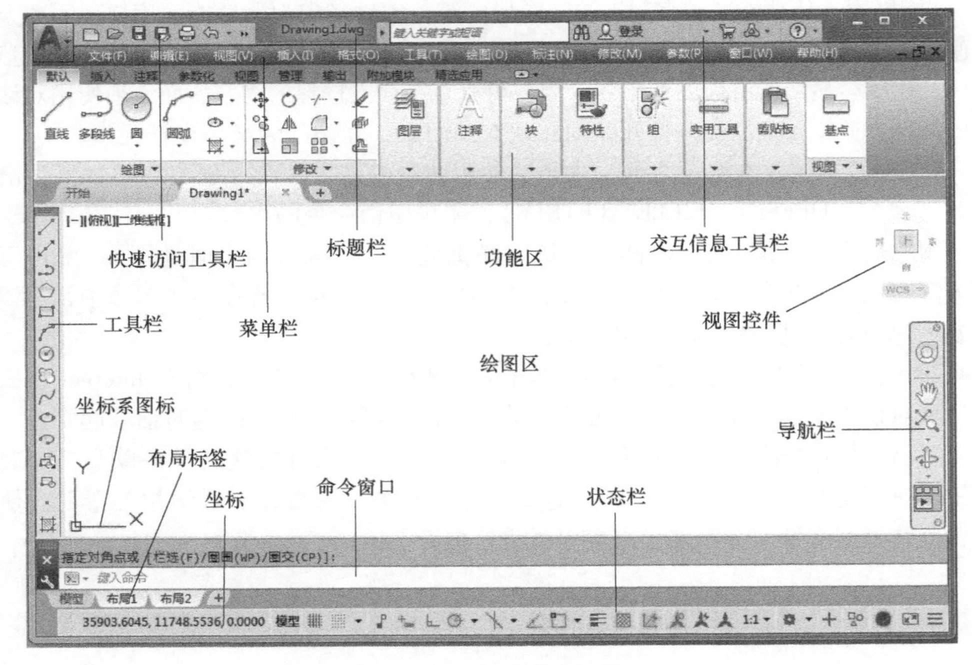

图1-2 AutoCAD中文版操作界面

1. 快速访问工具栏

该工具栏包括新建、打开、保存、另存为、打印等常用操作，用户也可以单击快速访问

工具栏后面的下拉按钮设置自己需要的常用工具。

2. 标题栏

标题栏位于工作界面的最上方，它显示了打开的图形文件的名称和路径。如果刚刚启动AutoCAD或当前图形文件尚未保存，则显示“Drawing1. dwg”。

3. 菜单栏

与其他Windows程序相同，AutoCAD的菜单也是下拉式的，共包含12个菜单项，这些菜单几乎包含了AutoCAD的所有命令，后面的章节将展开叙述。但在AutoCAD默认界面中不显示菜单栏，用户可以单击快速访问工具栏后面的下拉按钮▾，在弹出的工具栏中选择“显示菜单栏”，如图1-3所示，同样也可以隐藏菜单栏。

AutoCAD下拉菜单中的命令有以下三种形式：

（1）带有子菜单的菜单命令　这种类型的命令后面带有小三角形符号。

（2）打开对话框的菜单命令　这种类型的命令后面带有省略号。

（3）直接执行操作的菜单命令　这种类型的命令后面既不带小三角形符号，也不带省略号。选择命令将直接进行相应的操作。

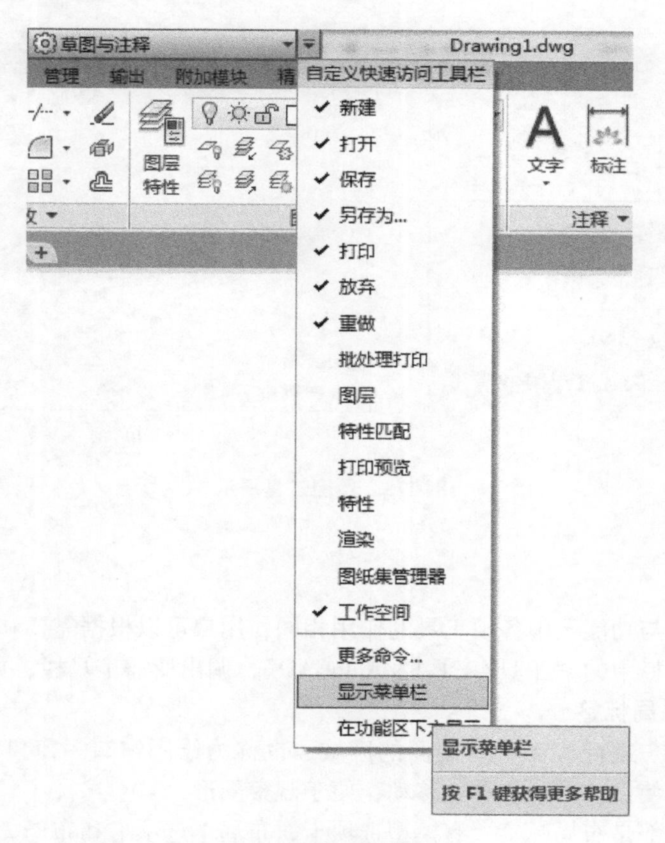

图1-3　显示菜单栏

4. 功能区

功能区包含默认、插入、注释、参数化、三维工具、可视化、视图、管理、输出、

附加模块、A360、精选应用12个选项卡，每个选项卡集成了相关的操作工具，方便用户使用。用户可在功能区空白处右击，在弹出的菜单中设置显示的选项卡，如图1-4所示。不常用的选项卡可以隐藏。

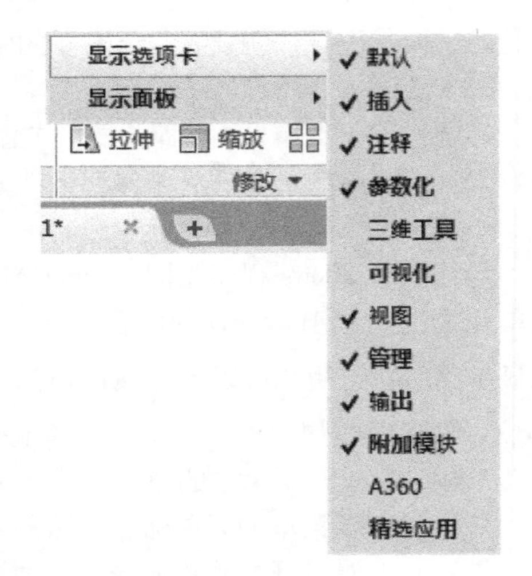

图1-4　显示选项卡设置

单击功能区中某一图标可以启动对应的AutoCAD命令，如果将光标置于命令按钮上稍作停留，AutoCAD弹出工具提示，说明该按钮的功能以及对应的绘图命令，如图1-5a所示的直线按钮。将光标放到工具栏按钮上，并在显示的工具提示标签上稍作停留，又会弹出扩展的工具使用提示框，如图1-5b所示，扩展的工具提示对该绘图命令给出了更详细的说明。

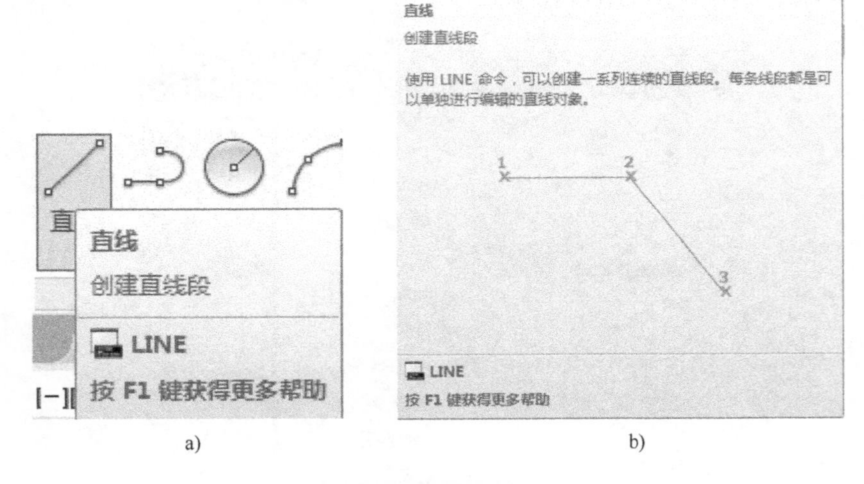

图1-5　绘图工具提示
a）工具提示　b）扩展的工具提示

5. 工具栏

工具栏的作用与功能区中各项工具的作用相同，用户可以根据需要和绘图习惯自行设置工具栏，选择菜单栏中的“工具/工具栏/AutoCAD”，调出所需工具栏，如图1-6所示。

6. 绘图区与布局标签

绘图区是指用户进行AutoCAD绘图的区域，也称为绘图窗口。窗口的右边和下边分别有两个滚动条，可使窗口上下或左右移动，便于观察图形。

绘图区的左下部是布局标签，有模型选项卡、布局1选项卡和布局2等选项卡，它们用于模型空间和图纸空间的切换。

当光标移至绘图区域时，会出现十字光标或拾取框，十字光标的交点反映当前光标的位置，相当于绘图笔的笔尖。

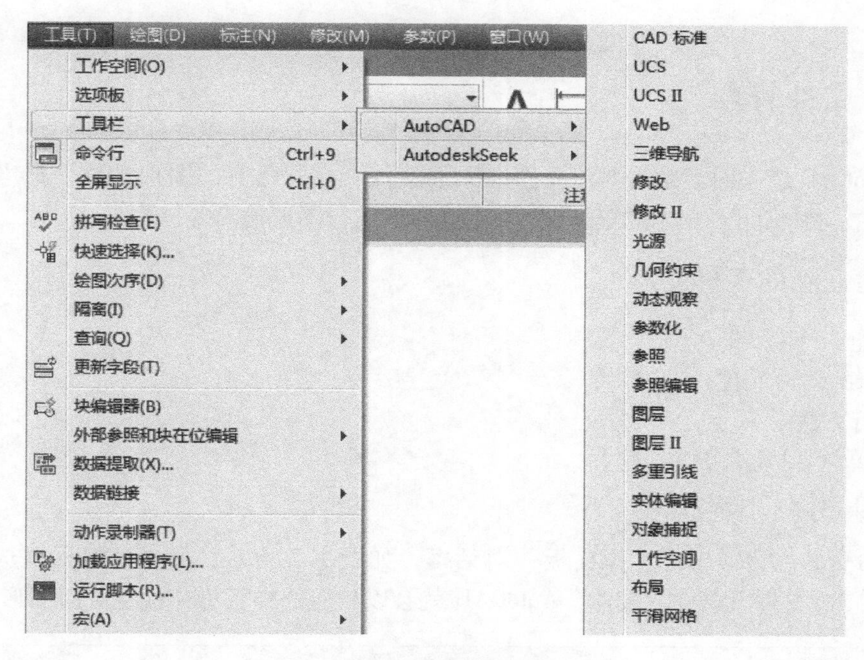

图 1-6　工具栏调用

7. 导航栏与视图控件

导航栏是一种用户界面元素，用户可以从中访问通用导航工具和特定于产品的导航工具。通过单击导航栏上的按钮之一，或选择在单击分割按钮的较小部分时显示的列表中的某个工具，可以启动导航工具。导航栏中提供平移、缩放工具和动态观察工具。

视图控件是用户在二维模型空间或三维视觉样式中处理图形时显示的导航工具。通过它用户可以在标准视图和等轴测视图间切换。视图控件是持续存在的、可单击的和可拖动的界面，它可用于在模型的标准与等轴测视图之间切换。当光标放置在视图控件工具上时，它将变为活动状态。用户可以拖动或单击控件切换至可用预设视图之一，滚动当前视图或更改为模型的主视图。

控件切换，在绘图区左下角的坐标系图标会随之变化，显示当前的坐标位置。

8. 命令窗口

在绘图区的下方是“命令窗口”，该窗口是输入命令和显示命令提示的窗口。AutoCAD 通过命令窗口反馈各种信息，命令窗口是用户和 AutoCAD 进行对话的窗口。绘图时，应特别注意这个窗口，如命令信息、提示信息和错误信息都将在该窗口中显示，要按照提示的信息进行操作。

9. 状态栏

AutoCAD 工作界面的最下部是“状态栏”。状态栏显示光标位置、绘图工具以及改变绘图环境的工具。

状态栏提供对某些最常用的绘图工具的快速访问。用户可以切换相应设置，如：夹点、捕捉、极轴追踪和对象捕捉等，也可以通过单击某些工具的下拉箭头，来访问它们的其他设置。在默认情况下，不会显示所有工具，可以通过状态栏上最右侧的按钮，自定义菜单显示的工具。

■1.2　文件管理

用 AutoCAD 绘图时经常需要建立新的图形文件、打开已有的图形文件、把当前所绘图形存入文件、将图形以其他格式输出以及用绘图仪进行图形输出等操作。

1.2.1　建立新的图形文件

1. 功能

建立新的图形文件。

2. 执行方式

- 菜单栏：【文件】\【新建】
- 快速访问工具栏：

输入命令后，会弹出“选择样板”对话框，如图 1-7 所示。通过此对话框选择相应的样板后，单击“打开（O）”按钮，AutoCAD 就会以相应的样板为模板建立新图形。

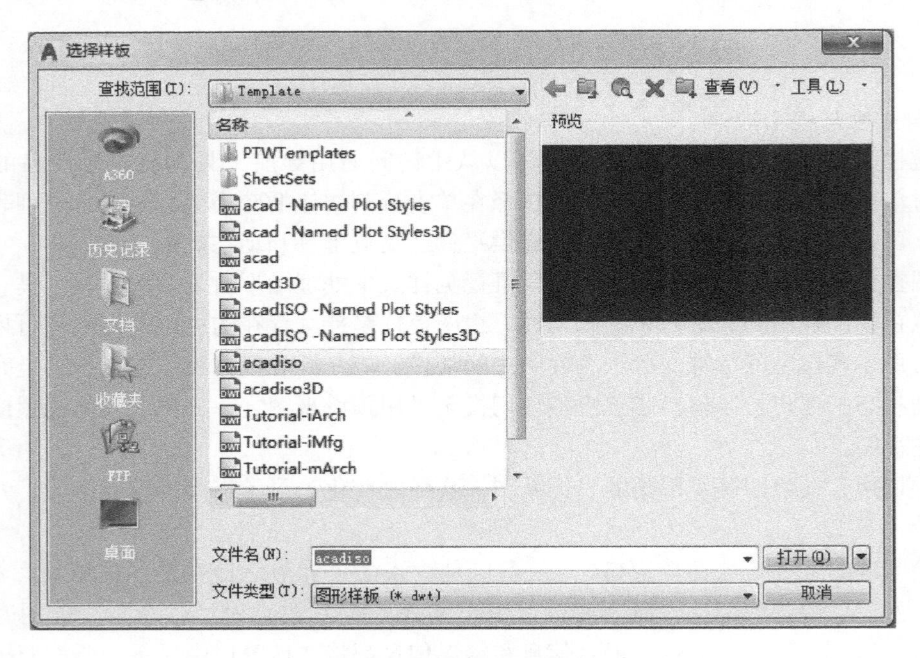

图 1-7　“选择样板”对话框

1.2.2　打开绘图文件

1. 功能

打开已存储的图形文件，使其显示在屏幕上。

2. 执行方式

- 菜单栏：【文件】\【打开】

- 快速工具栏：

输入命令后，弹出“选择文件”对话框，此对话框与图1-7类似，只是将“文件类型”改为“图形（ *.dwg)”。用户可通过“选择文件”对话框确定要打开的文件并将其打开。AutoCAD支持多文档操作，可以单击文件选项卡进行切换。

1.2.3　将图形文件存盘

1. 功能

保存绘制的图形文件。

2. 执行方式

- 菜单栏：【文件】\【保存】
- 快速工具栏：

输入命令后，如果当前图形命令没有命名保存过，弹出图形保存对话框，如图1-8所示。

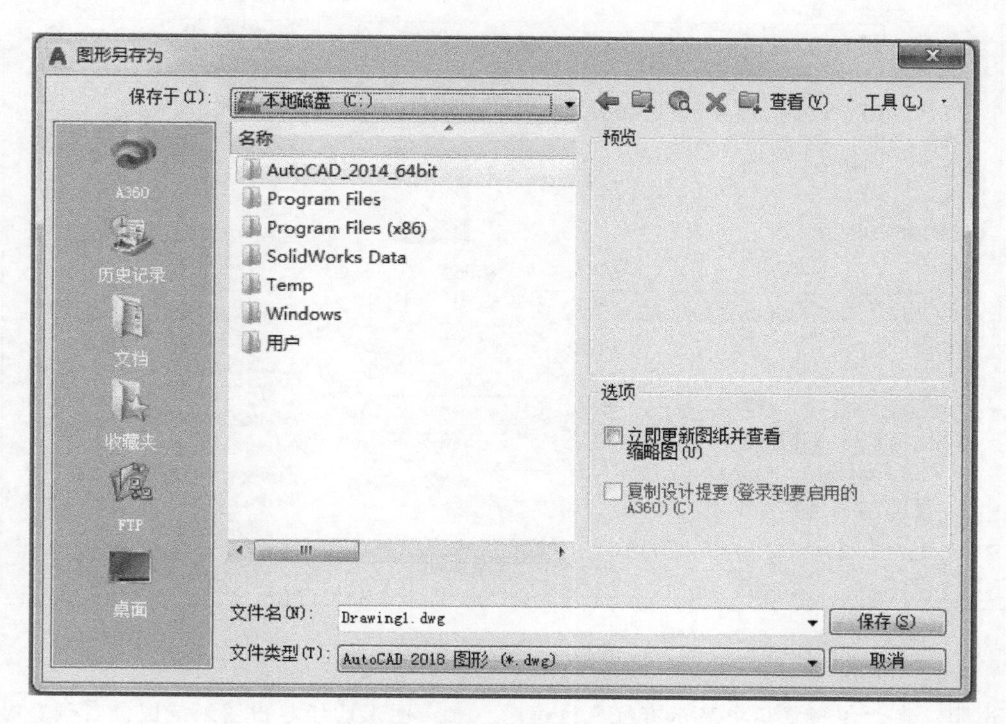

图1-8　“图形另存为”对话框

在该对话框中指定文件的保存路径以及文件名后，单击“保存”按钮，即可完成图形的保存。如果执行命令前已对当前绘制的图形命名保存过，那么执行命令后，AutoCAD直接以原文件名保存图形，不再要求用户指定文件的保存路径和文件名。另外，AutoCAD还提供了换名保存图形的功能，实现此功能的命令可通过菜单浏览器中的“另存为”实现。执行命令后，AutoCAD也会打开“图形另存为”对话框，用户通过对话框确定文件的保存路径及文件名即可。

1.2.4 打印文件

1. 功能

将绘制的 CAD 图形打印在图纸上。

2. 执行方式

- 菜单栏：【文件】\【打印】
- 快速工具栏：

输入命令后，弹出“打印”对话框，如图 1-9 所示。在对话框中选择打印设备、打印范围、份数、图纸方向和图形输出比例等内容。一般情况下，可先单击左下角的“预览”按钮，对预打印的图形进行预览，确认正确后，单击“确定”按钮打印图形。

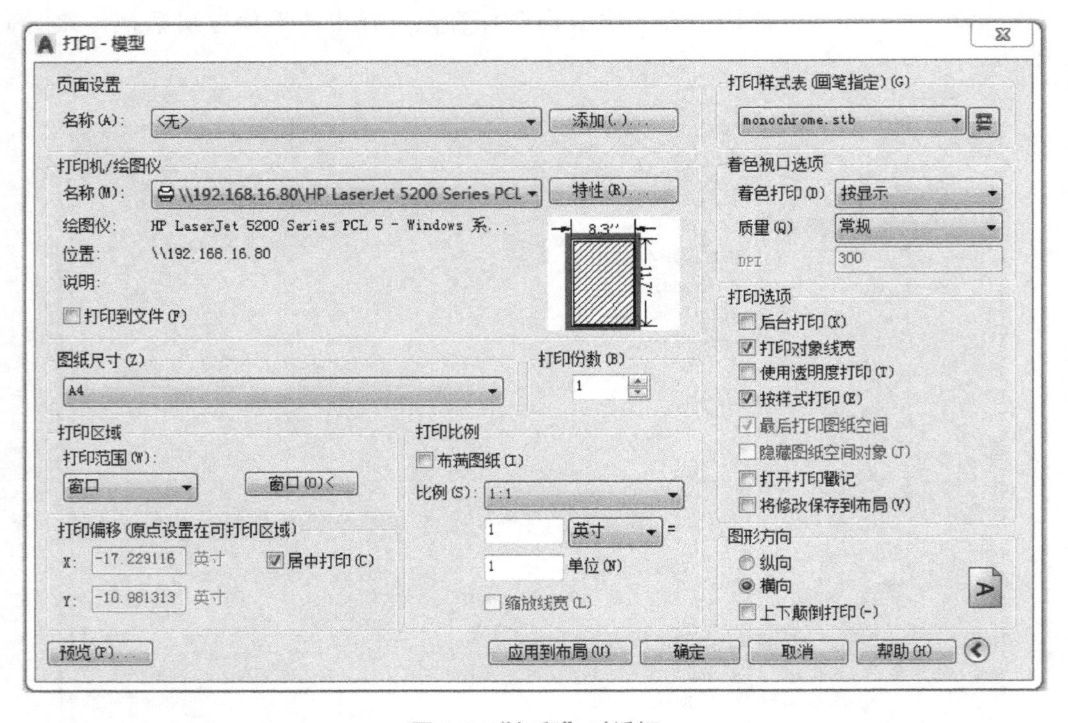

图 1-9 “打印”对话框

说明：在打印预览框中显示有红色边框时，表示图形已经超出图纸范围，在预览时可以看出部分图形没有显示在图纸内，此时应重新调整图纸大小或选用布满图纸来进行打印输出。但以布满图纸形式打印会使图形比例与图线尺寸大小不协调。

1.3 绘图环境与图层设置

在绘制图形前，首先应进行相应的基础设置，这里主要讲述绘图单位设置，绘图边界设置和图层设置。

1.3.1 设置绘图单位

1. 功能

设置和控制当前模型或布局选项卡中图形尺寸的单位形式。

2. 执行方式

- 菜单栏：【格式】\【单位】

输入命令后，AutoCAD 弹出“图形单位”对话框，如图 1-10 所示。设置图形单位后，AutoCAD 在状态栏上用对应的格式和精度显示光标的坐标。系统默认逆时针方向为角度的正方向，勾选顺时针框，则采用顺时针方向为正向。

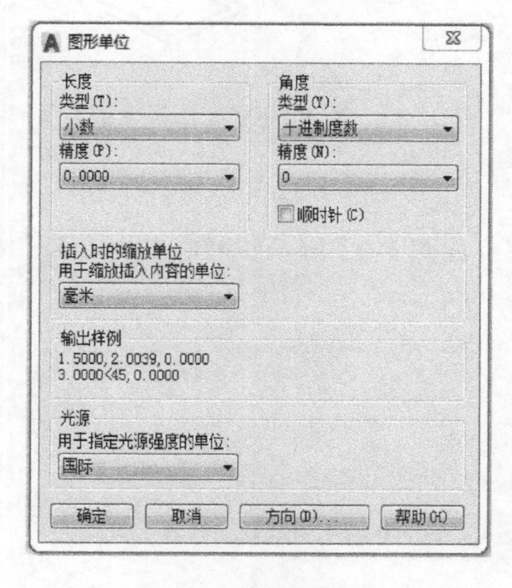

图 1-10 “图形单位”对话框

图 1-11 “方向控制”对话框

单击“方向”按钮，弹出“方向控制”对话框，如图 1-11 所示，可在该对话框中进行方向控制设置。

1.3.2 设置绘图界限

1. 功能

设置和控制当前模型或布局选项卡中栅格的显示范围。

2. 执行方式

- 菜单栏：【格式】\【图形界限】

输入命令后，AutoCAD 有如下提示：

指定左下角点或 [开 (ON)/关 (OFF)] <0.0000, 0.0000>：输入坐标值↙

指定右上角点 <9.0000, 12.0000>：输入坐标值↙

说明：开 (ON) 选项用于打开绘图范围检验功能，执行该选项后，用户只能在设定的图形界限内绘图。如果所绘图形超出设定界限，AutoCAD 将拒绝执行，并给出相应的提示信息。关 (OFF) 选项用于关闭 AutoCAD 的图形界限检验功能。执行该选项后，用户所绘图形的范围不再受所设图形界限的限制。

1.3.3 设置图层

图层是 AutoCAD 提供的重要绘图辅助工具之一。可以把图层看作是没有厚度的透明薄片，各层之间完全对齐，用户可以为每一图层指定绘图所用的线型、线宽、颜色等。可以使用图层来组织不同类型的信息，如图 1-12 所示。在绘制图形时，图形对象将创建在当前层上，每个 CAD 文件中的图层数量不受限制，每个图层都有自己的名称。

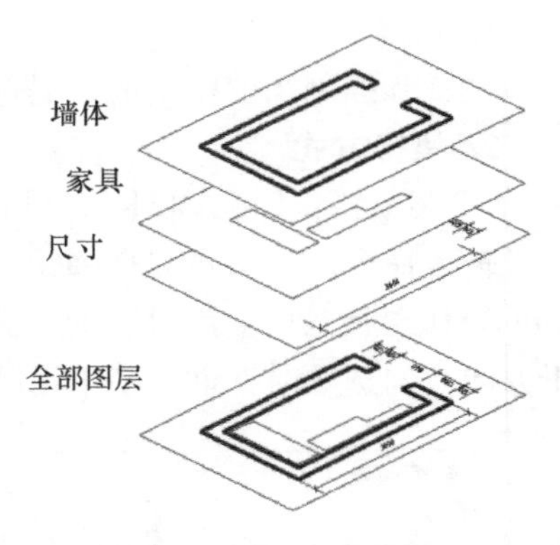

图 1-12　图层示意图

1. 功能

设置和编辑图层。

2. 执行方式

- 菜单栏：【格式】\【图层】
- 功能区：【默认】\【图层】\

输入命令后，打开“图层特性管理器”对话框，如图 1-13 所示。可参考表 1-1，选择相应按钮来管理图层。

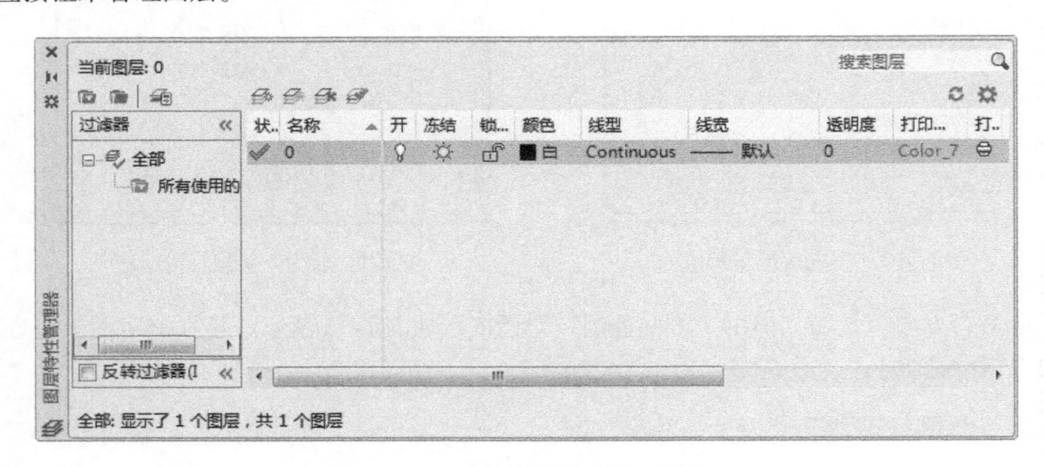

图 1-13　“图层特性管理器”对话框

表 1-1　图层相关按钮说明

按钮图标	功　能	说　明
	创建新图层	新图层将继承图层列表中当前选定图层的特性，如颜色、线型、开关状态等
	删除选定图层	只能删除未被参照的图层。参照的图层包括图层 0 和 DEFPOINTS、当前层，包含对象的图层以及依赖外部参照的图层
	置为当前层	将选定图层设置为当前层，只能在当前层上绘制图形对象

图层创建完成后，需要在每个图层中进行属性设置，包括图层名称、打开/关闭图层、冻结/解冻图层、锁定/解锁图层、图层线条颜色、图层线条线型、图层线条线宽、图层打印

样式和图层是否打印等，以下具体讲述参数的设置。

（1）设置图层线条颜色　在工程制图中，整个图形包含多种图形对象，如墙体、剖面线、尺寸、家具等。为了便于直观区分它们，有必要针对不同图形对象使用不同颜色。

单击该层颜色特性小方块，则会弹出如图1-14所示“选择颜色”对话框，用户可以从中选取所需图线颜色，建议优先选择标准颜色。

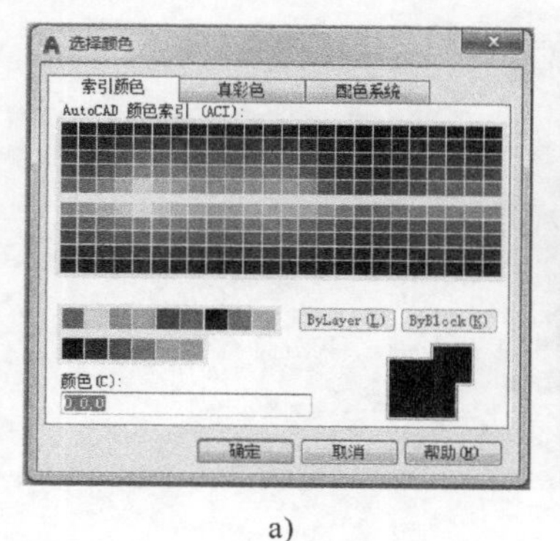

a)

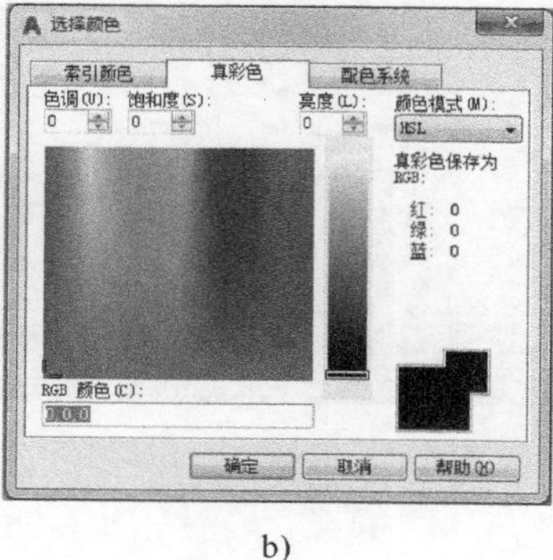

b)

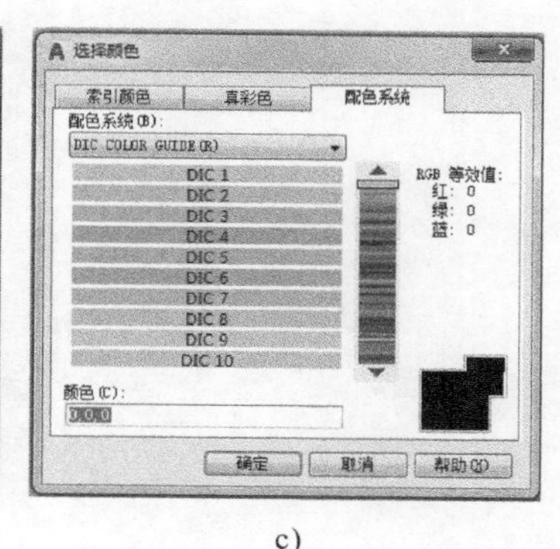

c)

图1-14　“选择颜色”对话框

a）按索引选择颜色　b）按真彩选择颜色　c）在配色系统中选择颜色

（2）设置图层线条线型　图形是由多种线型组成，如实线、点画线、虚线等。为某一图层设置合适的线型，在绘图时，只需将该层设置为当前层，即可绘制出符合线型要求的图形对象。

单击图层所对应的线型，弹出如图1-15所示的线型对话框。默认情况下，系统只加载了Continuous线型。单击“加载”按钮，弹出图1-16所示的对话框，用户可从中选取合适的线型并单击“确定”按钮，即可将其调入内存。

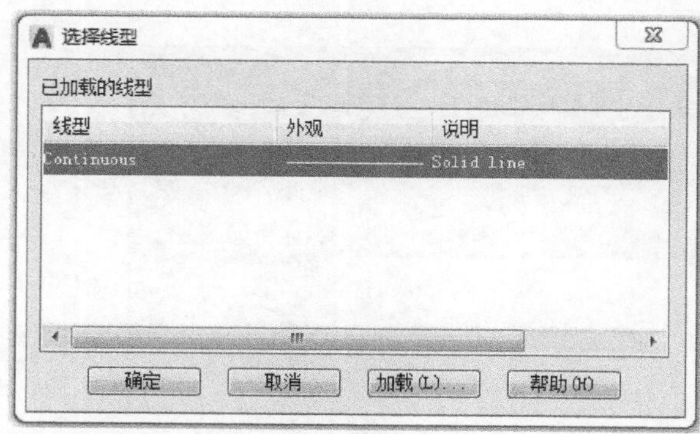

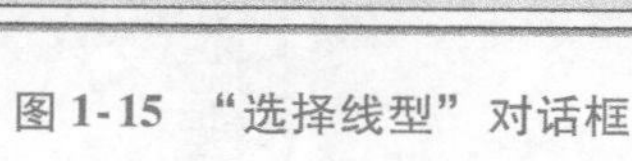

图1-15　“选择线型”对话框

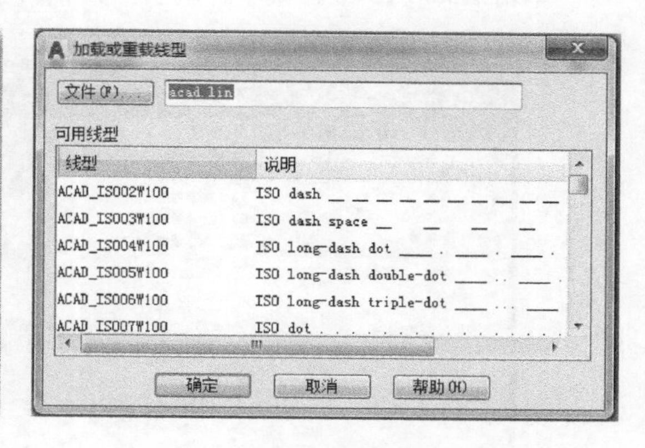

图1-16　“加载或重载线型”对话框

（3）设置图层线条线宽　单击图层所对应的线宽，弹出如图1-17所示对话框，选择一个线宽，单击“确定”按钮，完成对图层线宽的设置。

图层线宽的默认值由LWDEFAULT（系统变量）进行设置，初始值为0.25mm。在“模型”状态时，显示的线宽与计算机的像素有关，线宽为零时，显示为一个像素的宽度。

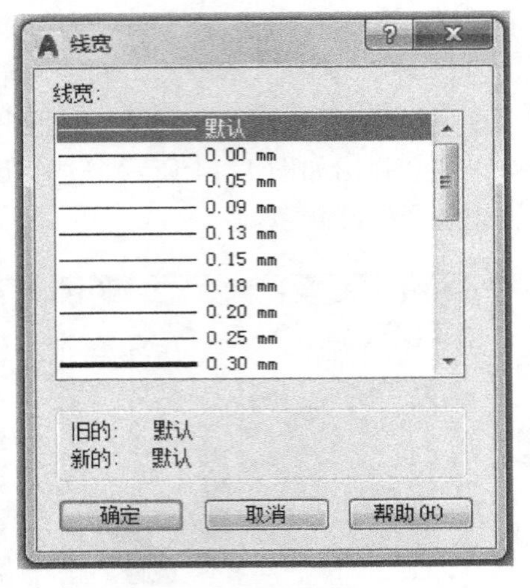

图 1-17 “线宽”对话框

1.4 基本操作

在 AutoCAD 中，有一些基本输入操作方法，这些操作方法是进行绘图的基础和学习 AutoCAD 的前提。

1.4.1 命令输入方式

AutoCAD 提供了多种命令的输入方式，主要有以下几种方式：

1. 利用下拉菜单输入命令

单击 AutoCAD 下拉菜单，就会弹出相对应的命令菜单，单击某一命令即可进行对应的操作，如图 1-18 所示。

图 1-18 下拉菜单命令输入

2. 利用快速访问工具栏中的图标输入命令

AutoCAD 提供了“快速访问工具栏”的命令输入方式。将要添加的命令拖到“快速访问工具栏”中，即可为工具栏添加对应的命令图标。然后单击该命令图标即可实现相应的操作，如图 1-19 所示。

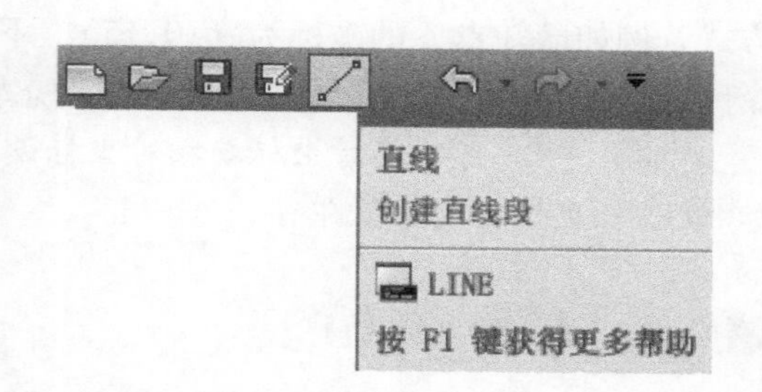

图1-19 “快速访问工具栏”命令输入

3. 利用选项卡输入命令

AutoCAD 提供了若干选项卡，选项卡的面板中有对应的功能区，单击某一图标即可执行相应命令，如图 1-20 所示。

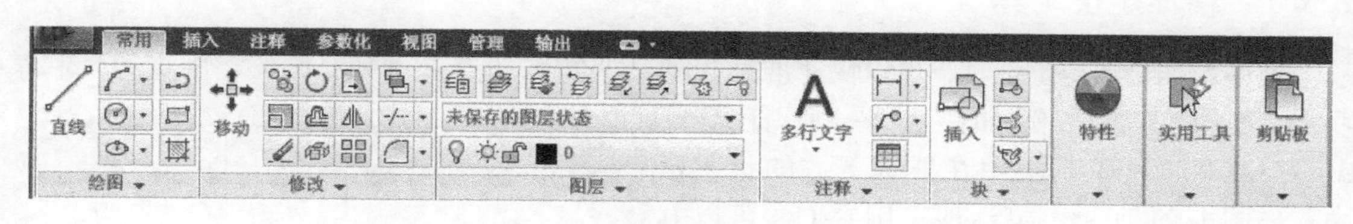

图 1-20 功能区

4. 利用键盘输入命令

在命令窗口中输入命令，大小写均可。输入命令后按回车键，即可完成命令的输入，然后根据提示信息进行操作。

本书主要采用“选项卡”和“下拉菜单”的命令输入方式，对“工具栏”和“键盘输入”方式不做详细介绍。

说明：输入命令后，命令窗口常常出现多个选项，其中无括号的为缺省选项；方括号内为选择项，选择项的输入只需键入括号中提示的字母，或直接用鼠标单击该选项；< >号内为缺省值。当利用面板中的图标输入命令或利用工具条中的图标输入命令时，将光标放在所选的图标上稍作停留或按 F1 键，系统将提示如何来操作该命令。

1.4.2 数据输入方式

AutoCAD 提供了两种坐标输入方式：绝对坐标输入和相对坐标输入。可以通过“命令区窗口”输入坐标或者通过“动态输入框”输入坐标。系统默认的输入方式为相对坐标输入，若改变默认方式可以在坐标值前添加“#”号，转化为绝对坐标的输入方式。

1. 绝对坐标输入方式

（1）直角坐标输入 直角坐标输入就是输入点的 *X*，*Y*，*Z* 坐标值，坐标间要用逗号隔开，例如“8，6，5”。当绘制二维图形时，用户只要输入点的 *X*，*Y* 坐标即可。例如 *A* 点坐标为（8，6），通过“命令区窗口”输入“#8，6”或者通过“动态输入框”输入“#8，6”。

（2）极坐标输入 对于绘制二维图形来说，在某些时候以极坐标输入点是很方便的。方法是：输入某点与坐标原点的距离和与 *X* 轴正向的夹角，中间用“<”号隔开。例：15<45，通过“命令区窗口”输入#15<45 或者通过“动态输入框”输入“#15<45”。

2. 相对坐标输入方式

相对坐标是指当前点相对于前一坐标点的坐标，相对坐标也有直角坐标、极坐标等输入

方式。例如已知点 A 的坐标为（10,15），下一点 B 的坐标为（15,20），那么可以通过“命令区窗口”输入“@5，5”，或通过“动态输入框”输入“@5，5”来实现。

说明：用户可将绝对坐标或相对坐标设置为默认坐标输入方式，用默认输入方式时可不加#或@，直接输入数值即可。

■1.5 辅助绘图工具

要快速、准确地完成图形的绘制工作，有时要借助一些辅助工具，如精准定位工具和调整图形显示范围与显示方式的工具等。下面简要介绍一些辅助绘图工具。

1.5.1 精准定位工具

使用精准绘图定位工具，可以快速准确找到某些特殊的点（例如：圆心、中点等）和某些特殊的位置（例如：水平、垂直等），AutoCAD将这些工具集中在屏幕下方的状态栏中，如图1-21所示。灵活地运用它们，可以方便、准确地实现绘图和编辑，有效地提高绘图的精准性和效率。

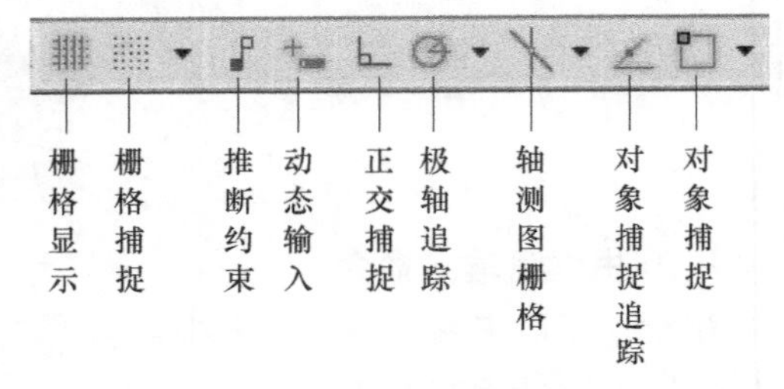

图1-21 精准定位工具

这些工具在打开时启用，关闭时不启用。用鼠标在工具上右击，会弹出相应的设置对话框或快捷菜单，可进行相应的设置工作。

1.5.1.1 栅格

1. 功能

控制是否在屏幕上显示分布一些按指定行间距和列间距排列的栅格线或栅格点，就像手工绘图时使用的坐标纸一样。

2. 执行方式

- 菜单栏：【工具】\【绘图设置】\【捕捉和栅格】\【启用栅格】
- 状态栏：

选择“工具\绘图设置”菜单命令，或者在状态栏上的“栅格”图标上右击，从快捷菜单中选择“网格设置”命令，都可以打开“草图设置”对话框，如图1-22所示，在“捕捉和栅格”选项卡中，可以对栅格属性进行设置。这些栅格点或线仅仅是一种视觉辅助工具，并不是图形的一部分，也不会被打印输出。

图1-22 “捕捉和栅格”选项卡

1.5.1.2 捕捉

1. 功能

用于设置栅格捕捉，利用该功能生成一个隐含分布于屏幕上的栅格，这种栅格能捕捉光标，使得光标只能落到其中的一个栅格点上（称捕捉栅格），从而精确定位。

2. 执行方式

- 菜单栏：【工具】\【绘图设置】\【捕捉和栅格】\【启用捕捉】
- 状态栏：

勾选“启用捕捉”选项，在屏幕上移动十字光标，可以看到此时光标不能随意停留，而只能按事先设置好的 *X*，*Y* 方向的栅格捕捉距离跳动。

在“捕捉间距”组框中设定捕捉的距离。

1.5.1.3 正交绘图

1. 功能

此命令控制用户是否以正交方式绘图。在正交方式下，用户只能绘制与当前 *X* 轴和 *Y* 轴平行的线段。当捕捉模式为轴测模式时，它将迫使直线平行于三个等轴测中的一个。

2. 执行方式

- 状态栏：

单击状态栏上的正交图标可实现“开/关”之间的切换。

1.5.1.4 极轴追踪

1. 功能

显示由指定的极轴角度所定义的临时对齐路径，如图 1-23 所示。

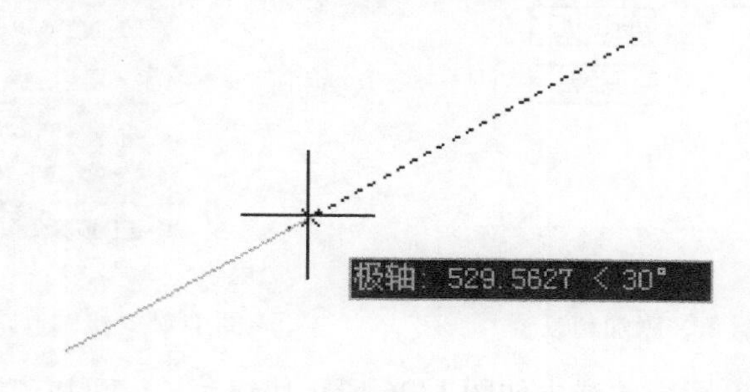

图 1-23 极轴追踪

2. 执行方式

- 菜单栏：【工具】\【绘图设置】\【极轴追踪】\【启用极轴追踪】
- 状态栏：

在“草图设置”对话框，单击“极轴追踪”选项卡，如图 1-24 所示，可以对其进行设置。

在“极轴角设置”组框中可以设置极轴追踪的对齐角度。

此外，也可以设置任何角度进行追踪。方法是：勾选“附加角”选项，将列出可用的附加角度，要添加新的角度可单击“新建”按钮，创建一个附加角，要删除现有的角度，可单击“删除”按钮，如图 1-25 所示。

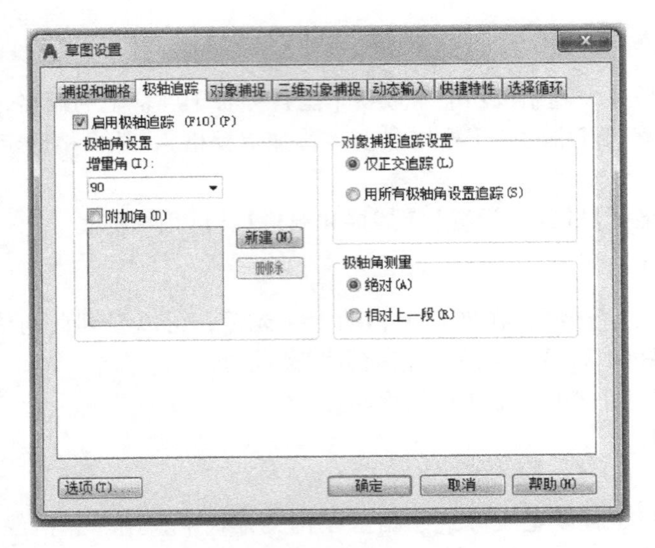

图 1-24 “极轴追踪”选项卡

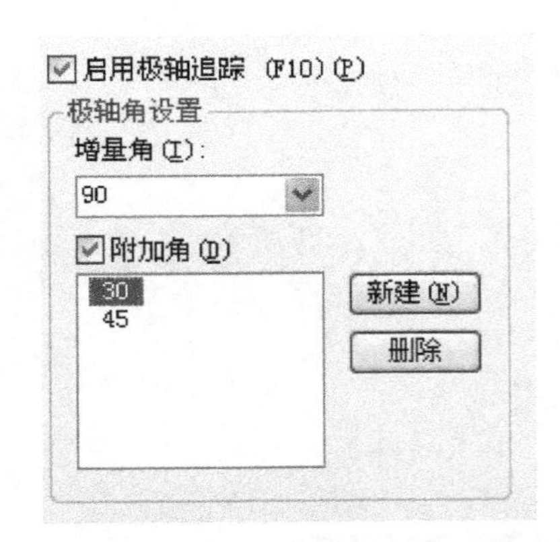

图 1-25 增量角、附加角设置

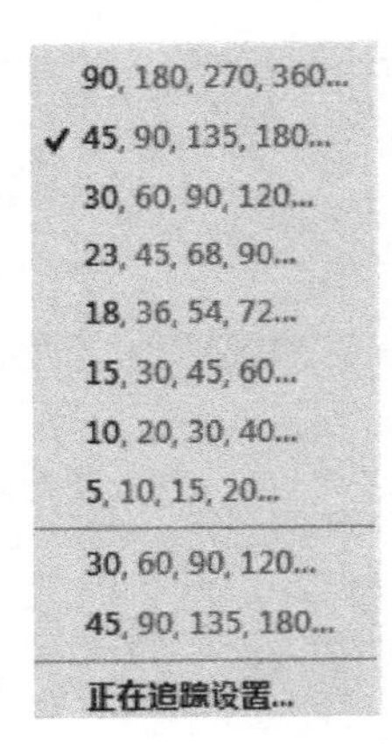

图 1-26 极轴追踪快捷菜单

右击图 1-2 中状态栏图标，弹出如图 1-26 所示快捷菜单，可以直接勾选所设角度进行极轴追踪。

说明：“正交”模式将光标限制在水平和垂直轴上，因为不能同时打开“正交”模式和极轴追踪，因此“正交”模式打开时，会关闭极轴追踪，如果再次打开极轴追踪，将关闭“正交”模式。

1.5.1.5 对象捕捉

众所周知，用 AutoCAD 绘图时，当希望通过肉眼用点取的方法准确找到某些特殊点时，感到力不从心，甚至不可能实现。为了解决这一问题，AutoCAD 提供了“对象捕捉”功能。

1. 功能

使用这些捕捉功能可以非常方便精确地将光标定位到图形的特征点上，如直线、圆弧的端点和中点，圆的圆心和象限点等，从而达到快速、准确绘图的目的。

2. 执行方式

- 菜单栏：【工具】\【绘图设置】\【对象捕捉】\【启用对象捕捉】
- 状态栏：

打开“草图设置”对话框，选择“对象捕捉”选项卡，然后勾选“启用对象捕捉”选项。如图 1-27 所示，在对象捕捉模式中设置所需捕捉的特征点。

用户也可以在状态栏中右击对象捕捉开关，弹出如图 1-28 所示的“对象捕捉”快捷菜单，在菜单中选择设置捕捉的特征点。

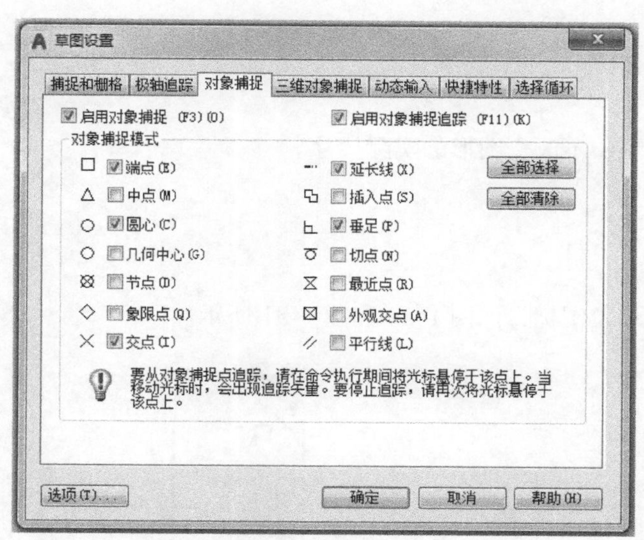

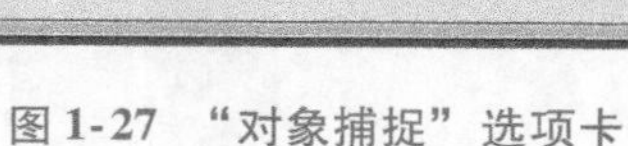

图 1-27 “对象捕捉”选项卡

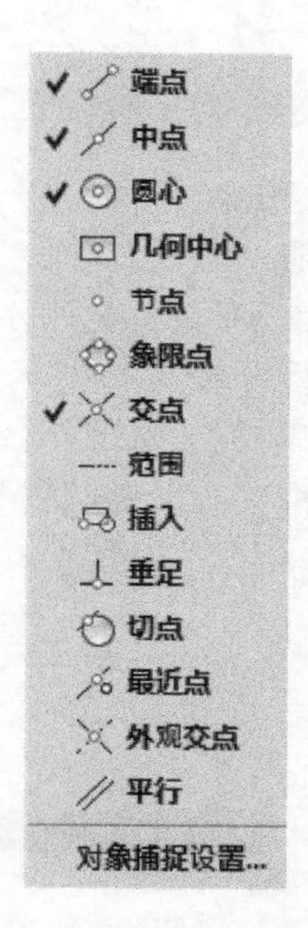

图 1-28 “对象捕捉”快捷菜单

说明：对象捕捉不可以单独使用，必须配合其他绘图命令一起使用，仅当 AutoCAD 提示输入点时，对象捕捉才能生效。

1.5.1.6 对象捕捉追踪

1. 功能

以图元上的某些特征点作为追踪点，引出向两端无限延伸的对象追踪虚线，如图 1-29 所示。在此追踪虚线上拾取点或输入距离值，即可精确定位到目标点。

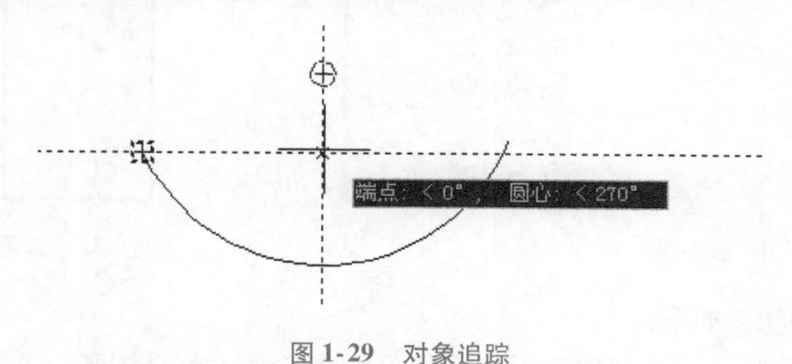

图 1-29 对象追踪

2. 执行方式

- 菜单栏：【工具】\【绘图设置】\【对象捕捉】\【启用对象捕捉追踪】
- 状态栏：

打开“草图设置”对话框，选择“对象捕捉”选项卡，然后勾选“启用对象捕捉追踪”选项，如图1-27所示。

在默认设置下，系统仅以水平或垂直的方向追踪点。如果用户需要按照某一角度追踪点，可以在“极轴追踪”选项卡中设置追踪的样式。

打开状态栏上的“极轴”或“对象追踪”开关，可实现对象捕捉追踪的功能。

1.5.2 图形显示控制工具

1.5.2.1 图形缩放

1. 功能

将屏幕图形的视觉尺寸放大或缩小，不改变图形的实际尺寸。

2. 执行方式

- 菜单栏：【视图】\【缩放】
- 功能区：【视图】\【导航】\

输入命令后，均能展开子命令菜单及图标，如图1-30和图1-31所示。

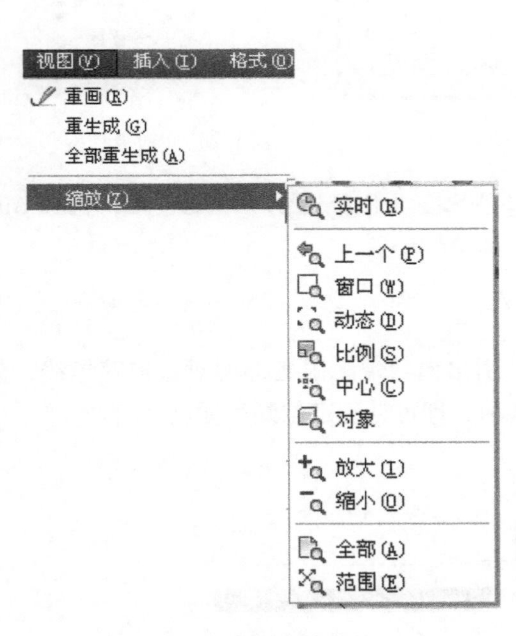

图1-30 子命令菜单

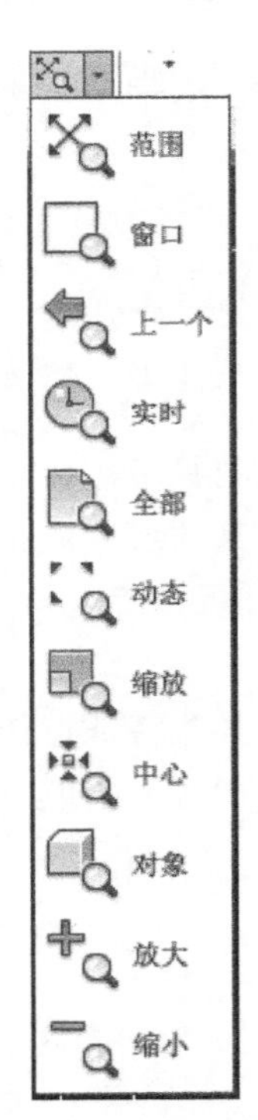

图1-31 选项

其中各选项的功能如下：

(1) 范围缩放 该选项使图形窗口尽可能大的显示整个图形，此时与图形的边界

无关。

（2）窗口缩放　在图形上设定一个窗口，以该窗口作为边界线，把该窗口内的图形放大到全屏，以便用户详细观察。

（3）缩放上一个视窗　该选项可恢复到上一次显示的图形。

（4）实时缩放　执行该命令会出现一个类似于放大镜的实时缩放光标，按住鼠标左键，拖动光标下移，图形缩小；拖动光标上移，图形放大。

（5）全部缩放　该选项可使用户在当前视窗中观察到全图，超出屏幕的图形会全部显示在屏幕范围内。

（6）动态缩放　单击，拖动鼠标调整方框的大小和位置，再单击，确定放大方框位置，然后按回车键。

（7）比例缩放　该命令要求用户以输入数值的方式缩放图形。选取“S”为绝对缩放，即按设置的绘图范围缩放。当数值后面有字符“X”时为相对缩放，即按当前可见图形缩放。当数值后面有字符“XP”时为相对纸空间单元缩放，即按当前视区中的图形相对于当前的图纸空间缩放。

（8）中心缩放　该选项允许用户重新设置图形的显示中心和放大倍数。

（9）缩放对象　该选项用于最大限度地显示当前视图内选择的图形，使用此功能可以缩放单个对象，也可以缩放多个对象。

（10）放大　将图形放大一倍显示。

（11）缩小　将图形缩小一半显示。

连续单击（10）或（11）这两个按钮，可以成倍的放大或缩小图形。

用户可利用导航工具栏来实现缩放操作。

1.5.2.2　平移命令

1. 功能

移动全图，且不改变图形大小和坐标，此命令并非真正移动图形，而是移动图形的视觉窗口。

2. 执行方式

- 菜单栏：【视图】\【平移】
- 功能区：【视图】\【导航】\

输入命令后，光标变成一只小手。按住鼠标左键，小手呈现抓住图形状态，然后拖动图形使其移动到所需位置上，松开鼠标左键将停止平移图形。

第 2 章　二维图形绘制

无论多么复杂的二维图形都是由一些基本图形元素组成的，如直线、圆、圆弧、矩形、多边形等基本几何图形元素。AutoCAD 提供了绘制这些基本图形元素的绘图工具，只有熟练掌握这些基本绘图工具及其应用技巧，才能准确、灵活、高效地绘制二维图形。本章主要介绍 AutoCAD 的绘图命令及其使用方法。

2.1　绘制点和线

2.1.1　绘制点

点是组成图形的最基本元素，任何图形都是由多个点组成的，在绘制二维图形时经常用到几何点。AutoCAD 提供了多种类型点的绘制样式和方法。

2.1.1.1　设置几何点的样式和尺寸

1. 功能

设置点的样式。

2. 执行方式

- 菜单栏：【格式】\【点样式】
- 功能区：【默认】\【实用工具】\

输入命令后，弹出如图 2-1 所示的“点样式”对话框，该对话框给出了 20 种点的样式，其中一种为无标记，缺省值为第一框。用鼠标单击任何一种样式，反黑，则被选中。“点大小（S）”栏中输入数字可设置点的大小。下边有两个单选项：“相对于屏幕设置大小（R）”和“按绝对单位设置大小（A）”。

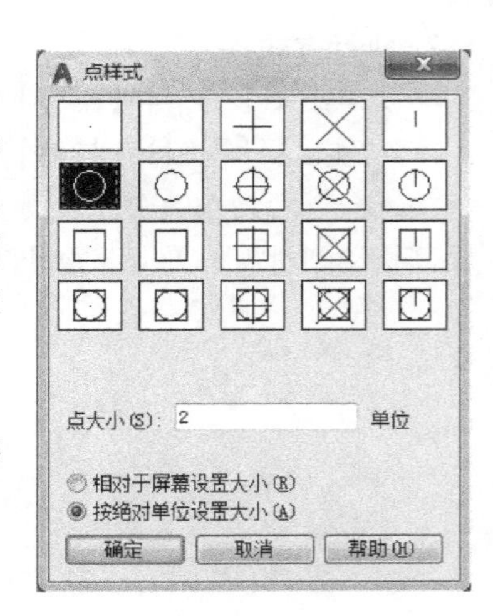

图 2-1　“点样式”对话框

2.1.1.2　绘制点的方式

画点方式有三种，即多重画点、定数等分点、定距等分点方式，如图 2-2 所示。

1. 在指定位置绘制单点与多点

（1）功能　在指定位置做点标记。

（2）执行方式

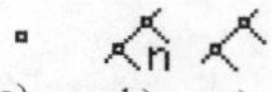

a)　b)　c)

图 2-2　画点的方式

a）多重画点　b）定数等分点　c）定距等分点

- 菜单栏：【绘图】\【点】\【单点】或【多点】
- 功能区：【默认】\【绘图】\ □

输入命令后，都有如下提示：

当前点模式：　PDMODE = 3　PDSIZE = 0.0000

指定点：通过指定点的位置绘制出一系列的点。

2. 绘制定数等分点

（1）功能　把一实体等分几段，在等分处插入点或图块。

（2）执行方式

- 菜单栏：【绘图】\【点】\【定数等分】
- 功能区：【默认】\【绘图】\

输入命令后，都有如下提示：

选择要定数等分的对象：光标选择要等分对象；

输入线段数目或［块（B）］：输入对象的等分数（此为缺省方式），也可在等分点处插入图块。

【例 2-1】　将一线段用点五等分，如图 2-3 所示。

依次单击【默认】\【绘图】\ 图标，按提示信息操作如下：

选择要定数等分的对象：光标选取直线；

输入线段数目或［块（B）］：5↙。

图 2-3　线段用点五等分

图 2-4　直线用图块五等分

【例 2-2】　将一线段用图块五等分，如图 2-4 所示。

依次单击【默认】\【绘图】\ 图标，按提示信息操作如下：

选择要定数等分的对象：光标选取直线；

输入线段数目或［块（B）］：B↙；

输入要插入的块名：标高↙；

是否对齐块和对象？［是（Y）/否（N）］<Y>：↙；

输入线段数目：5↙。

说明：“标高”是预先定义过的图块。

3. 绘制定距等分点

（1）功能　在指定对象上，按指定长度在等距点处做标记或插入块。

（2）执行方式

- 菜单栏：【绘图】\【点】\【定距等分】

- 功能区：【默认】\【绘图】\

输入命令后，都有如下提示：

选择要定距等分的对象：光标选取直线；

指定线段长度或［块（B）］：输入等距点之间的长度↙（此为缺省方式，也可在等分点处插入图块）。

【例2-3】 把一线段按间距15mm分段，并在分点处插入块，如图2-5所示。

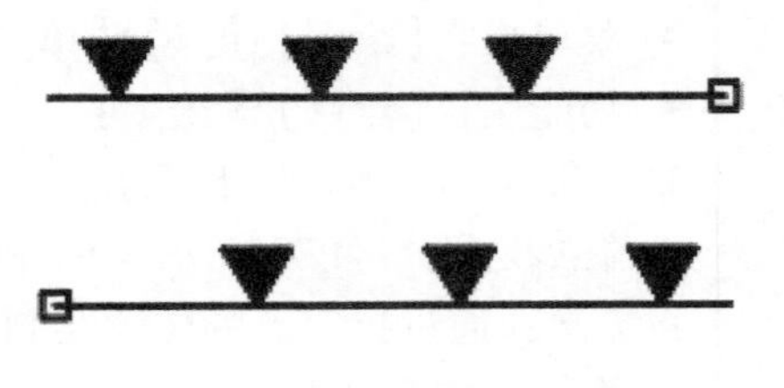

图2-5 线段分段，并在分点处插入块

依次单击【默认】\【绘图】\ 图标，按提示信息操作如下：

选择要定距等分的对象：光标选取直线；

指定线段长度或［块（B）］：B↙；

输入要插入的块名：标高↙；

是否对齐块和对象？［是（Y）/否（N）］<Y>：↙；

指定线段长度：15↙。

说明：图块在插入前已创建完成。用“定距等分”对直线进行分段操作时，分段的起点和光标选取对象的位置有关，分段的起点是从拾取光标最近的端点开始，如图2-5所示。

2.1.2 绘制直线

1. 功能

绘制二维直线。

2. 执行方式

- 菜单栏：【绘图】\【直线】
- 功能区：【默认】\【绘图】\

输入命令后，都有如下提示：

指定第一个点：给定坐标数值↙；

指定下一点或［放弃（U）］：给定坐标数值↙；

指定下一点或［放弃（U）］：给定坐标数值↙；

指定下一点或［闭合（C）/放弃（U）］：↙（结束命令，也可键入C绘制封闭图形）。

【例2-4】 用直线命令绘制矩形，如图2-6所示。

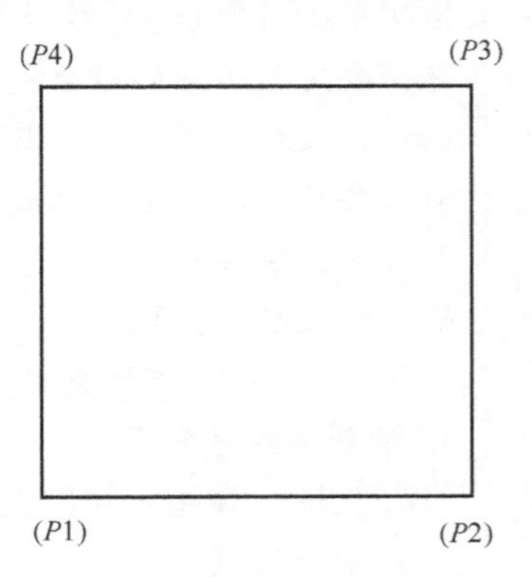

图2-6 矩形

依次单击【默认】\【绘图】\ 图标，按提示信息操作如下：

指定第一点：100，100↙指定*P*1点；

指定下一点或［放弃（U）］：600，100↙指定*P*2点；

指定下一点或［放弃（U）］：600，600↙指定*P*3点；

指定下一点或［闭合（C）/放弃（U）］：100，600↙指定*P*4点；

指定下一点或［闭合（C）/放弃（U）］：100，100↙指定*P*1点。

【例2-5】　用相对坐标绘制如图2-6所示的矩形图形。

依次单击单击【默认】\【绘图】\ 图标，按提示信息操作如下：

指定第一点：100，100↙指定 *P*1 点；

指定下一点或［放弃（U）］：@500，0↙指定 *P*2 点；

指定下一点或［放弃（U）］：@500<90↙指定 *P*3 点；

指定下一点或［闭合（C）/放弃（U）］：@500<180↙指定 *P*4 点；

指定下一点或［闭合（C）/放弃（U）］：C↙指定 *P*1 点。

说明：在“指定下一点或［放弃（U）］：”提示下，有两个选项，即给定下一点坐标值或取消。当输入U时，将取消折线中最后绘制出的直线段，回到前一次坐标点，这样可及时纠正绘图时出现的错误。

2.1.3　绘制圆弧

1. 功能

绘制给定参数的圆弧。

2. 执行方式

- 菜单栏：【绘图】\【圆弧】
- 功能区：【默认】\【绘图】\

输入命令后，都有如下提示：

指定圆弧的起点或［圆心（C）］：在此提示下用户可以根据圆弧的要求来选择不同的画弧方式。

AutoCAD共给出11种绘制圆弧的方式，如图2-7所示。

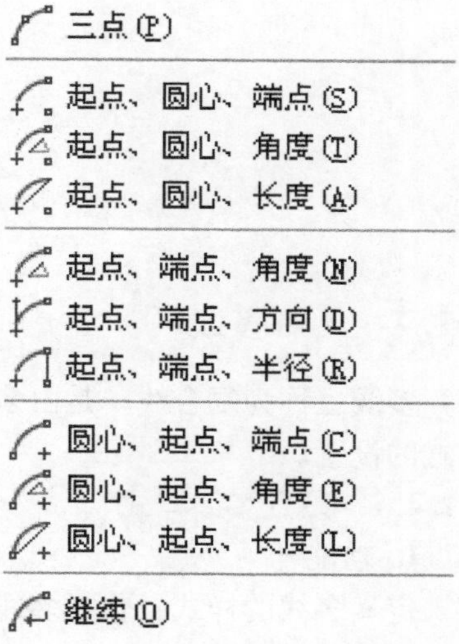

三点(P)

起点、圆心、端点(S)
起点、圆心、角度(T)
起点、圆心、长度(A)

起点、端点、角度(N)
起点、端点、方向(D)
起点、端点、半径(R)

圆心、起点、端点(C)
圆心、起点、角度(E)
圆心、起点、长度(L)

继续(O)

图2-7　绘制圆弧的方式

【例2-6】　已知三点画圆弧，如图2-8a所示。

依次单击【默认】\【绘图】\ 图标，按提示信息操作如下：

指定圆弧的起点或［圆心（C）］：光标给出①点；

指定圆弧的第二点或［圆心（C）/端点（E）］：光标给出②点；

指定圆弧的端点：光标给出③点。

【例2-7】　已知圆弧起点、端点、圆心角绘制圆弧，如图2-8e所示。

依次单击【默认】\【绘图】\ 图标，按提示信息操作如下：

指定圆弧的起点或［圆心（C）］：光标给出①点；

指定圆弧的第二点或［圆心（C）/端点（E）］：E↙；

指定圆弧的端点：光标给出②点；

指定圆弧的圆心或［角度（A）/方向（D）/半径（R）］：A↙；

指定包含角：120↙。

说明：选择项中的“方向（D）”是指圆弧的切线方向。

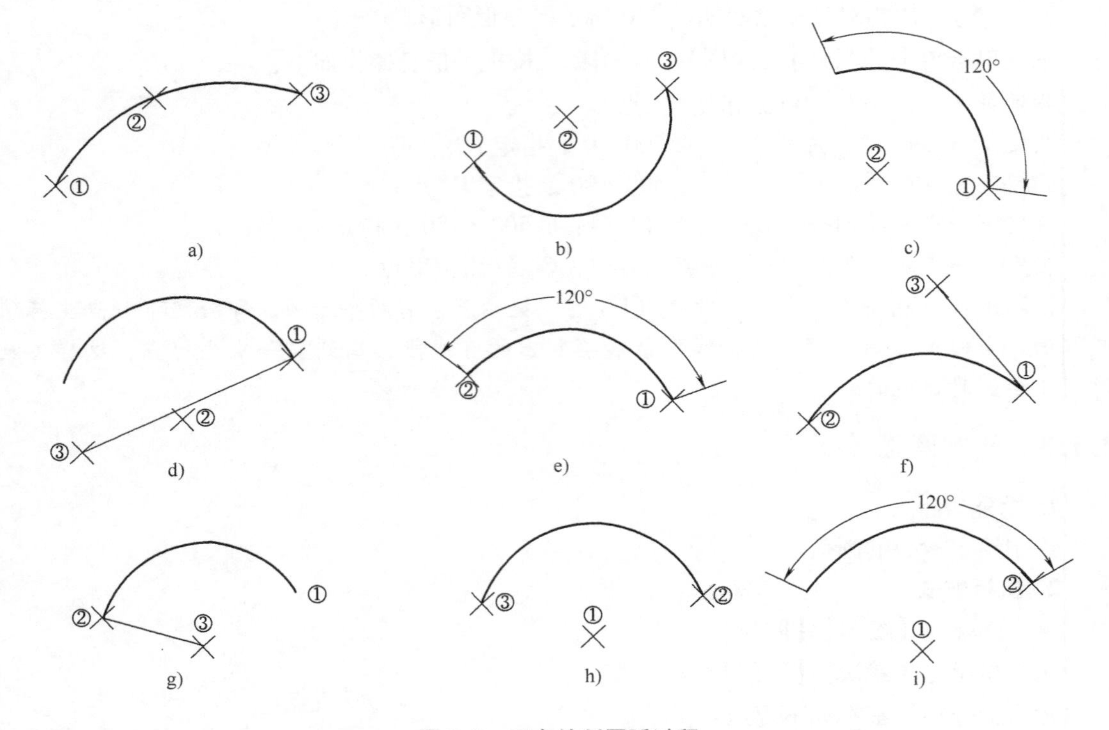

图 2-8　三点绘制圆弧过程

a）三点方式　b）起点、圆心、端点方式　c）起点、圆心、角度方式
d）起点、圆心、弦长方式　e）起点、端点、角度方式　f）起点、端点、方向方式
g）起点、端点、半径方式　h）圆心、起点、端点方式　i）圆心、起点、角度方式

2.1.4　绘制多线

多线也称为复合线，是由多条平行线构成的直线图元。在绘制多线之前，必须进行多线样式的设置。

2.1.4.1　设置多线样式

1. 功能

定义多线的样式，包括多线数量以及每条线的偏移距离等。

2. 执行方式

- 菜单栏：【格式】\【多线样式】

输入命令后，则会弹出如图 2-9 所示的对话框。位于对话框下部的预览区显示出当前多线的实际形状。对话框中各选项（按钮）含义如下：

（1）样式（S）　样式列表框列出了当前已有复合线样式的名称。

（2）说明框　对所定义的复合线进行描述，所用字符不能超过 256 个（后同）。

（3）置为当前（U）　将选中样式定义为当前样式。

（4）新建（N）　新建样式。

（5）重命名（R）　将当前多线改名。

（6）删除（D）　删除样式。

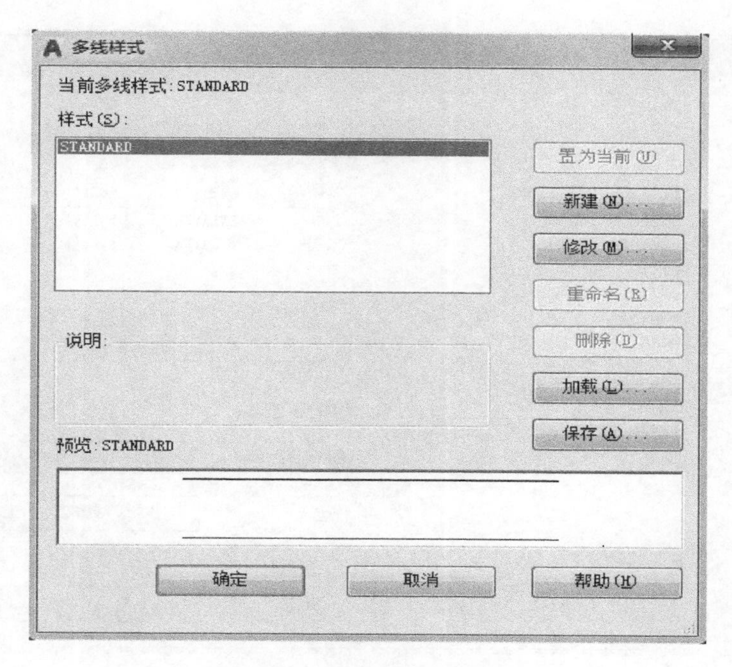

图 2-9 “多线样式”对话框

(7) 加载(L) 从复合线库文件(ACAD. MLN)中加载已定义的复合线。

(8) 保存(A) 将当前定义的复合线存入复合线文件库中(. MLI)。

在日常绘图中,“STANDARD”标准型不能删除,用户只能删除自己定义的多线样式。如果要绘制除“STANDARD”标准型以外的多线形式,此时必须通过单击“新建(N)”来创建新式样。单击“新建(N)”按钮弹出如图 2-10 所示对话框,在“新样式名(N)”中输入新样式名称,并通过“基础样式(S)”下拉列表框选择基础样式后,单击“继续”按钮,弹出如图 2-11 所示对话框来创建新样式。

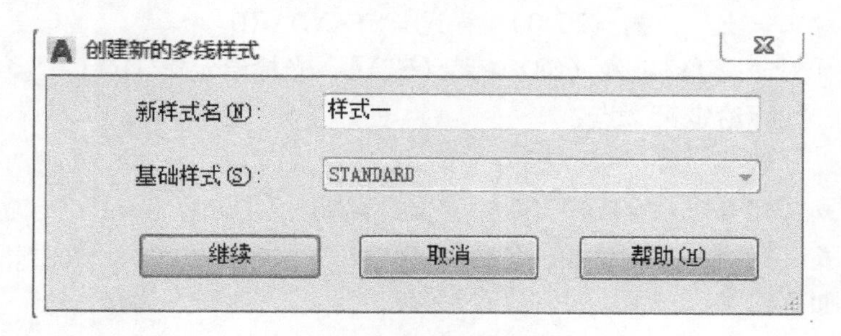

图 2-10 “创建新的多线样式”对话框

单击“添加(A)”按钮,可在“图元(E)”栏中加入一条相对光标轨迹偏移量为 0 的新线,然后再用“偏移(S)”“颜色(C)”以及线型来定义该线的偏移量、颜色和线型,并通过“填充颜色(F)”下拉列表框可选择复合线的背景填充颜色。设置完成后单击“确定”按钮,返回到图 2-9 所示对话框,单击“置为当前(U)”按钮再单击“确定”按钮,就完成了一个新式样的定义,用户就可以绘制新定义的多线了。

新建多线样式:样式一

说明(P): 两条线

封口

	起点	端点
直线(L):	☑	☑
外弧(O):	☐	☐
内弧(R):	☐	☐
角度(N):	90.00	90.00

填充

填充颜色(F): □无

显示连接(J): ☐

图元(E)

偏移	颜色	线型
1.5	BYLAYER	ByLayer
-1.5	BYLAYER	ByLayer

添加(A) 删除(D)

偏移(S): -1.500

颜色(C): ByLayer

线型: 线型(Y)...

确定 取消 帮助(H)

图 2-11 “新建多线样式”对话框

2.1.4.2 绘制多线命令

1. 功能

绘制多种线型组成复合线。

2. 执行方式

- 菜单栏：【绘图】\【多线】

输入命令后，都有如下提示：

当前设置：对正 = 上，比例 = 20.00，样式 = STANDARD

指定起点或［对正（J)/比例（S)/样式（ST)］：光标给定第①点；

指定下一点：光标给定第②点；

指定下一点或［放弃（U)］：光标给定第③点；

指定下一点或［闭合（C)/放弃（U)］：光标给定第④点；

指定下一点或［闭合（C)/放弃（U)］：↙。

各选项功能如下：

（1）对正（J） 确定复合线绘制方式，都有如下提示：

输入对正类型［上（T)/无（Z)/下（B)］<上>

其中 上（T)——表示从左向右绘制线时，光标随最上端线移动，为缺省项；

无（Z)——表示复合线中心随光标移动；

下（B)——表示从左到右绘制复合线最底端线随光标移动。

（2）比例（S） 该选项用来确定所绘制的复合线相对于定义的复合线的宽度比例。

（3）样式（ST） 调用新的复合线线型样式。

2.1.4.3　编辑多线

1. 功能

修改多线样式。

2. 执行方式

- 菜单栏：【修改】\【对象】\【多线】

输入命令后，则会弹出图 2-12 所示的对话框。该对话框中显示了四列多线编辑工具。其中，第一列为十字交叉型多线，第二列为 T 型多线，第三列管理角点和顶点编辑，第四列为多线被剪切与连接的形式。选择某一个示例即可调用该项编辑功能。

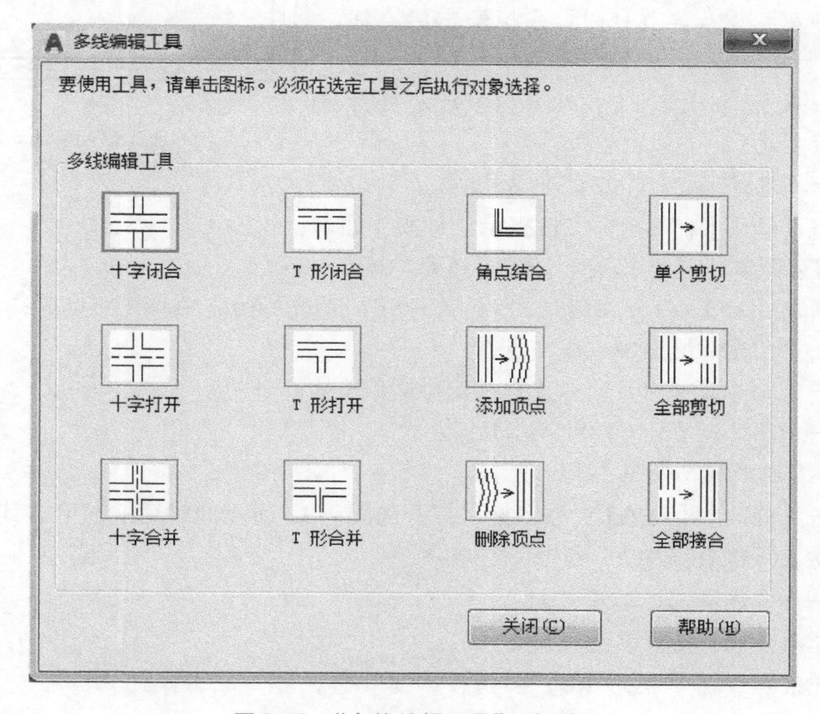

图 2-12　“多线编辑工具”对话框

例如，单击“十字闭合”都有如下提示：

选择第一条多线：鼠标单击，选择第一条多线；

选择第二条多线：鼠标单击，选择第二条多线。

【例 2-8】　绘制如图 2-13 所示的墙体。

操作步骤如下：

步骤 1：采用绘制直线命令，绘制墙体的中心线，如图 2-14a 所示。

步骤 2：设置多线样式，如图 2-11 所示。

步骤 3：采用多线命令绘制墙体，如图 2-14b 所示。

依次单击【绘图】\【多线】命令，按提示信息操作如下：

当前设置：对正 = 上，比例 = 20.00，样式 = 样式一

指定起点或［对正（J）/比例（S）/样式（ST）］：J↙；

输入对正类型［上（T）/无（Z）/下（B）］<无>：Z↙；

当前设置：对正 = 无，比例 = 1.00，样式 = 样式一

指定起点或［对正（J）/比例（S）/样式（ST）］：S↙；

输入多线比例 <20.00>：1↙；

指定起点或［对正（J）/比例（S）/样式（ST）］：光标给定中心线交点①；

指定下一点：光标给定中心线交点②；

指定下一点或［放弃（U）］：光标给定中心线交点③；

指定下一点或［闭合（C）/放弃（U）］：光标给定中心线交点④；

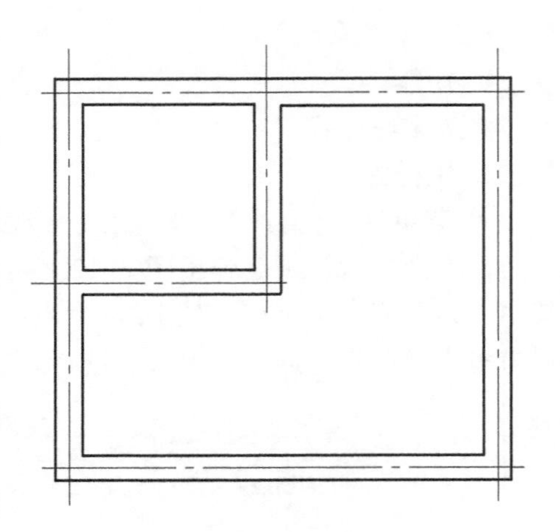

图 2-13　墙体

指定下一点或［闭合（C）/放弃（U）］：C↙。

依次单击【绘图】\ 图标，按提示信息操作如下：

当前设置：对正 = 无，比例 = 1.00，样式 = 样式一

指定起点或［对正（J）/比例（S）/样式（ST）］：光标给定中心线交点⑤；

指定下一点：光标给定中心线交点⑥；

指定下一点或［放弃（U）］：光标给定中心线交点⑦；

指定下一点或［闭合（C）/放弃（U）］：↙。

步骤 4：编辑多线，如图 2-14c 所示。

依次单击【修改】\【对象】\ 图标，打开如图 2-12 所示的对话框，单击其中“T 形打开”按钮，按提示信息操作。

选择第一条多线：选择多线（a）；

选择第二条多线：选择多线（b）；

选择第一条多线或［放弃（U）］：选择多线（c）；

选择第二条多线：选择多线（d）；

选择第一条多线或［放弃（U）］：↙。

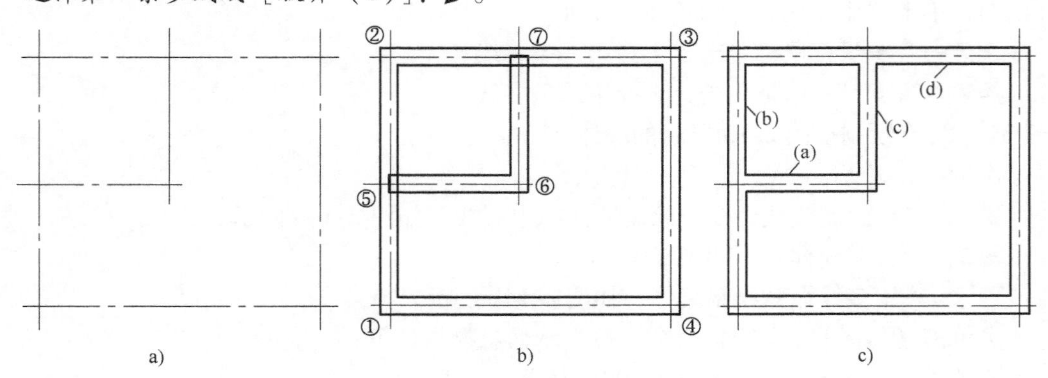

图 2-14　绘制墙体步骤

a）绘制墙体的中心线　b）采用多线命令绘制墙体　c）编辑多线

执行上述操作完毕，可以得到如图 2-13 所示的墙体。

2.1.5　绘制多段线

二维多段线是一个图形元素，是作为单个平面对象创建的相互连接的线段序列。可以创建连续的等宽或不等宽的直线段、圆弧段或两者的组合线段。

1. 功能

绘制二维多段线。

2. 命令格式

- 菜单栏：【绘图】\【多段线】
- 功能区：【默认】\【绘图】\ ⊐

输入命令后，都有如下提示：

指定起点：输入第一点；

指定下一个点或［圆弧（A）/半宽（H）/长度（L）/放弃（U）/宽度（W）］：

其中各选项功能如下：

（1）指定下一个点　为缺省项。

（2）圆弧（A）　由直线多段线切换到圆弧多段线方式。执行该选项，则提示：

指定圆弧的端点（按住 Ctrl 键以切换方向），或［角度（A）/圆心（CE）/闭合（CL）/方向（D）/半宽（H）/直线（L）/半径（R）/第二个点（S）/放弃（U）/宽度（W）］：

在此提示下用户可以选择不同的绘制圆弧方式，如图 2-8 所示。其中“直线（L）”选项为由绘制圆弧方式改为绘制直线方式；“第二个点（S）”为三点画弧方式。

（3）闭合（CL）　封闭多段线，首尾以圆弧或直线段闭合。

（4）半宽（H）　确定多段线的半宽。

（5）长度（L）　设定新的多段线长度，如前一段是直线，延长方向与该线相同；如前一段是圆弧，延长方向为端点处圆弧的切线方向。

（6）放弃（U）　取消前次操作，可顺序回溯。

（7）宽度（W）　用来设定多段线的宽度。

【例 2-9】　用二维多段线命令绘制如图 2-15 所示的带有圆角半径为 $R8$ 的图形。

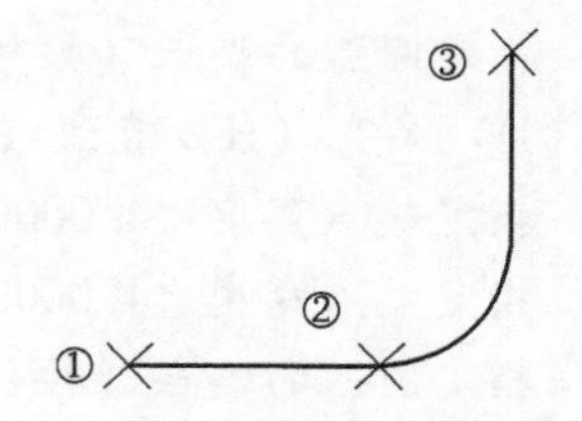

图 2-15　带有圆角的图形

依次单击【默认】\【绘图】\ ⊐图标，按提示信息操作如下：

指定起点：光标给定①点；

当前线宽为 0.0000

指定下一个点或［圆弧（A）/半宽（H）/长度（L）/放弃（U）/宽度（W）］：光标给定②点；

指定下一个点或［圆弧（A）/半宽（H）/长度（L）/放弃（U）/宽度（W）］：A↙；

指定圆弧的端点（按住 Ctrl 键以切换方向）或［角度（A）/圆心（CE）/闭合（CL）/方向（D）/半宽（H）/直线（L）/半径（R）/第二个点（S）/放弃（U）/宽度（W）］：CE↙；

指定圆弧的圆心：@0，8（为圆心相对于②点的坐标）；

指定圆弧的端点或［角度（A）/长度（L）］：A↙；

指定包含角：90↙（逆时针方向绘制圆弧）；

指定圆弧的端点或［角度（A）/圆心（CE）/闭合（CL）/方向（D）/半宽（H）/直线（L）/半径（R）/第二个点（S）/放弃（U）/宽度（W）］：L↙；

指定下一点或［圆弧（A）/闭合（C）/半宽（H）/长度（L）/放弃（U）/宽度（W）］：光标给定③点；

指定下一点或［圆弧（A）/闭合（C）/半宽（H）/长度（L）/放弃（U）/宽度（W）］：↙。

【例 2-10】 绘制一段不同宽度的直线和圆弧，如图 2-16 所示。

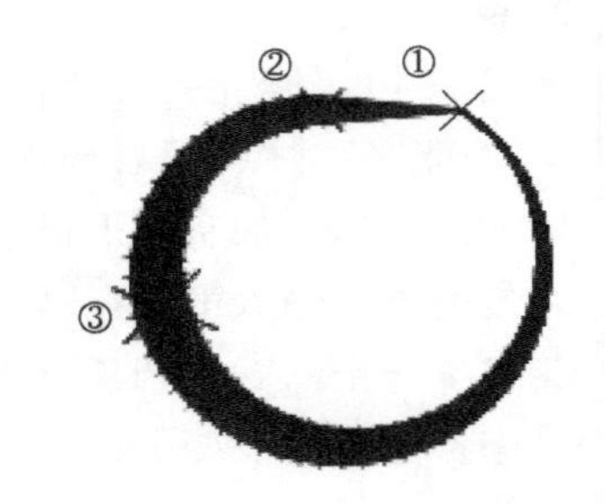

图 2-16 不同宽度的直线和圆弧

依次单击【默认】\【绘图】\ 图标，按提示信息操作如下：

指定起点：光标给定①点；

当前线宽为 0.0000

指定下一个点或［圆弧（A）/半宽（H）/长度（L）/放弃（U）/宽度（W）］：W↙；

指定起点宽度 <0.0000>：↙；

指定端点宽度 <0.0000>：2↙；

指定下一个点或［圆弧（A）/半宽（H）/长度（L）/放弃（U）/宽度（W）］：光标给定②点；

指定下一个点或［圆弧（A）/半宽（H）/长度（L）/放弃（U）/宽度（W）］：A↙；

指定圆弧的端点（按住 Ctrl 键以切换方向）或［角度（A）/圆心（CE）/闭合（CL）/方向（D）/半宽（H）/直线（L）/半径（R）/第二个点（S）/放弃（U）/宽度（W）］：W↙；

指定起点宽度 <2.0000>：↙；

指定端点宽度 <2.0000>：4↙；

指定下一个点或［圆弧（A）/半宽（H）/长度（L）/放弃（U）/宽度（W）］：光标给出③点；

指定圆弧的端点（按住 Ctrl 键以切换方向）或［角度（A）/圆心（CE）/闭合（CL）/方向（D）/半宽（H）/直线（L）/半径（R）/第二个点（S）/放弃（U）/宽度（W）］：W↙；

指定起点宽度 <4.0000>：↙；

指定端点宽度 <4.0000>：0↙；

指定圆弧的端点（按住 Ctrl 键以切换方向）或［角度（A）/圆心（CE）/闭合（CL）/方向（D）/半宽（H）/直线（L）/半径（R）/第二个点（S）/放弃（U）/宽度（W）］：CL↙。

2.1.6 绘制样条曲线

样条曲线作为分界线和断裂线广泛应用于工程图样中。AutoCAD 中，提供两种绘制样条曲线的方法——“样条曲线拟合”与“样条曲线控制点”，本文介绍“样条曲线拟合”方式绘制样条曲线。

1. 功能

绘制样条曲线。

2. 命令格式

- 菜单栏：【绘图】\【样条曲线】\【拟合点】
- 功能区：【默认】\【绘图】\

输入命令后，都有如下提示：

当前设置：方式＝拟合　节点＝弦

指定第一个点或［方式（M）/节点（K）/对象（O）］：光标给定第①点；

输入下一个点或［起点切向（T）/公差（L）］：光标给定第②点；

输入下一个点或［端点相切（T）/公差（L）/放弃（U）］：光标给定第③点；

输入下一个点或［端点相切（T）/公差（L）/放弃（U）/闭合（C）］：光标给定第④点。

其中各选项功能如下：

（1）方式（M）　设置样条曲线创建方式，其创建方式有拟合（F）方式和控制点（CV）方式两种。

（2）节点（K）　指定节点参数化形式（它会影响曲线在通过拟合点时的形状，它有弦（C）/平方根（S）/统一（U）三种形式）。

（3）对象（O）　将二维或三维的二次或三次样条曲线拟合多段线转换成等效的样条曲线并删除多段线。

（4）起点切向（T）　设置样条曲线起始点切矢量。

（5）端点相切（T）　设置样条曲线终止点切矢量。

（6）公差（L）　设定拟合公差。

（7）放弃（U）　放弃上一次操作。

（8）闭合（C）　闭合样条曲线。

【例2-11】　利用样条曲线绘制局部剖面图中的波浪线，如图2-17所示。

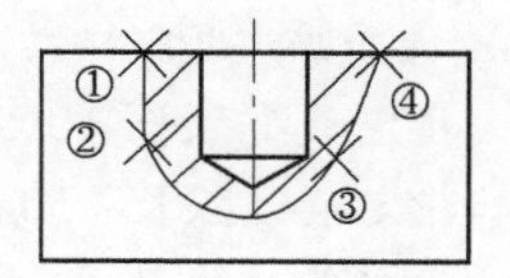

图2-17　波浪线

依次单击【默认】\【绘图】\ 图标，按提示信息操作如下：

当前设置：方式＝拟合　节点＝弦

指定第一个点或［方式（M）/节点（K）/对象（O）］：光标给定①点；

输入下一个点或［起点切向（T）/公差（L）］：光标给定②点；

输入下一个点或［端点相切（T）/公差（L）/放弃（U）/闭合（C）］：光标给定③点；

输入下一个点或［端点相切（T）/公差（L）/放弃（U）/闭合（C）］：光标给定④点；

输入下一个点或［端点相切（T）/公差（L）/放弃（U）/闭合（C）］：↙。

2.1.7　绘制修订云线

修订云线是由连续圆弧组成的多段线所构成的云线型对象，主要用于对象标记。AutoCAD中，提供三种绘制云线的方法——“矩形云线”“多边形云线”和“徒手画修订云线”，本文介绍“徒手画修订云线”的方法。

1. 功能

绘制云线。

2. 命令格式

- 菜单栏：【绘图】\【修订云线】
- 功能区：【默认】\【绘图】\

输入命令后，都有如下提示：

最小弧长：0.5　最大弧长：0.5　样式：普通　类型：徒手画

指定第一个点或［弧长（A)/对象（O)/矩形（R)/多边形（P)/徒手画（F)/样式（S)/修改（M)］<对象>：_F

沿云线路径引导十字光标...

修订云线完成。

其中各选项功能如下：

(1) 弧长（A）　设定云线的最小弧长和最大弧长，最大弧长不能超过最小弧长的3倍。

(2) 对象（O）　使已存在的图元变成云线。

(3) 矩形（R）　绘制矩形云线。

(4) 多边形（P）　绘制多边形云线。

(5) 徒手画（F）　徒手绘制修订云线。

(6) 样式（S）　选择圆弧样式，其样式有“普通（N）”和“手绘（C）”两种。

(7) 修改（M）　对所绘制的云线多段线进行修改。

【例2-12】　绘制如图2-18所示云线。

依次单击【绘图】\ 图标，按提示信息操作如下：

最小弧长：0.5　最大弧长：0.5　样式：普通　类型：徒手画

指定第一个点或［弧长（A)/对象（O)/矩形（R)/多边形（P)/徒手画（F)/样式（S)/修改（M)］<对象>：A↙；

指定最小弧长<0.5>：50↙；

指定最大弧长<50>：100↙；

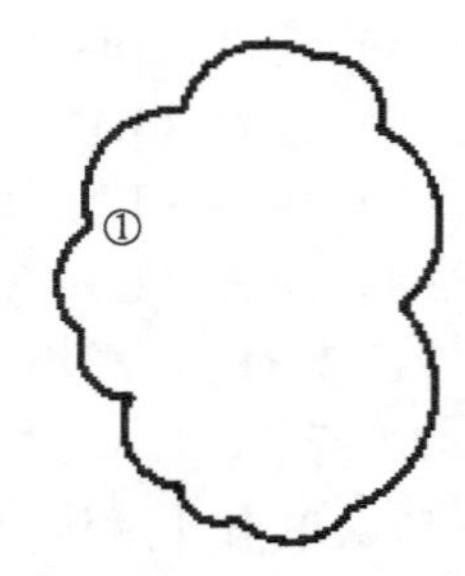

图2-18　云线

指定第一个点或［弧长（A)/对象（O)/矩形（R)/多边形（P)/徒手画（F)/样式（S)/修改（M)］<对象>：光标给定①点；

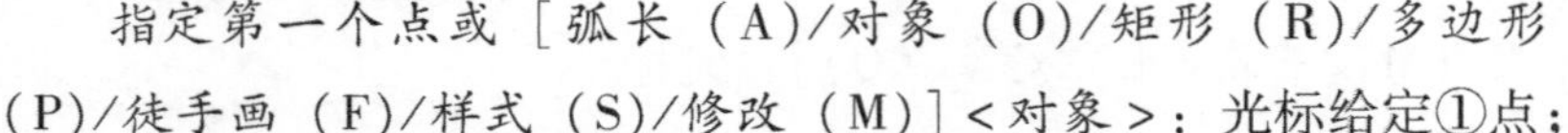

沿云线路径引导十字光标...

修订云线完成。

2.2　绘制基本图形

2.2.1　绘制圆

AutoCAD提供了多种绘制圆的方式，可以根据不同的需要选择不同的方式。

1. 功能

绘制圆。

2. 命令格式

- 菜单栏：【绘图】\【圆】

- 功能区：【默认】\【绘图】\

输入命令后，都有如下提示：

指定圆的圆心或［三点（3P）/二点（2P）/切点、切点、半径（T）］。

其中各选项功能如下：

（1）指定圆的圆心　以圆心、半径方式绘制圆，为缺省选项。

（2）三点（3P）　以三点方式画圆。

（3）两点（2P）　以两点方式画圆。

（4）切点、切点、半径（T）　以切点、切点、半径方式画圆。

AutoCAD 给出 6 种绘制圆方式，如图 2-19 所示。图 2-20 为不同绘制方式下的结果。

圆心、半径(R)
圆心、直径(D)
两点(2)
三点(3)
相切、相切、半径(T)
相切、相切、相切(A)

图 2-19　绘制圆的方式

【例 2-13】　给定圆心、半径（$R=12$mm）画圆，如图 2-20a 所示。

依次单击【绘图】\ 图标，按提示信息操作如下：

指定圆的圆心或［三点（3P）/两点（2P）/切点、切点、半径（T）］：给出①点；

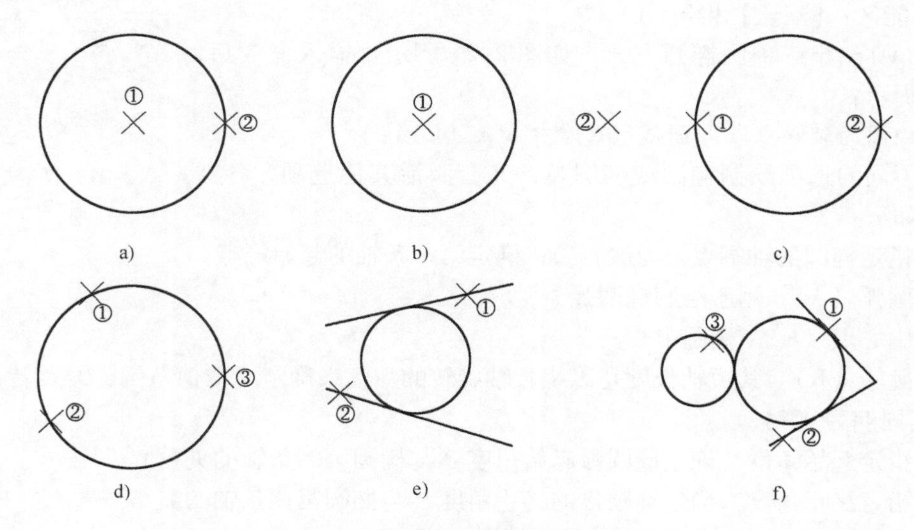

图 2-20　不同绘制圆方式下的结果

a）圆心和半径方式　b）圆心和直径方式　c）两点方式

d）三点方式　e）相切、相切和半径方式　f）相切、相切和相切方式

指定圆的半径或［直径（D）］<缺省值>：12↙（或光标②点）。

【例 2-14】　绘制半径 $R=7$mm，并且与两直线相切的圆，如图 2-20e 所示。

依次单击【绘图】\ 图标，按提示信息操作如下：

指定圆的圆心或［三点（3P）/两点（2P）/切点、切点、半径（T）］：T↙；

指定对象与圆的第一个切点：光标选取直线①；

指定对象与圆的第二个切点：光标选取直线②；

指定圆的半径<缺省值>：7↙。

【例2-15】 绘制与两直线及一个圆均相切的圆，如图2-20f所示。

依次单击【绘图】\ 图标，按提示信息操作如下：

指定圆的圆心或［三点（3P）/两点（2P）/切点、切点、半径（T）］：3P↙；

指定圆上的第一个点：光标选取直线①；

指定圆上的第二个点：光标选取直线②；

指定圆上的第三个点：光标选取圆③。

说明：如果选用3P画圆，同时使用捕捉切点功能，其效果与相切、相切、相切方式画圆一样。另外，在画圆命令操作过程中系统将存储前一次绘制圆的半径并显示在缺省值中，直到输入下一个半径值为止。

2.2.2 绘制椭圆

1. 功能

按指定方式在指定位置绘制椭圆或一段椭圆弧。

2. 命令格式

- 菜单栏：【绘图】\【椭圆】
- 功能区：【默认】\【绘图】\

AutoCAD给出三种画椭圆方式，如图2-21所示。输入命令后，都有如下提示：

圆心(C)
轴、端点(E)
圆弧(A)

图2-21 画椭圆方式

指定椭圆的轴端点或［圆弧（A）/中心点（C）］：

选择不同的选项绘制椭圆或椭圆弧，又会激活其他选项，各选项的功能如下：

（1）指定椭圆的轴端点 为缺省项，确定第一条轴的起始端点。

（2）圆弧（A） 用于绘制椭圆弧。

（3）中心点（C） 椭圆中心。

（4）旋转（R） 其短轴长度是以绕长轴旋转的角度来确定（取值范围：0°≤转角（*R*）<89.4°其周期为90°）。

（5）指定起始角度 确定椭圆弧起始角度（与椭圆第一条轴的夹角）。

（6）指定终止角度 确定椭圆弧的终止角度（与椭圆第一条轴的夹角）。

（7）参数（P） 通过参数确定椭圆弧的起始点和终止点。

【例2-16】 已知椭圆的一个轴和另一个半轴长度绘制椭圆，如图2-22所示。

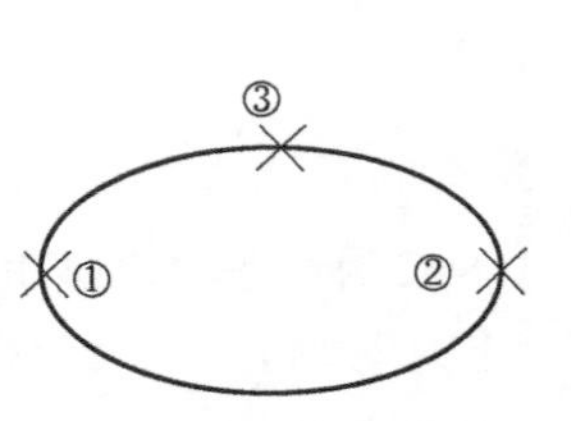

图2-22 椭圆一

依次单击【绘图】\ 图标，按提示信息操作如下：

指定椭圆的轴端点或［圆弧（A）/中心点（C）］：光标给出①点；

指定轴的另一个端点：光标给出②点（可见一拖动椭圆）；

指定另一条半轴长度或［旋转（R）］：光标给出③点。

说明：③点到椭圆中心的距离为另一个半轴长度。

【例2-17】 已知椭圆的长半轴，短半轴和中心绘制椭圆，如图2-23所示。

依次单击【绘图】\ 图标，按提示信息操作如下：

指定椭圆的轴端点或［圆弧（A）/中心点（C）］：C↙；

指定椭圆的中心点：光标给出中心点①点；

指定轴的端点：光标给出②点；

指定另一条半轴长度或［旋转（R）］：光标给出③点。

图 2-23　椭圆二

【例 2-18】　已知椭圆长轴长度，椭圆的转角 60°（即椭圆的短轴 = 长轴 × cos60°），绘制椭圆，如图 2-24 所示。

依次单击【绘图】\ 图标，按提示信息操作如下：

指定椭圆的轴端点或［圆弧（A）/中心点（C）］：光标给出①点；

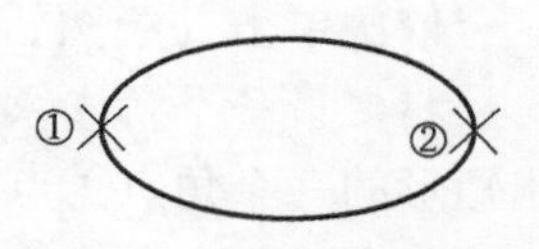

图 2-24　椭圆三

指定轴的另一个端点：光标给出②点（可见一拖动的椭圆）；

指定另一条半轴长度或［旋转（R）］：R↙；

指定绕长轴旋转的角度：60↙。

【例 2-19】　绘制一椭圆弧，如图 2-25 所示。

图 2-25　椭圆弧

依次单击【绘图】\ 图标，按提示信息操作如下：

指定椭圆的轴端点或［圆弧（A）/中心点（C）］：A↙；

指定椭圆弧的轴端点或［中心点（C）］：光标给出①点；

指定轴的另一个端点：光标给出②点（绘制出一椭圆母体，从中心拉出一根橡皮筋）；

指定另一条半轴长度或［旋转（R）］：R↙；

指定绕长轴旋转的角度：60↙；

指定起点角度或［参数（P）］：20↙（椭圆弧起点相对于①点逆时针方向旋转 20°）；

指定端点角度或［参数（P）/包含角度（I）］：180↙（椭圆弧终点相对于①点逆时针方向旋转 180°）。

2.2.3　绘制矩形

1. 功能

绘制可带倒角或圆角的二维矩形。

2. 命令格式

- 菜单栏：【绘图】\【矩形】
- 功能区：【默认】\【绘图】\

输入命令后，出现提示如下：

指定第一个角点或［倒角（C）/标高（E）/圆角（F）/厚度（T）/宽度（W）］：给出第一角点↙；

指定另一个角点或［面积（A）/尺寸（D）/旋转（R）］：给出第二角点↙。

根据画图需要来选择方括号内的选择项。各选项含义如下：

（1）指定第一个角点　指定矩形的第一个角点，为缺省项。

（2）倒角（C）　用于设置矩形的倒角大小。

（3）标高（E）　用于设置标高（适用于 3D 绘图）。

（4）圆角（F）　用于设置矩形的圆角大小。

（5）厚度（T） 用于设置矩形的厚度（适用于3D绘图）。

（6）宽度（W） 用于设置线宽。

（7）面积（A） 用于设置矩形面积。

（8）尺寸（D） 用于设置矩形的长和宽。

（9）旋转（R） 用于设置矩形的第一条边与 X 轴的夹角。

（10）长度（L） 在用“面积（A）”形式画矩形时设置水平边长度。

【例2-20】 绘制边长为40×20的矩形，如图2-26a所示。

依次单击【绘图】\ □图标，按提示信息操作如下：

指定第一个角点或［倒角（C）/标高（E）/圆角（F）/厚度（T）/宽度（W）］：光标给出矩形的一个角点①点；

指定另一个角点或［面积（A）/尺寸（D）/旋转（R）］：@40，20↙（为矩形的另一个角点）。

【例2-21】 绘制倒角为5×5，边长40×20的矩形，如图2-26b所示。

依次单击【绘图】\ □图标，按提示信息操作如下：

指定第一个角点或［倒角（C）/标高（E）/圆角（F）/厚度（T）/宽度（W）］：C↙；

指定矩形的第一个倒角距离<0.00>：5↙；

指定矩形的第二个倒角距离<5>：↙；

指定第一个角点或［倒角（C）/标高（E）/圆角（F）/厚度（T）/宽度（W）］：光标给出①点；

指定另一个角点或［面积（A）/尺寸（D）/旋转（R）］：@40，20↙。

【例2-22】 绘制边长为40×20，圆角半径为5的矩形，如图2-26c所示。

依次单击【绘图】\ □图标，按提示信息操作如下：

指定第一个角点或［倒角（C）/标高（E）/圆角（F）/厚度（T）/宽度（W）］：F↙；

指定矩形的圆角半径<0.00>：5↙；

指定第一个角点或［倒角（C）/标高（E）/圆角（F）/厚度（T）/宽度（W）］：光标给出①点；

指定另一个角点或［面积（A）/尺寸（D）/旋转（R）］：@40，20↙。

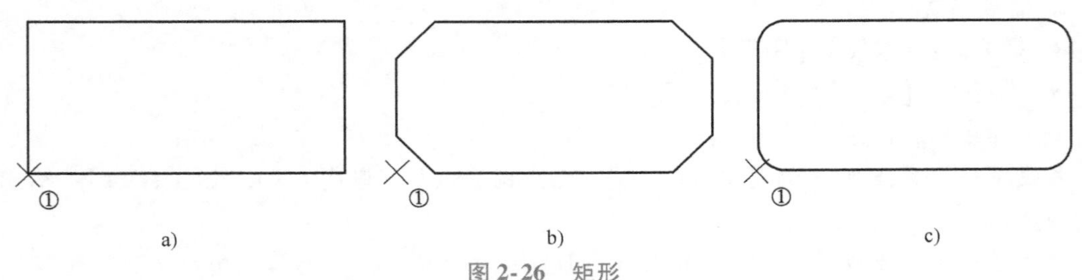

图2-26 矩形

a）绘制矩形 b）绘制带倒角的矩形 c）绘制带圆角的矩形

2.2.4 绘制正多边形

1. 功能

绘制正多边形。

2. 命令格式

- 菜单栏：【绘图】\【多边形】
- 功能区：【默认】\【绘图】\

输入命令后，都有如下提示：

输入侧面数 <4>：输入正多边形边数↙；

指定正多边形的中心点或［边（E）］：输入中心点坐标↙；

输入选项［内接于圆（I）/外切于圆（C）］<I>：选择绘制方式↙；

指定圆的半径：输入半径值↙。

各选项含义如下：

（1）输入侧面数 <4>　确定正多边形的边数。

（2）指定正多边形的中心点　缺省项。

（3）边（E）　以边长方式画正多边形。

（4）内接于圆（I）　以内接圆方式绘制正多边形。

（5）外切于圆（C）　以外切圆方式绘制正多边形。

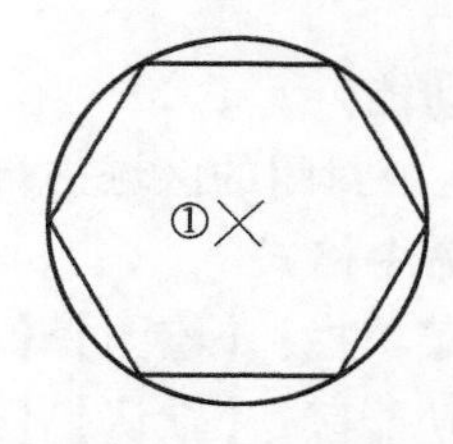

图 2-27　绘制圆内接正六边形

【例 2-23】　绘制圆内接正六边形，如图 2-27 所示。

依次单击【绘图】\ 图标，按提示信息操作如下：

输入侧面数 <4>：6↙；

指定正多边形的中心点或［边（E）］：捕捉圆心①点；

输入选项［内接于圆（I）/外切于圆（C）］<I>：↙；

指定圆的半径：12.5↙。

说明：圆半径为 12.5mm，在画正六边形之前已绘制完成。

【例 2-24】　已知两顶点绘制正六多边形，如图 2-28 所示。

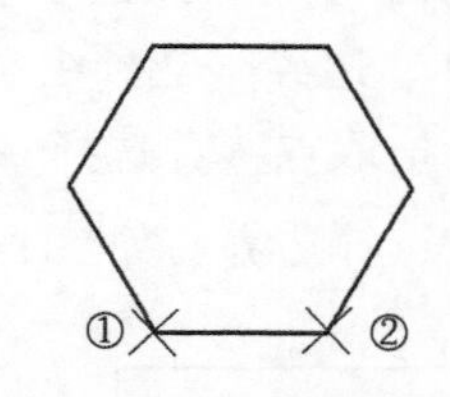

图 2-28　边长方式绘制正六边形

依次单击【绘图】\ 图标，按提示信息操作如下：

输入侧面数 <4>：6↙；

指定正多边形的中心点或［边（E）］：E↙；

指定边的第一个端点：光标给出①点；

指定边的第二个端点：光标给出②点。

说明：以上述方式绘制正六边形，总是以第一点开始到第二点按逆时针方式绘制。

■ 2.3　图案填充

在绘制图形时，经常需要进行图案填充。在绘制物体的剖视图或断面图时，需要使用图案来填充某个指定的区域，这个区域的边界就是填充边界。用填充不同的图案来区分工程部件及其材质，能够增强图形的可读性。

2.3.1　基本概念

1. 图案边界

当进行图案填充时，首先应确定所填充图案的边界范围，如图 2-29 所示。边界必须是

由直线、样条曲线、多义线、圆、椭圆等图形元素所定义的封闭图形，并在屏幕上可见。

2. 孤岛

当进行图案填充时，将处于填充区域内的封闭图形称为孤岛，如图2-29所示。当采取以拾取点的方式确定填充边界时，可以在填充区域内任取一点，AutoCAD自动搜索边界，同时自动确定边界内的孤岛。

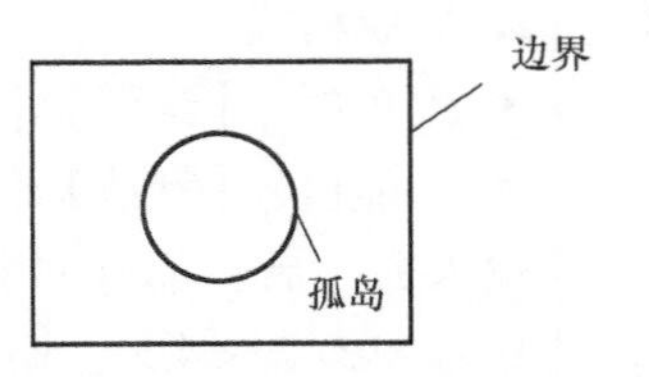

图2-29　边界与孤岛

2.3.2　图案填充命令

1. 功能

对一个封闭的区域进行图案填充。

2. 命令格式

- 菜单栏：【绘图】\【图案填充】
- 功能区：【默认】\【绘图】\

输入命令后，弹出如图2-30所示的"图案填充创建"选项卡。

图2-30　"图案填充创建"选项卡

选项卡中各常用选项组含义如下：

(1)"边界"选项组

1) 拾取点：选择一个或多个封闭区域的点，确定图案填充的边界，如图2-31所示。

2) 选择边界对象：指定基于选定对象的图案确定填充边界，如图2-32所示。

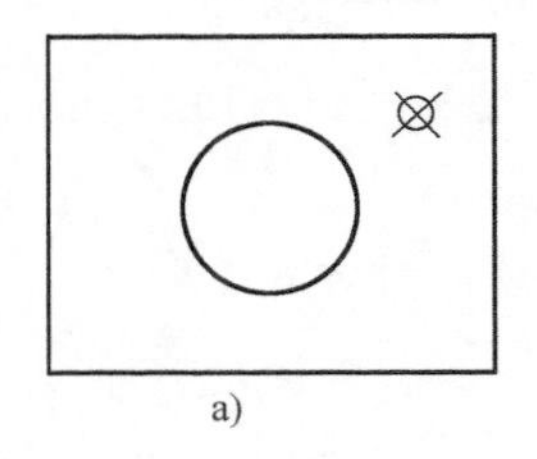

a)

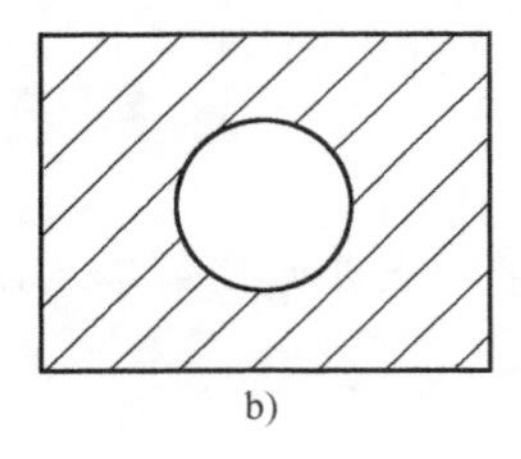

b)

图2-31　"拾取点"确定填充边界

a) 拾取点确定边界　b) 图案填充结果

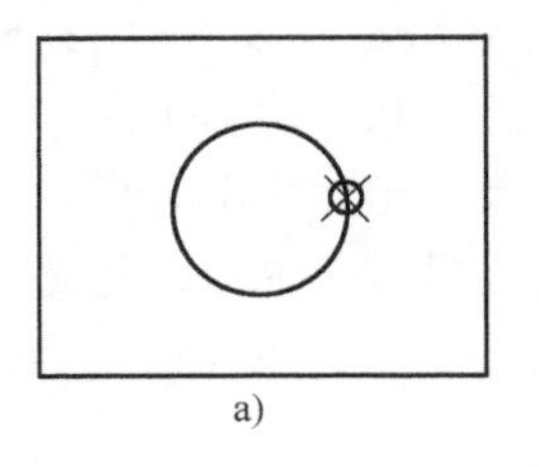

a)

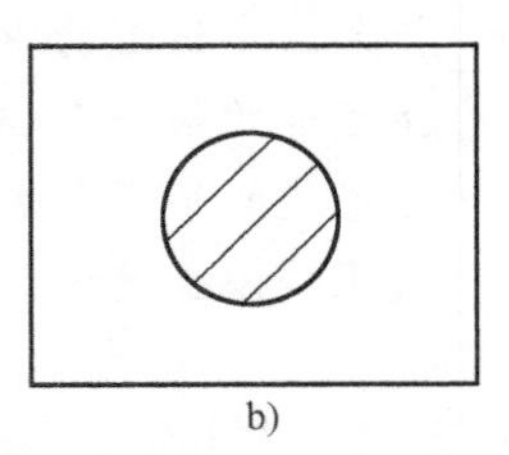

b)

图2-32　"选择边界对象"确定填充边界

a) 拾取点确定边界　b) 图案填充结果

3) 删除边界对象：如果用户对边界所包围的内部边界的区域也进行填充，则单击该按钮，废除孤岛，如图2-33所示。

4) 重新创建边界：当所创建的填充区域中的边界图形已被删除时，可以通过选择填充区域后，通过此功能重新创建图案填充的边界。

(2)"图案"选项组　显示全部定义图案的预览，可以选择所需要的填充图案类型。

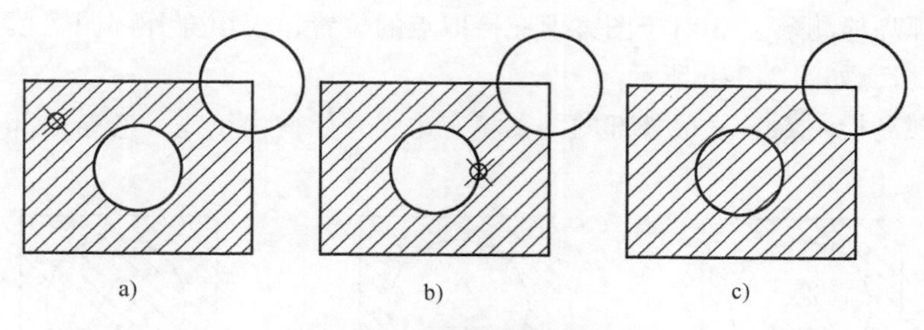

图2-33　删除边界对象

a）拾取点确定边界　b）删除边界　c）填充结果

（3）“特性”选项组

1）图案填充类型：指定预定义的图案填充或用户定义的图案填充，还可以进行实体或渐变色填充。

2）图案填充颜色：使用实体填充或填充图案指定的颜色替代当前颜色。

3）背景色：指定填充图案背景色。

4）图案填充透明度：显示图案填充透明度的当前值，或接受替代图案填充透明度的值。

5）角度：指定填充图案相对于 X 轴的角度。

6）填充图案比例：放大或缩小预定义或自定义的填充图案。

（4）“原点”选项组

1）设定原点：直接指定新的图案填充原点。

2）左下：将图案填充原点设置在图案填充进行范围的左下角。

3）右下：将图案填充原点设置在图案填充进行范围的右下角。

4）左上：将图案填充原点设置在图案填充进行范围的左上角。

5）右上：将图案填充原点设置在图案填充进行范围的右上角。

6）中心：将图案填充原点设置在图案填充进行范围的中心。

7）使用当前原点：使用当前的默认图案填充原点。

存储为默认原点：将指定原点另存为后续图案填充的新默认原点。

（5）“选项”选项组

1）关联：控制当用户修改图案填充边界时，是否自动更新图案填充。

2）注释性比例：根据视窗比例自动调整填充图案比例。

3）特性匹配：使用选定图案填充对象的特性设置图案的特性，分别为“包括图案填充原点”和“图案填充原点除外”两种。

4）允许的间隙：设置将对象用作图案填充边界时可以忽略的最大间隙。

5）创建独立的图案填充：控制当指定多条闭合边界时，创建单个还是多个图案填充对象。

6）普通孤岛检测：从图案填充拾取点指定的区域开始向内自动的填充孤岛，如图2-34a所示。

7）外部孤岛检测：相对于图案填充拾取点的位置，仅填充外部图案填充边界与第一孤岛之间的区域，如图2-34b所示。

8）忽略孤岛检测：从最外部的图案填充边界开始向内填充，忽略内部任何孤岛，如图2-34c所示。

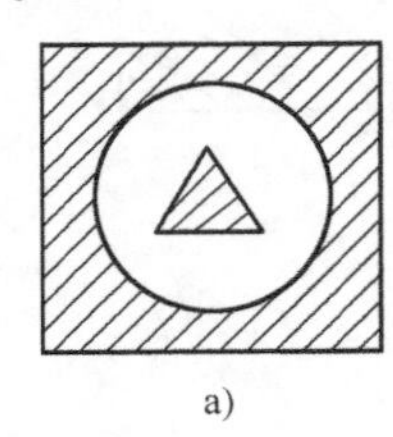
a)

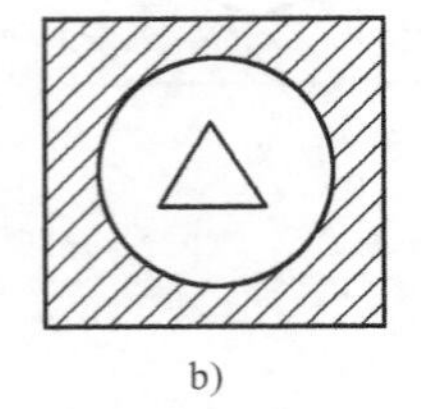
b)

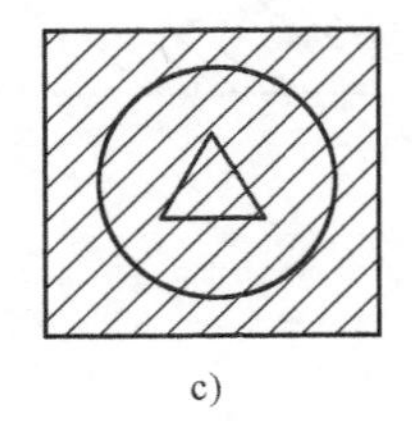
c)

图2-34　设置孤岛检测

a）普通孤岛检测　b）外部孤岛检测　c）忽略孤岛检测

9）无孤岛检测：关闭使用传统孤岛检测方法。

10）绘图次序：为图案填充指定绘图次序，包括不指定、后置、前置、置于边界之后和置于边界之前。

（6）“关闭”选项组　关闭图案填充创建：退出图案填充并关闭选项卡。

【例2-25】　绘制如图2-35所示图形。

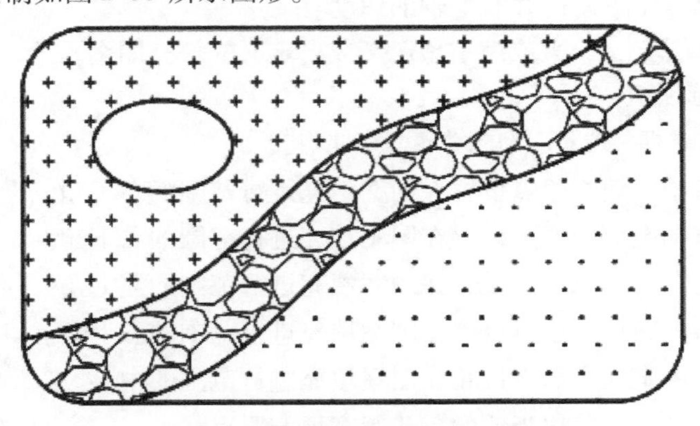

图2-35　用图案填充命令绘制图形

步骤1：采用直线、圆弧、椭圆、样条曲线命令绘制如图2-36所示的图形。

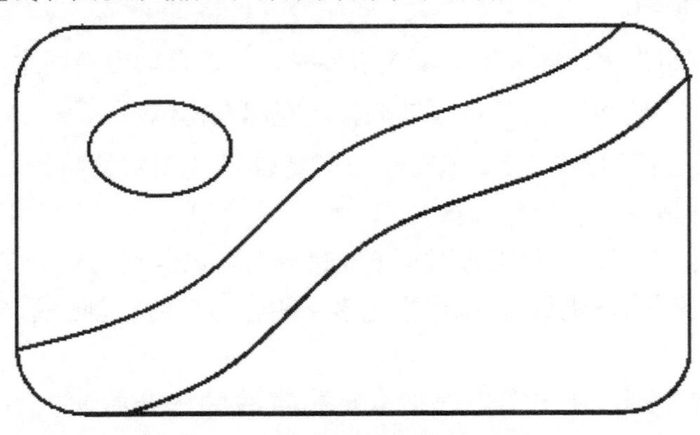

图2-36　图案填充命令绘制图形步骤

步骤2：依次单击【绘图】\ 图标，弹出如图2-30所示的“图案填充创建”选项卡。选择填充图案GRAVEL（），填充图2-36中的中间样条曲线所绘制部分的封闭区域；选择填充图案CROSS（），比例设为0.5，填充图2-36中的左上角封闭区域，不包括椭圆；选择填充图案SWAMP（），比例设为0.2，填充图2-36中的右下角封闭区域，得到如图2-35所示图形。

2.4　应用举例

通过本章的学习，对二维图形的绘制命令有了初步的了解，本节通过几个例子来进一步讲解绘制二维图形的方法和技巧。

【例2-26】　绘制如图2-37所示的房屋平面图。

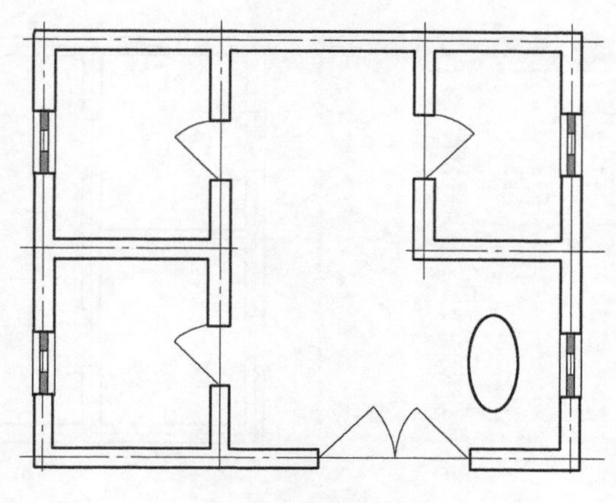

图2-37　房屋平面图

1. 目的要求

熟练掌握直线、椭圆、圆弧、多线绘制命令，掌握多线样式的设置以及多线编辑的方法。

2. 操作步骤提示

步骤1：使用直线命令绘制如图2-38a所示的墙体中心线。

步骤2：设置墙体的多线样式WALL，如图2-38b所示；设置窗户图例的多线样式WINDOWS，如图2-38c所示。

步骤3：使用多线及多线编辑命令绘制墙体与窗户图例，使用椭圆命令绘制洗手盆，如图2-38d所示。

步骤4：使用直线与圆弧命令即可完成门的图例绘制，如图2-37所示。

【例2-27】　绘制如图2-39所示的房屋立面图

1. 目的要求

熟练掌握直线、圆、多边形、多段线等绘制命令，以及图案填充命令的使用。

2. 操作步骤提示

步骤1：使用直线命令绘制如图2-40a所示的墙体与屋顶轮廓线。

步骤2：使用多段线与圆命令绘制门的轮廓线，如图2-40b所示。

a)

b)

c)

d)

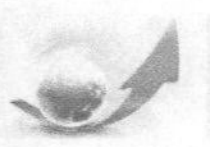

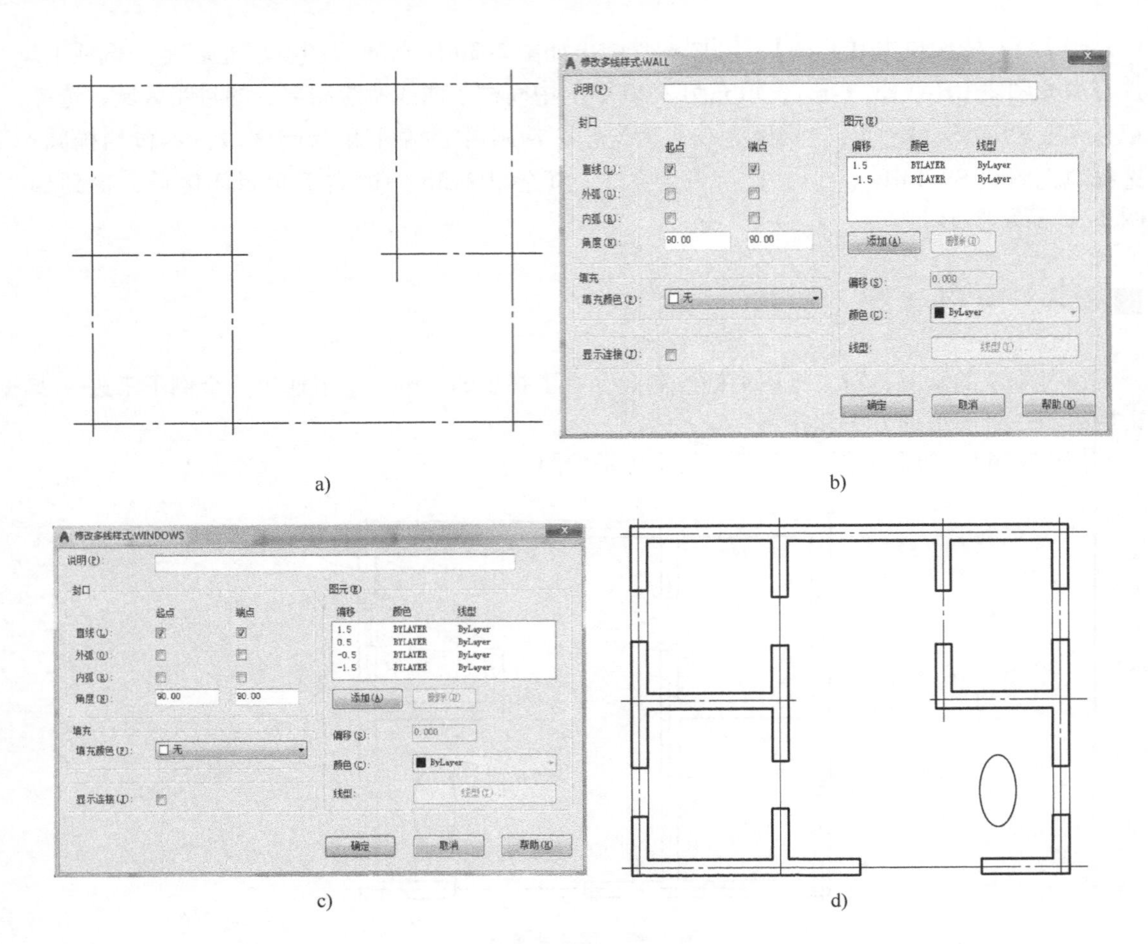

图 2-38　绘制房屋平面图步骤

a）绘制墙体中心线　b）设置墙体的多线样式　c）设置窗户图例的多线样式

d）绘制墙体、窗户图例、洗手盆

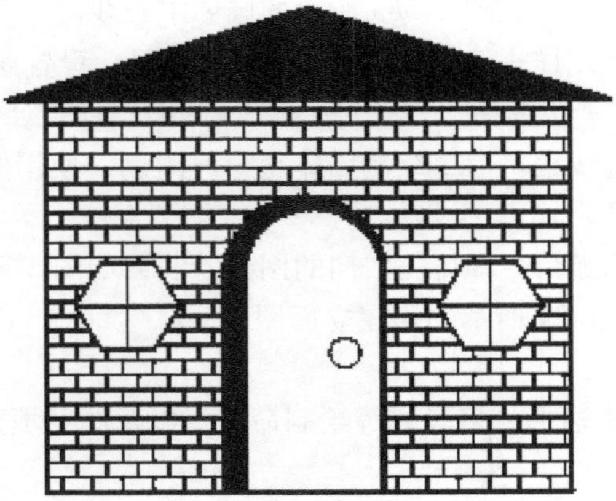

图 2-39　房屋立面图

步骤 3：使用多边形与直线命令绘制两个窗户的轮廓线，如图 2-40c 所示。

步骤 4：使用图案填充命令对屋顶与墙壁进行图案填充，即可完成房屋立面图绘制，如图 2-39 所示。

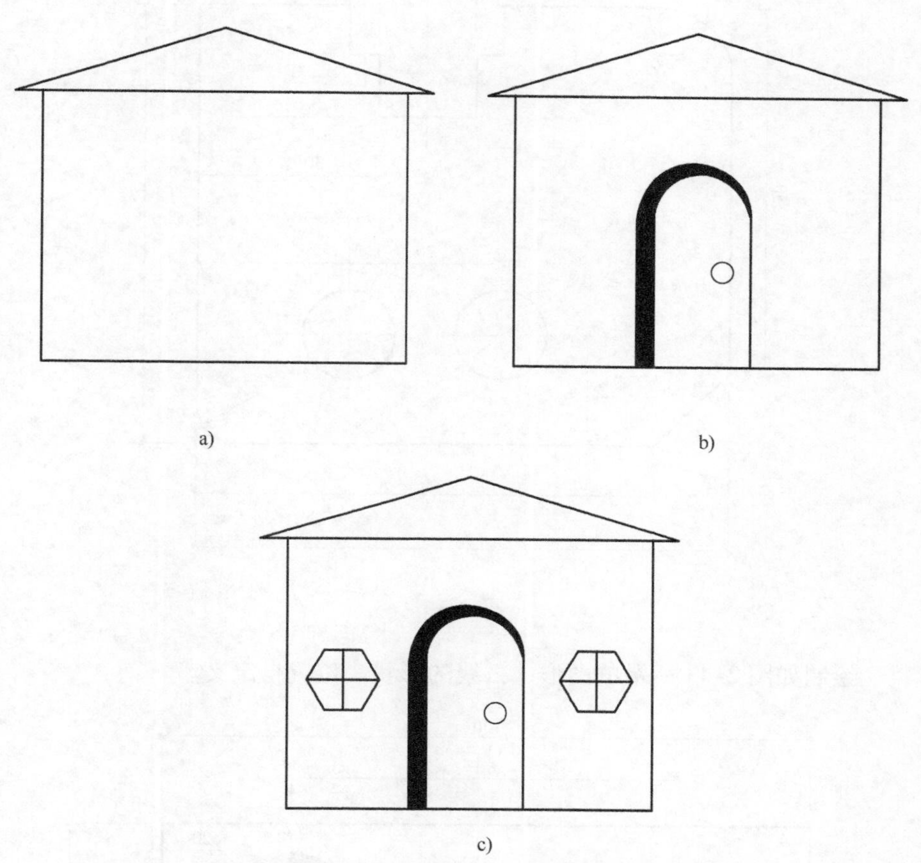

a)　　b)　　c)

图 2-40　绘制房屋立面图步骤

a）绘制墙体与屋顶轮廓线　b）绘制门的轮廓线　c）绘制两个窗户的轮廓线

习　题

［2-1］　绘制如图 2-41 所示的图形，尺寸自己定义。

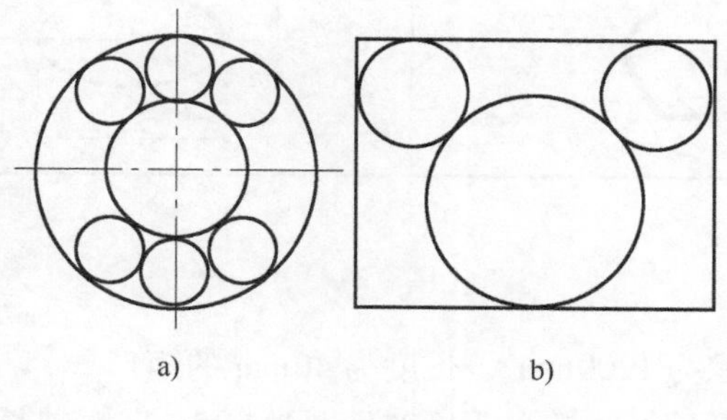

a)　　b)

图　2-41

[2-2]　绘制如图 2-42 所示的图形。

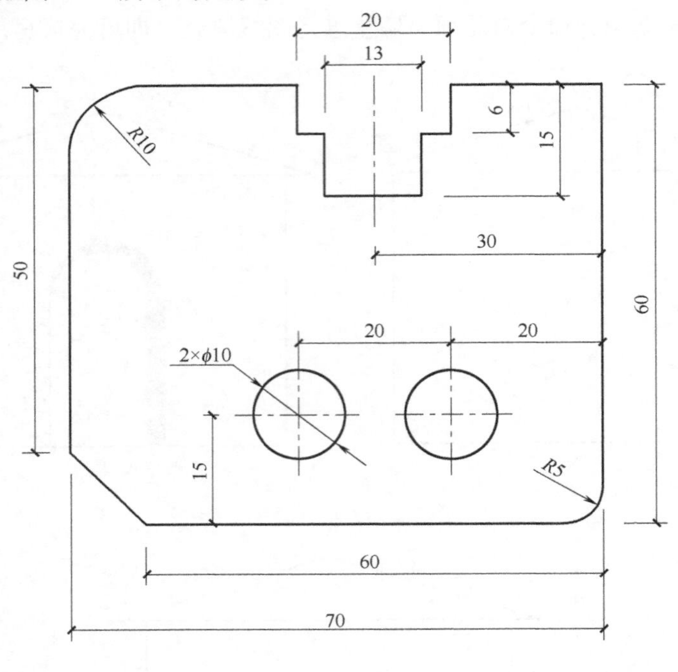

图　2-42

[2-3]　绘制如图 2-43 所示的图形，云线的形状、位置自定义。

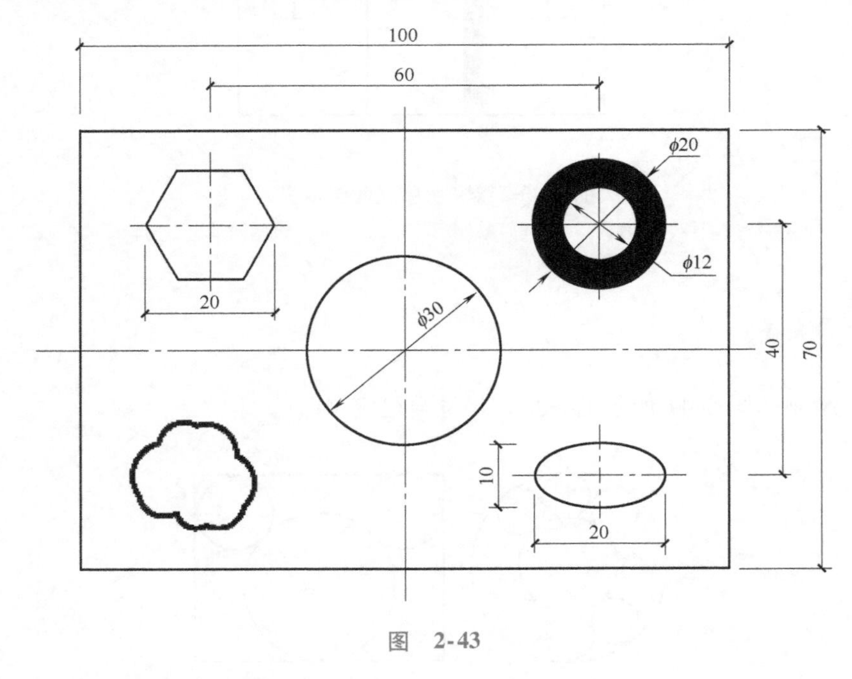

图　2-43

[2-4]　绘制一个面积为 1200mm^2，长度为 40mm 的矩形。

[2-5]　绘制满足如下条件的椭圆：长轴长度为 80mm，短轴长度为 40mm，且长轴与 *X*

轴正向之间的夹角为60°。

［2-6］　绘制满足如下条件的箭头：长度10mm，尾部宽度3mm，尾部线段长30mm。

［2-7］　绘制如图2-44所示的图形，尺寸自定义。

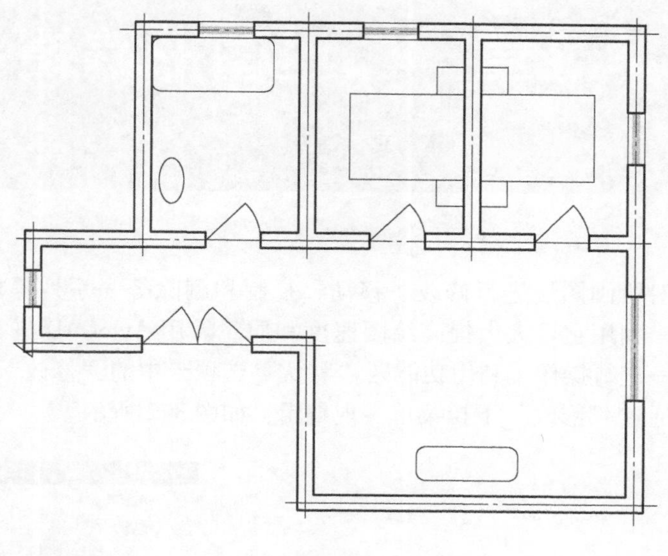

图　2-44

［2-8］　绘制如图2-45所示的图形，尺寸自定义。

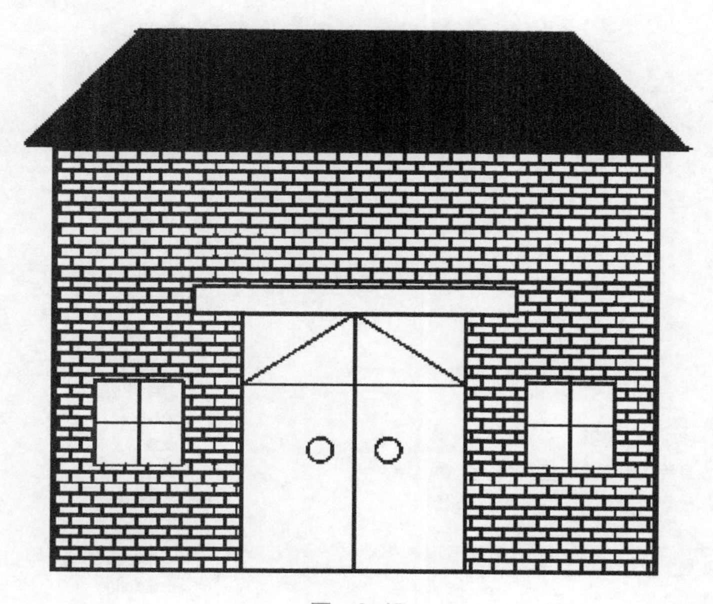

图　2-45

第 3 章　二维图形编辑

图形编辑是指对所画图形进行修改、移动、复制和删除等一系列操作。AutoCAD 提供了丰富的编辑功能，利用它可大大提高绘图速度和质量。用 AutoCAD 进行图形编辑时，用户可按以下方式之一进行操作：利用功能区“默认”选项卡中的“修改”图标群实现编辑，如图 3-1 所示；或通过“修改”下拉菜单实现编辑，如图 3-2 所示。

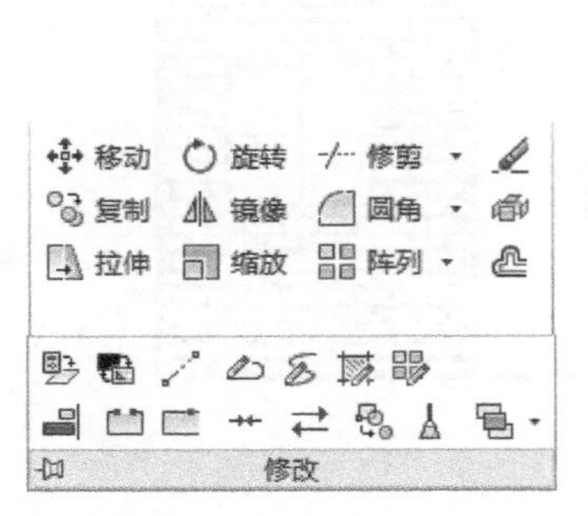

图 3-1　“修改”图标群

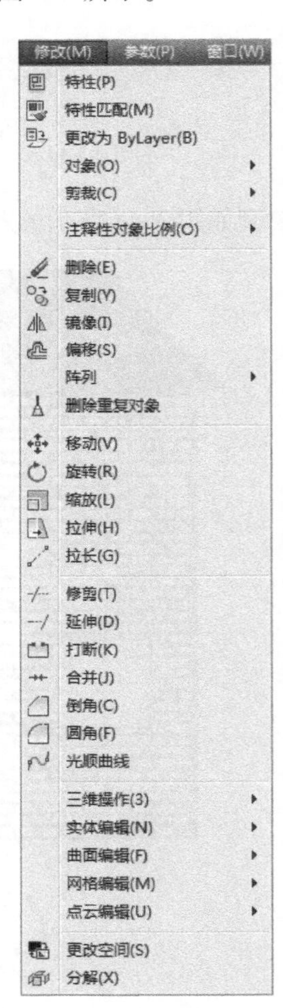

图 3-2　下拉菜单

3.1　构造选择集

当输入一条编辑命令时，AutoCAD 通常会有如下提示：

选择对象：

此时计算机要求用户从绘制的图形中选取要进行编辑的对象，称为构造选择集，并且当前十字光标变成了一个小方框，以下称为拾取框。下面介绍最常见的构造选择集的方式。

1. 直接点取方式

直接将拾取框放在希望编辑的对象上单击鼠标左键，该对象会以高亮度的方式显示，表示其已被选中。

2. 窗口方式

该方式建立一个矩形窗口，窗口内部的对象将被选中，与窗口相交的对象未被选中。操作方法是：将光标从左往右拉成一个实线的矩形，矩形窗口内的实体被选中。

3. 窗交方式

该方式建立一个矩形窗口，窗口内的对象以及与窗口相交的对象均被选中。操作方法是：将光标在右侧单击后，再在左侧单击拉成一个虚线的矩形，矩形窗口内的实体和与窗口相交的实体均被选中。也可以拖动鼠标，圈出不规则区域。

3.2　删除命令

1. 功能

删除指定的对象。

2. 执行方式

- 菜单栏：【修改】\【删除】
- 功能区：【默认】\【修改】\

输入命令后，有如下提示：

选择对象：构造选择集；

选择对象：↙；

完成操作，即可将所选图形删除。

说明：(1) 也可以直接选择欲删除对象，然后单击键盘上的“Delete”键，实现删除。(2) 若删除后，想放弃该操作，可以单击，或者在下拉菜单中选择【编辑】\【放弃】，即可恢复删除命令前的图形。

3.3　增加图形对象

3.3.1　复制命令

1. 功能

将选定的对象复制到指定位置。

2. 执行方式

- 菜单栏：【修改】\【复制】
- 功能区：【默认】\【修改】\

输入命令后，有如下提示：

选择对象：构造选择集；

选择对象：↙；

当前设置：复制模式＝多个

指定基点或［位移（D）/模式（O）］＜位移＞：指定一点为复制基点①（圆心）；

指定第二个点或［阵列（A）］＜使用第一个点作为位移＞：光标给出另一个点②（也可以输入第二个点的坐标值后，回车）；

指定第二个点或［阵列（A）退出（E）放弃（U）］＜退出＞：可将源目标做多次复制（如③、④），或回车退出命令。

执行该命令时如同“移动”命令方式一样，按位移矢量复制或按位移量复制，如图3-3所示。

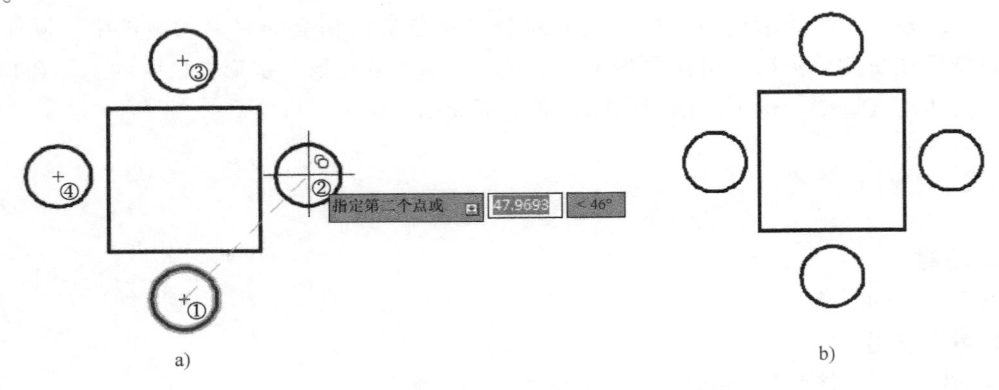

图3-3　复制操作

a）指定基点后绘图区显示的图形　b）复制结果

3.3.2　偏移命令

1. 功能

对指定的对象按给定的距离进行复制。

2. 执行方式

- 菜单栏：【修改】\【偏移】
- 功能区：【默认】\【修改】\

输入命令后，有如下提示：

当前设置：删除源＝否　图层＝源　OFFSETGAPTYPE＝0

指定偏移距离或［通过（T）/删除（E）/图层（L）］＜通过＞。

1）如果在此提示下直接键入一数值，则表示以该数值为偏移距离进行复制。此时提示如下：

选择要偏移的对象，或［退出（E）/放弃（U）］＜退出＞：选择偏移的实体；

指定要偏移的那一侧上的点，或［退出（E）/多个（M）/放弃（U）］<退出>：选取欲复制的方向，即在弧线上方拾取一点；其结果如图3-4a所示。

2）如果在上述提示下键入“T”，则表示使拷贝的对象通过给定点或其延长线通过该点，此时提示如下：

选择要偏移的对象，或［退出（E）/放弃（U）］<退出>：构造选择集；
指定通过点或［退出（E）/多个（M）/放弃（U）］<退出>：给定要通过的点①；
选择要偏移的对象，或［退出（E）/放弃（U）］<退出>：↙；
其结果如图3-4b所示。

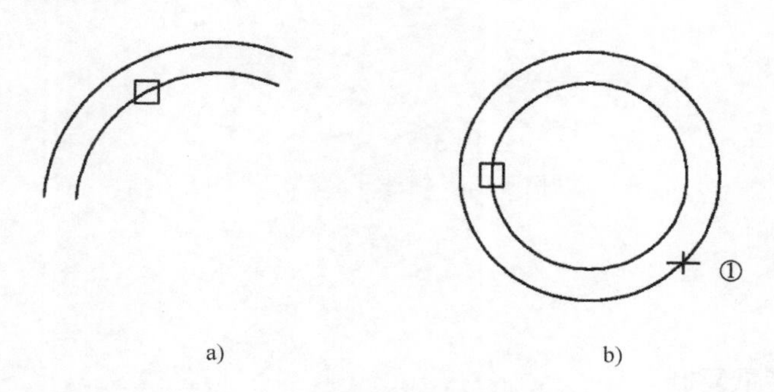

图3-4　偏移
a）指定距离偏移　b）通过指定点偏移

3）如果键入“E”，则可以选择是否要在偏移后删除源对象。

4）如果键入“L”，确定将偏移对象创建在当前图层上还是源对象所在的图层上。

说明：(1) 使用“偏移”命令时，构造选择集只能用直接点取方式。(2) 给定的距离值必须大于零。(3) 不能偏移复制点、图块和文本。

3.3.3　镜像命令

1. 功能

按指定镜像线复制图形。

2. 执行方式

- 菜单栏：【修改】\【镜像】
- 功能区：【默认】\【修改】\ ⏃

输入命令后，有如下提示：

选择对象：构造选择集（选择图3-5a中的实线图形）；
选择对象：↙；
指定镜像线的第一点：点选镜像线上一点①（点画线的一个端点）；
指定镜像线的第二点：点选镜像线上的另一点②（点画线的另一个端点）；
要删除源对象吗？［是（Y）/否（N）］<N>：

若直接回车（即选择“N”），镜像复制并保留源图形如图3-5b图所示；若键入“Y”后再回车，则镜像复制，但不保留源图形。

说明：当进行文本镜像时，文本会出现反写字，可用系统变量MIRRTEXT来设置。其

中 MIRRTEXT = 0 为可读文本镜像；MIRRTEXT = 1 为不可读文件镜像。

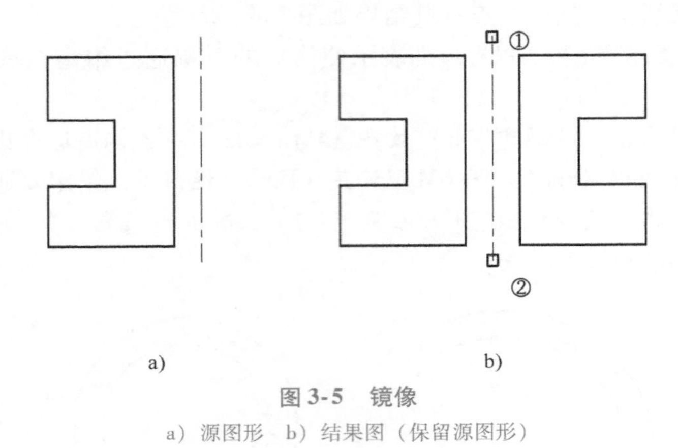

图 3-5　镜像

a）源图形　b）结果图（保留源图形）

3.3.4　阵列命令

1. 功能

按指定格式作多重复制。

2. 执行方式

（1）矩形阵列

- 菜单栏：【修改】\【阵列】\【矩形阵列】
- 功能区：【默认】\【修改】\

输入命令后，有如下提示：

选择对象：构造选择集；

选择对象：↙。

当前设置：类型 = 矩形　关联 = 是

选择夹点以编辑阵列或［关联（AS）/基点（B）/计数（COU）/间距（S）/列数（COL）/行数（R）/图层（L）/退出（X）］<退出>：可以在此依次修改各参数。

与此同时，功能区中会自动弹出“矩形阵列创建”选项卡，如图 3-6 所示，可以直接在里面按要求进行参数设置。

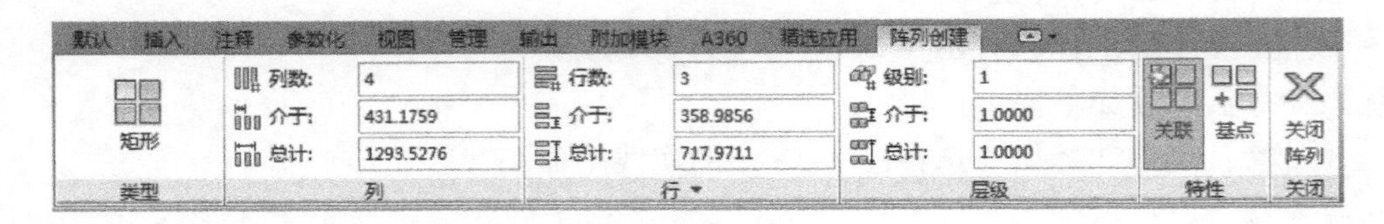

图 3-6　“矩形阵列创建”选项卡

（2）环形阵列

- 菜单栏：【修改】\【阵列】\【环形阵列】
- 功能区：【默认】\【修改】\

输入命令后，有如下提示：

选择阵列对象：构造选择集；

选择阵列对象：↙。

当前设置：类型 = 极轴　关联 = 是

指定阵列的中心点或［基点（B）旋转轴（A）］：可以用鼠标直接单击一点作为阵列中心点。

选择夹点以编辑阵列或［关联（AS）/基点（B）/项目（I）/项目间角度（A）/填充角度（F）/行（ROW）/层（L）/旋转项目（ROT）］：可以在此依次修改各参数。

与此同时，功能区中会自动弹出“环形阵列创建”选项卡，如图3-7所示，可以直接在里面按要求进行参数设置。

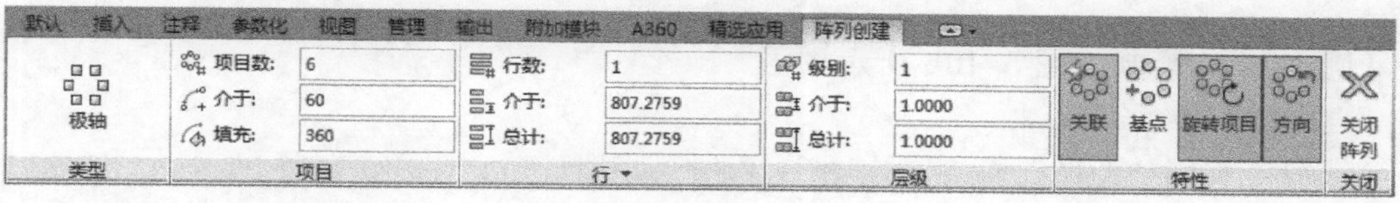

图3-7　“环形阵列创建”选项卡

（3）路径阵列

- 菜单栏：【修改】\【阵列】\【路径阵列】
- 功能区：【默认】\【修改】\

输入命令后，有如下提示：

选择阵列对象：构造选择集；

选择阵列对象：↙；

选择路径曲线：选择已有曲线作为路径曲线。

选择夹点以编辑阵列或［关联（AS）方法（M）基点（B）切向（T）项目（I）行（R）层（L）对齐项目（A）z方向（Z）退出（X）］：可以在此依次修改各参数。

与此同时，功能区中会自动弹出“路径阵列创建功能”选项卡，如图3-8所示，可以直接在里面按要求进行参数设置。

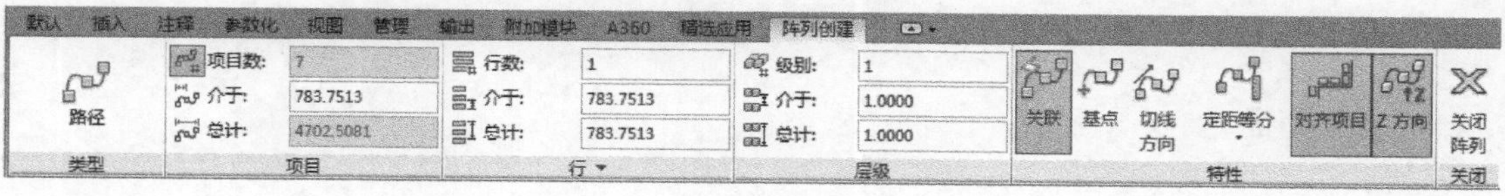

图3-8　“路径阵列创建”选项卡

说明：矩形阵列时，行距为正时图形向上阵列，为负时向下阵列。列距为正时向右阵列，为负时向左阵列。

【例3-1】　绘制如图3-9b所示图形（尺寸自定）。

步骤1：利用“绘图”命令画出图3-9a所示图形。

步骤2：矩形阵列。单击图标，选择阵列对象（选择图3-9a中的小矩形），有如下提示：

选择阵列对象：↙。

此时会弹出如图3-6所示“矩形阵列创建”选项卡，然后输入数值：“行数”3，“列数”2，调整行和列间距，出现图3-9b。

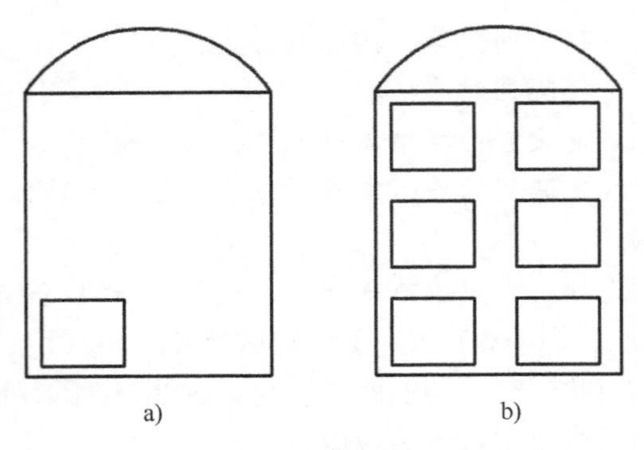

图3-9 矩形阵列举例
a）源图形 b）阵列后图形

单击“关闭阵列”，完成本题绘制。

说明：如果再需要修改，仅需要单击图形中的阵列图形即可调出“矩形阵列创建功能”选项卡，从而可重新进行参数调整。

【例3-2】 绘制如图3-10b所示图形（尺寸自定）。

步骤1：利用“绘图”命令画出图3-10a所示图形；

步骤2：环形阵列：

单击 图标，选择阵列对象（选择图3-10a中的小矩形），有如下提示：

选择阵列对象：↙；

制定阵列的中心点或［基点（B）旋转轴（A）］：选择圆的圆心为阵列中心点。

此时会弹出如图3-7所示“环形阵列创建功能”选项卡，然后根据图形输入数值：“项目数”6，等参数，出现图3-10b。

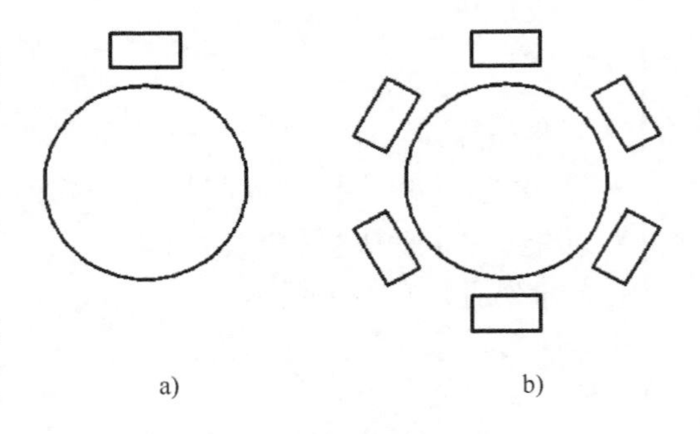

图3-10 环形阵列举例
a）源图形 b）阵列后图形

单击“关闭阵列”，完成本题绘制。

说明：如果再需要修改，仅需要单击图形中的阵列图形即可调出“环形阵列创建对话框”，从而可重新进行参数调整。

3.4 调整图形位置

3.4.1 移动命令

1. 功能

将选定的对象移动到指定的位置。

2. 执行方式

- 菜单栏：【修改】\【移动】
- 功能区：【默认】\【修改】\

输入命令后，有如下提示：

选择对象：构造选择集；

选择对象：↙；

指定基点或［位移（D）］<位移>：

在此提示下用户有以下选择：

指定一点为基点后提示：光标指定①点；

指定第二个点或 <使用第一个点作为位移>：光标给出另一点②，如图 3-11 所示。

直接键入相对于当前点的坐标值（如@ 40，30）后回车，则物体移动到新的位置，其移动量 X 为 40，Y 为 30，即可将图形移到指定位置。

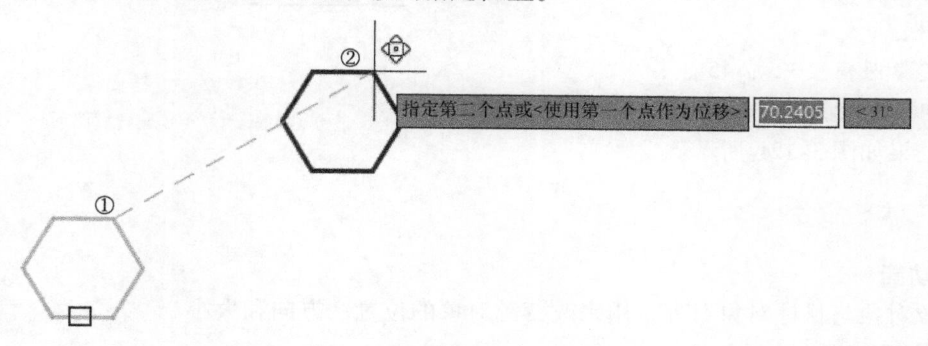

图 3-11　移动操作

3.4.2　旋转命令

1. 功能

将所选对象绕指定点（旋转基点）旋转指定的角度。

2. 执行方式

- 菜单栏：【修改】\【旋转】
- 功能区：【默认】\【修改】\ ○

输入命令后，有如下提示：

UCS 当前正方向：ANGDID = 逆时针　ANGBASE = 0

选择对象：构造选择集；

选择对象：↙；

指定基点：指定一点为旋转基点；

指定旋转角度，或［复制（C）/参照（R）］<0>：输入要旋转的角度。

各选项含义如下：

（1）旋转角度　为绝对角度值，在此提示下直接键入角度值即可。

（2）复制（C）　创建所选对象的副本，即图形旋转的同时，将源图形进行复制。

（3）参照（R）　该选项表示将所选对象以参考方式旋转。键入该选项“R”后有如下提示：

指定参照角 <0>：键入参考方向的角度；

指定新角度或［点（P）］<0>：键入相对于参考方向的角度。

说明：UCS 当前的正角方向：ANGDIR = 逆时针 ANGBASE = 0，表示逆时针方向为正向，初始角为零。

【例 3-3】　已知直线 AB 与 AC 的夹角为 45°，如图 3-12（a）所示，试绕 A 点旋转 AB 线使其与 AC 线的夹角为 20°。

单击图标○，有如下提示：

UCS 当前的正角方向：　ANGDIR = 逆时针　ANGBASE = 0

选择对象：选 AB 线；

选择对象：↙；

指定基点：选 A 点；

指定旋转角度，或［复制（C）/参照（R）］<0>：R↙；

指定参照角 <0>：45↙；

指定新角度或［点（P）］<0>：20↙；

其结果如图 3-12b 所示。

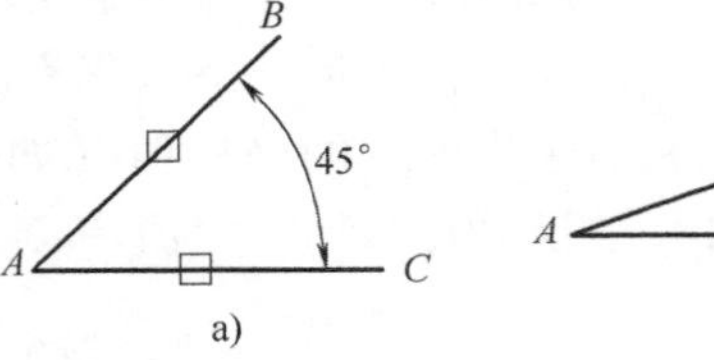

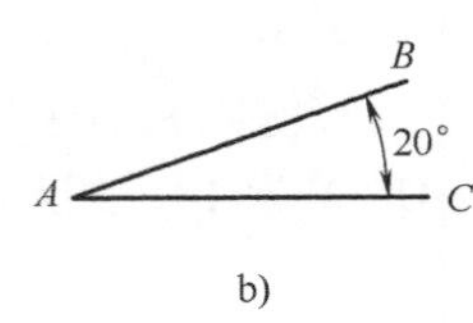

图 3-12　旋转操作

a）源图形　b）旋转后图形

3.4.3　对齐命令

1. 功能

使源对象与目标对象对齐，用来改变源对象的位置、方向和大小。

2. 执行方式

- 菜单栏：【修改】\【三维操作】\【对齐】
- 功能区：【默认】\【修改】\

输入命令后，有如下提示：

选择对象：构造选择集（选择图 3-13a 中的五边形）；

选择对象：↙；

指定第一个源点：选择源对象上的一点，（如图 3-13a 中五边形的左下角点 A）；

指定第一个目标点：选择目标对象上的一点，（如图 3-13a 中直线的端点 B）；

指定第二个源点：

如果在此提示下再选择源对象上的一点，如图 3-13a 中五边形的右下角点 C，则有提示：

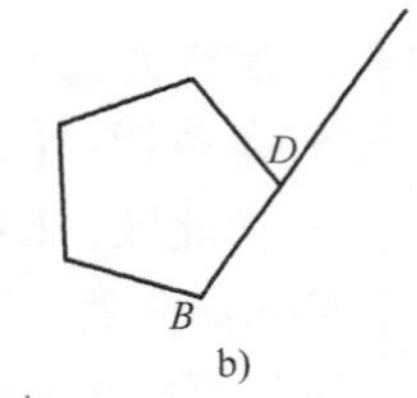

图 3-13　对齐

a）源图形　b）对齐后图形

指定第二个目标点：确定目标对象上的第二点，（如图 3-13a 中直线上方一点 D）；

指定第三个源点或 <继续>：↙；

是否基于对齐点缩放对象？［是（Y）/否（N）］<否>：Y↙。

其结果如图 3-13b 所示。

说明：对于三维图形，还可以在“指定第三个源点：”提示下给出源对象上的第三个点，目标对象上的第三个点。

3.5　调整图形形状

3.5.1　圆角命令

1. 功能

按指定的半径给对象倒圆角。

2. 执行方式

- 菜单栏：【修改】\【圆角】
- 功能区：【默认】\【修改】\ ◻

输入命令后，有如下提示：

当前设置：模式 = 修剪，半径 = 0.0000

选择第一个对象或［放弃（U）/多段线（P）/半径（R）/修剪（T）/多个（M）］：

其中各主要选项含义如下：

（1）半径（R） 设置倒圆角的圆角半径。倒圆角前首先要设定圆角的半径，然后才能进行倒圆角操作。键入“R”后回车，再输入半径值。

（2）选择第一个对象 为直接方式。即直接选取第一个实体后出现如下提示：

选择第二个对象，或按住 Shift 键选择对象以应用角点或［半径（R）］：

在此提示下选取相邻的另一实体即可。

（3）多段线（P） 对二维多段线倒圆角选项，键入“P”回车后有如下提示：

“选择二维多段线”，选取图 3-14a 所示的用多段线绘制的图形后，即可倒出圆角，如图 3-14b 所示。因多段线是封闭图形，可一次全部倒圆角。

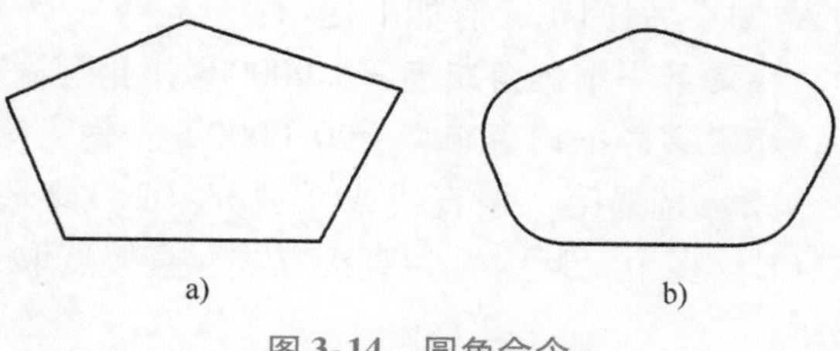

图 3-14 圆角命令

a）倒圆角前 b）倒圆角后

（4）修剪（T） 用来确定倒圆角的方式，键入“T”回车后有如下提示：

输入修剪模式选项［修剪（T）/不修剪（N）］<修剪>：

其中：“修剪”选项可将 3-15a 中的源图修改成图 3-15b。“不修剪”选项对应图为 3-15c，即不修剪多余线段。

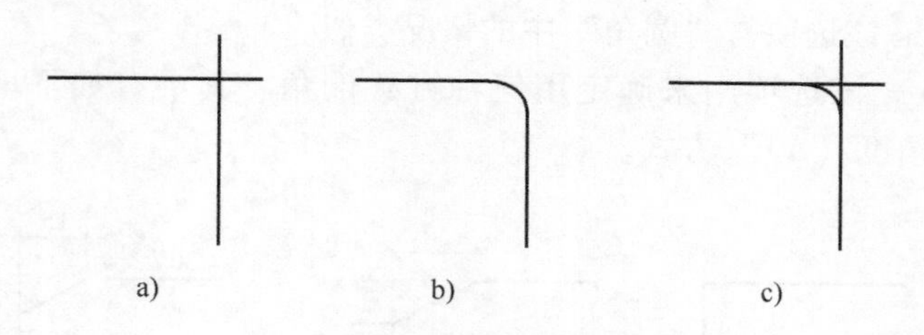

图 3-15 修剪命令

a）源图 b）修剪模式 c）不修剪模式

说明：（1）若倒圆角半径太大，则有“半径太大，无效”的提示，将不能完成倒圆角操作。（2）如果两条线交叉而不能画出倒角，则有“直线不共面”的提示。（3）AutoCAD 允许对平行的两条直线段倒圆角，圆角半径自动确定。

3.5.2 倒角命令

1. 功能

对两条不平行的直线段作倒角。

2. 命令格式

- 菜单栏：【修改】\【倒角】
- 功能区：【默认】\【修改】\ ◺

输入命令后，有如下提示：

（“修剪”模式）当前倒角距离 1 = 0.0000，距离 2 = 0.0000；

选择第一条直线或［放弃（U）/多段线（P）/距离（D）/角度（A）/修剪（T）/方式（E）/多个（M）］；

其中各选项含义如下：

（1）距离（D） 用来设置倒角距离。倒角前首先要设定倒角的距离，然后才能倒角。键入“D”后回车，有如下提示：

指定第一个倒角距离 <0.0000>：此时输入第一个边的倒角距离（例如20）↙；

指定第二个倒角距离 <20.0000>：输入第二边的倒角距离（例如10）↙。

（2）选择第一条直线或［放弃（U）/多段线（P）/距离（D）/角度（A）/修剪（T）/方式（E）/多个（M）］：为直接方式。直接点取一条直线（图3-16a 中的水平线），则有如下提示：

选择第二条直线，或按住 Shift 键选择要应用角点的直线：点取相邻直线（图中垂直线），其结果为对两直线进行了倒角。其倒角距离分别为20 和10，见图3-16b。

（3）多段线（P） 该选项的含义和执行结果与“圆角”命令中的情况类似。

（4）角度（A） 该选项表示根据一倒角距离和一角度进行倒角，键入“A”回车后有如下提示：

指定第一条直线的倒角长度 <0.0000>：输入第一边倒角距离（例如：15）↙；

指定第一条直线的倒角角度 <0>：输入一角度值（例如：30）↙；

此时回到选项状态，先选水平线，后选铅垂线，其结果如图3-16c 所示。

（5）修剪（T） 该选项与“圆角”中的情况类似。

（6）方式（E） 该选项用来确定用何种方式倒角。其中有如下两个方式选项。即：“距离（D）”和“角度（A）”方式。

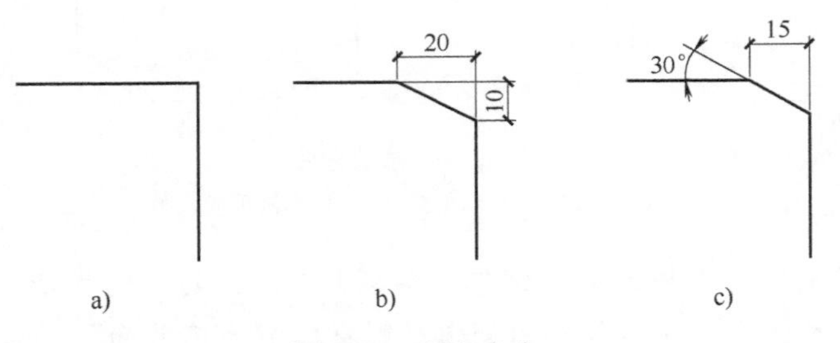

图 3-16 倒角命令

a）源图 b）距离倒角 c）角度倒角

3.5.3 修剪命令

1. 功能

用剪切边修剪指定的对象或不指定剪切边进行修剪。

2. 执行方式

- 菜单栏：【修改】\【修剪】
- 功能区：【默认】\【修改】\ -/--

输入命令后，有如下提示：

当前设置：投影 = UCS　边 = 无

选择剪切边…

选择对象或 <全部选择>：选取作为剪切边界的对象或回车选取全部对象作为剪切边界进行修剪；

选择对象：↙；

选择要修剪的对象，或按住 shift 键选择要延伸的对象，或按以下操作：[栏选（F）/窗交（C）/投影（P）/边（E）/删除（R）/放弃（U）]：依次选取被剪切部分。

其中各选项含义如下：

（1）选择要修剪的对象　为直接方式，直接选取被剪切部分即可。

（2）栏选（F）　选取与选择栏相交的所有对象，选择栏是一系列临时线段。

（3）窗交（C）　选取矩形区域内部或与之相交的对象。

（4）投影（P）　该选项用来执行修剪的空间，键入“P”后有如下提示：

输入投影选项 [无（N）/Ucs（U）/视图（V）] <Ucs>。

1）无（N）：表示按三维（不是投影）的方式修剪，只能对空间相交的对象有效。

2）Ucs（U）：在当前用户坐标系的 XOY 平面上修剪。此时可在 XOY 平面上按投影关系修剪在三维空间中没有相交的对象。

3）视图（V）：在当前视图平面上修剪。

（5）边（E）　该选项用来确定修剪方式。键入 E 后有如下提示：

输入隐含边延伸模式 [延伸（E）/不延伸（N）] <不延伸>：

1）延伸（E）：按延伸方式修剪；该选项表示剪切边界可以无限延长，边界与被剪切实体不必相交。

2）不延伸（N）：按边的实际相交情况修剪。

（6）删除（R）　删除选定的对象。

（7）放弃（U）　取消上一次操作。

【例 3-4】　将图 3-17a 修剪为图 3-17b。

单击 -/-- 图标，有如下提示：

当前设置：投影 = UCS　边 = 无

选择剪切边…

选择对象或 <全部选择>：点取直线上的任意一点，如图中①点（此时，直线为修剪的边界）；

选择对象：↙；

选择要修剪的对象，或按住 shift 键选择要延伸的对象，或 [栏选（F）/窗交（C）/投影（P）/边（E）/删除（R）/放弃（U）]：E↙；

输入隐含边界模式 [延伸（E）/不延伸（N）] <不延伸>：E↙；

选择要修剪的对象，或按住 shift 键选择要延伸的对象，或 [栏选（F）/窗交（C）/投影

(P)/边 (E)/删除 (R)/放弃 (U)]：点取椭圆下部②点；

选择要修剪的对象，或按住 shift 键选择要延伸的对象，或 [栏选 (F)/窗交 (C)/投影 (P)/边 (E)/删除 (R)/放弃 (U)]：用窗交方式选取多边形上部③；

选择要修剪的对象，或按住 shift 键选择要延伸的对象，或 [栏选 (F)/窗交 (C)/投影 (P)/边 (E)/删除 (R)/放弃 (U)]：点取圆下部④点；

选择要修剪的对象，或按住 shift 键选择要延伸的对象，或 [栏选 (F)/窗交 (C)/投影 (P)/边 (E)/删除 (R)/放弃 (U)]：↙。

完成操作。

说明：

1）AutoCAD 可以隐含剪切边，即在提示"选择对象"时直接回车，它会自动确定剪切边。

2）剪切边也可同时作为被剪边。

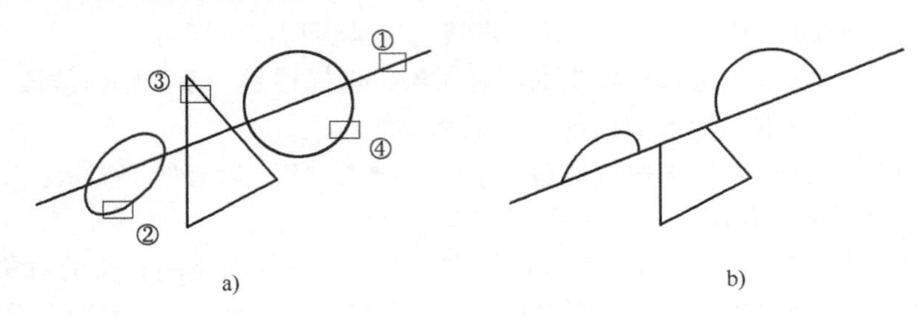

图 3-17　修剪

a）源图形　b）修剪后

3.5.4　延伸命令

1. 功能

延长对象到达指定的图元上。

2. 执行方式

- 菜单栏：【修改】\【延伸】
- 功能区：【默认】\【修改】\ --/

输入命令后，有如下提示：

当前设置：投影 = UCS　边 = 无

选择边界的边…

选择对象或 <全部选择>：选取延伸到的边界对象，如图 3-18a 中的铅垂线；

选择对象：↙；

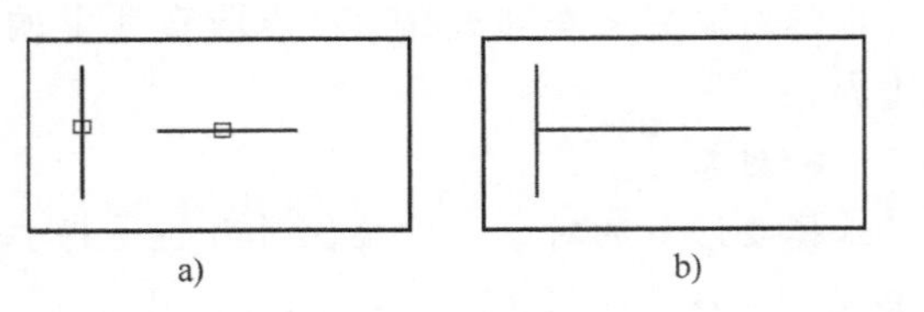

图 3-18　延伸

a）源图形　b）延伸后

选择要延伸的对象，或按住 shift 键选择要修剪的对象，或 [栏选 (F)/窗交 (C)/投影 (P)/边 (E)/放弃 (U)]：选取需要延长的对象，如图 3-18a 中的水平线，便可得到如图 3-18b 所示结果。

说明：各选项的含义参照"修剪"命

令下的各对应选项。

3.5.5　断开命令

1. 功能

将对象按指定的格式断开。

2. 执行方式

- 菜单栏：【修改】\【打断】
- 功能区：【默认】\【修改】\

输入命令后，有如下提示：

选择对象：选取对象①（直线）；

指定第二个打断点或［第一点（F）］：

此时有如下几种方式可供选择：

1）若直接点取对象上另一点，如②点，则两点之间的部分被删去，见图 3-19a。

2）若键入@↙，则在选取点处将其分为两个实体，见图 3-19b，此时的操作相当于“打断于点”；也可以单击“修改”工具条上的图标来完成这一操作。

3）若在对象端点或超出端点处取另一点，如③点，则删去点取点①与端点的一段实体如图 3-19c；

4）若键入 F（第一点），则按如下提示操作：

指定第一个打断点：点取对象上④点；

指定第二个打断点：点取对象上⑤点，见图 3-19d；

此时将对象④与⑤点之间的线段删除。

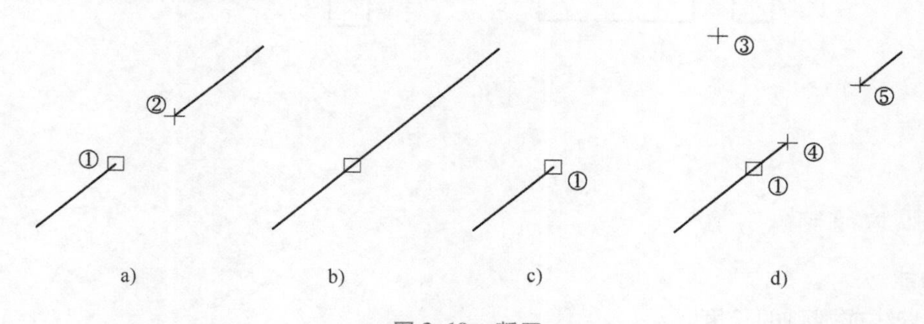

图 3-19　断开

a）两点间打断　b）打断实体于点　c）删除一段实体　d）指定两点间打断

3.6　调整图形尺寸

3.6.1　缩放命令

1. 功能

将所选对象按指定的比例系数相对于指定的基点进行放大或缩小。

2. 执行方式

- 菜单栏：【修改】\【缩放】
- 功能区：【默认】\【修改】\

输入命令后，有如下提示：

选择对象：构造选择集（如图3-20a中右侧图形）；

选择对象：↙；

指定基点：选取缩放的基点（如图3-20a中的①点）；

输入比例因子或［复制（C）/参照（R）］：这里直接输入0.5↙，结果如图3-20b所示。

其中各选项含义如下：

（1）输入比例因子　为直接方式，在此提示下直接键入缩放比例数值即可。

（2）复制（C）　创建所选对象的副本，用于在缩放图形对象的同时，将源图形进行复制。

（3）参照（R）　为参考方式缩放。在提示符下键入“R”后有如下提示：

指定参照长度 <1.0000>：输入参考长度数值；

指定新的长度或［点（P）］<1.0000>：输入新长度。

说明：AutoCAD将以参考长度和新长度的比值决定缩放的比例因子。

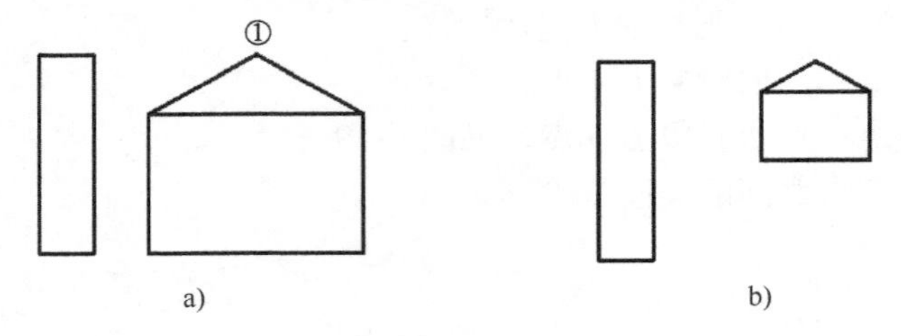

图3-20　缩放

a）源图形　b）缩放后

3.6.2　拉长命令

1. 功能

改变直线或圆弧的长度。

2. 执行方式

- 菜单栏：【修改】\【拉长】
- 功能区：【默认】\【修改】\

输入命令后，有如下提示：

选择要测量的对象或［增量（DE）/百分比（P）/总计（T）/动态（DY）］：

其中“选择对象”为直接方式。

各选项含义如下：

（1）增量（DE）　该项用来增加圆弧和直线的长度。键入“DE”后有提示：

输入长度增量或［角度（A）］<0.0000>：

其中“角度（A）”为以角度方式改变弧长；“输入长度增量”为直接方式，直接键入一数

值且选定对象即可。无论何种方式，正值使其延长，负值使其缩短。

（2）百分比（P）　该项以总长的百分比形式改变实体的长度。键入“P”后提示如下：

输入长度百分数〈缺省值〉：键入百分比值↙。

（3）总计（T）　该项通过键入直线或圆弧的新长度来改变其长度。键入“T”后有如下提示：

指定总长度或［角度（A）］〈缺省值〉：

其中“角度（A）”是指用来确定圆弧的新长度的总角度；“指定总长度”为直接方式，直接键入数值即可。

（4）动态（DY）　该项用来动态地改变线段或弧的长度。键入“DY”后有如下提示：

选择要修改的对象或［放弃（U）］：选择对象；

指定新端点：

此时选取对象进行动态操作。

3.6.3　拉伸命令

1. 功能

拉伸图形中某指定的部分。

2. 执行方式

- 菜单栏：【修改】\【拉伸】
- 功能区：【默认】\【修改】\

输入命令后，有如下提示：

以窗交方式或交叉多边形选择要拉伸的对象…

选择对象：用窗交方式构造选择集，见图3-21a；

选择对象：↙；

指定基点或［位移（D）］〈位移〉：选基点①

指定第二个点或〈使用第一个点作为位移〉：选第二点②；

执行结果如图3-21b所示。

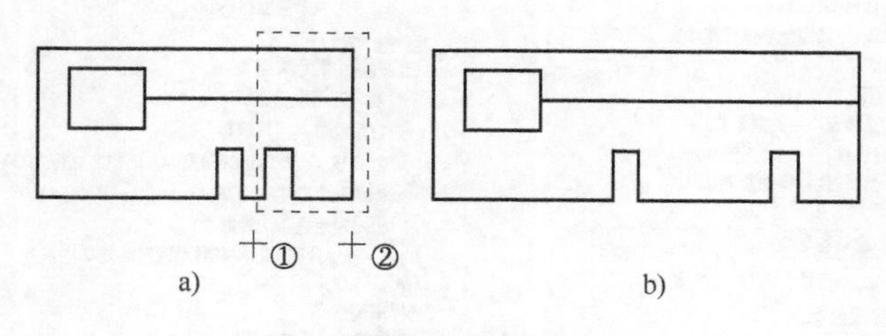

图3-21　拉伸命令

a）源图形　b）拉伸后

说明：由“直线”“圆弧”和“多段线”等命令绘制的实体段若其整个均在选取窗口内，执行结果为对其进行移动；若其一端在外，一端在内，则窗口内的一侧得到拉伸。

■3.7 其他编辑命令

3.7.1 分解命令

1. 功能

分解图形中各种实体对象。如多段线、剖面线、图块等。

2. 执行方式

- 菜单栏：【修改】\【分解】
- 功能区：【默认】\【修改】\

输入命令后，有如下提示：

选择对象：选取要分解的对象，则提示：

选择对象：↙；

完成分解操作。

3.7.2 夹点编辑命令

1. 功能

可以对对象方便地进行复制、拉伸、移动、旋转、缩放和镜像等编辑操作。

2. 执行方式

下拉菜单：【工具】\【选项】

输入命令后，弹出如图3-22所示对话框，打开选择集选项卡，通过其中各选择项来设置夹点功能。

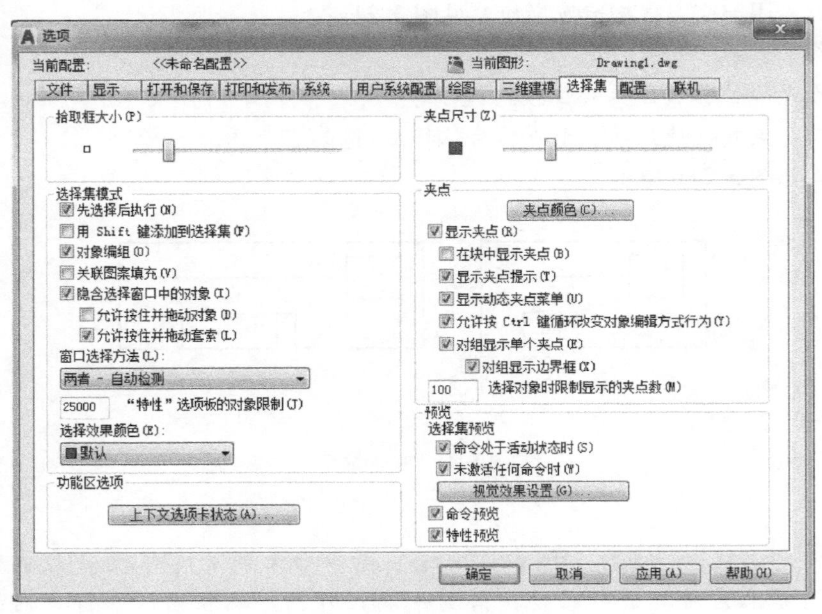

图3-22 夹点设置对话框

具体操作过程是直接点取对象，则该对象显示夹点（夹点为一矩形框）。

点取对象上的某一夹点，则这一夹点（热点）高亮度显示，即可以对该点进行拉伸、移动、旋转、缩放、镜像等编辑。

说明：当点取热点后，提示区显示上述五种编辑命令中的一种及其选项，用户可以根据其提示进行操作即可。通过回车键来实现上述五种编辑命令的滚动切换。

框中各项含义简述如下：

（1）夹点大小（Z）　用来设置夹点框的大小。

（2）“夹点”组框　用来设置夹点的颜色、显示方式等。

图3-23列出了几种常见实体的夹点位置，供学习者参考。

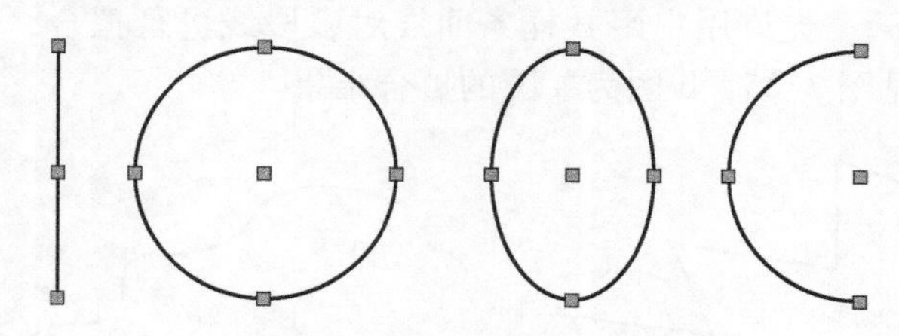

图3-23　常见实体的夹点位置

3.7.3　编辑多段线命令

1. 功能

对由“多段线”命令绘制的多段线进行各种编辑操作。

2. 执行方式

- 菜单栏：【修改】\【对象】\【多段线】
- 功能区：【默认】\【修改】\

输入命令后，有如下提示：

选择多段线或［多条（M）］：选取要编辑的多段线；

是否将其转换为多段线？<Y>：↙；

输入选项［闭合（C）/合并（J）/宽度（W）/编辑顶点（E）/拟合（F）/样条曲线（S）/非曲线化（D）/线型生成（L）/反转（R）/放弃（U）］：

其中各选项含义如下：

（1）闭合（C）　该选项用于打开或闭合多段线。如果多段线是非闭合的，使用该选项可以使之闭合，如果所选多段线是闭合的，则提示项中“闭合（C）”就变成了“打开（O）”，此时，可以打开闭合的多段线。

（2）合并（J）　该选项执行后，AutoCAD将非多段线连接成多段线，此时有如下提示：

选择对象：分别点取欲连接的非多段线。

（3）宽度（W）　用来定义所编辑多段线的新线宽，选择此项，则提示：

指定所有线段的新宽度：输入新的线宽值。

（4）拟合（F）　允许用户采用一条圆弧曲线对多段线进行拟合，曲线通过各顶点，见图3-24b为图3-24a的拟合结果。

图 3-24　用圆弧曲线拟合多段线

a）拟合前　b）拟合结果

（5）样条曲线（S）　允许用户用 B 样条曲线对多段线进行拟合，多段线的各顶点作为样条曲线的控制点，见图 3-25，b 图为 a 图的拟合结果。

图 3-25　用 B 样条曲线拟合多段线

a）拟合前　b）拟合结果

（6）非曲线化（D）　该选项用来撤销上述“拟合（F）”或“样条曲线（S）”选项的操作，恢复原样。

（7）线型生成（L）　该选项用于非实线的其他线型时，多段线在各顶点处的画线方式，键入“L”回车后有如下提示：

输入多段线线型生成选项［开（ON）/关（OFF）］<关>：输入选项。

（8）反转（R）　用于改变多段线的方向。

（9）放弃（U）　用来取消“编辑多段线”命令的上一次操作，可重复使用。

（10）编辑顶点（E）　用来进行多段线顶点编辑。

【例 3-5】　将如图 3-26a 所示的四段圆弧编辑成多段线后，画出图 3-26b。

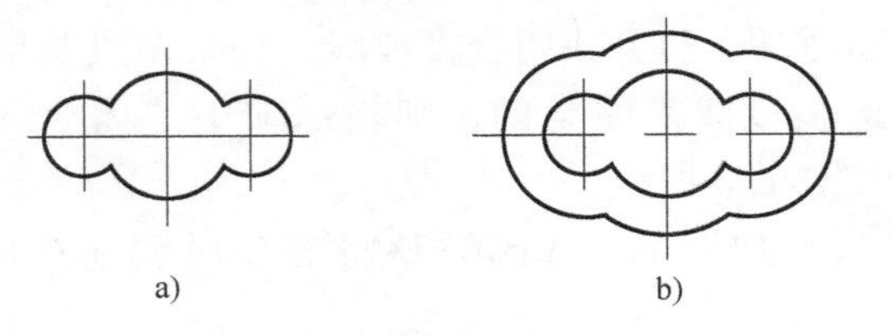

图 3-26　编辑多段线及偏移

a）编辑多段线　b）偏移多段线

单击图标，有如下提示：

选择多段线或［多条（M）］：选取要编辑的线段（点选图中任一圆弧）；

选定的对象不是多段线

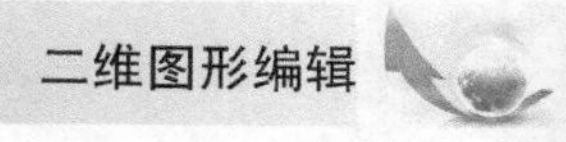

是否将其转换为多段线？<Y>↙；

输入选项［闭合（C）/合并（J）/宽度（W）/编辑顶点（E）/拟合（F）/样条曲线（S）/非曲线化（D）/线型生成（L）/反转（R）/放弃（U）］：J↙；

选择对象：依次点选各段圆弧；

选择对象：↙；

输入选项［闭合（C）/合并（J）/宽度（W）/编辑顶点（E）/拟合（F）/样条曲线（S）/非曲线化（D）/线型生成（L）/反转（R）/放弃（U）］：↙；

此时已将图3-26a编辑成多段线。

单击图标，有如下提示：

当前设置：删除源 = 否　图层 = 源　OFFSETGAPTYPE = 0

指定偏移距离或［通过（T）/删除（E）/图层（L）］<通过（T）>：直接键入一数值↙；

选择要偏移的对象，或［退出（E）/放弃（U）］<退出>：选择上述已编辑好的多义线；

指定要偏移的那一侧上的点，或［退出（E）/多个（M）/放弃（U）］<退出>：在多段线外侧拾取一点。

其结果如图3-26b所示。

3.7.4　编辑对象属性

1. 功能

利用对话框修改对象的参数。

2. 执行方式

- 菜单栏：【修改】\【特性】
- 功能区：【视图】\

输入命令后，都会弹出如图3-27所示的对话框，展开各个标签，又会弹出相应的对话框，在该对话中的属性栏内进行参数设置，可以对各种属性进行修改。

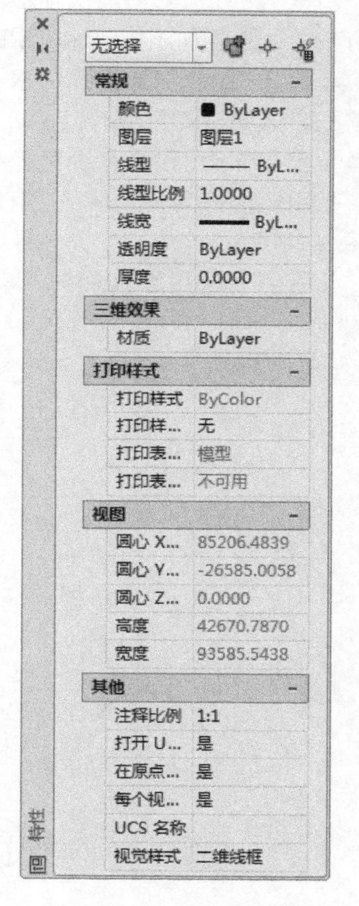

图3-27　“特性”对话框

■3.8　综合应用举例

【例3-6】　绘制如图3-28所示图形。

具体作图步骤如下：

步骤1：绘制图形左侧R35圆弧的圆心的水平和竖直中心线，如图3-29a所示。

步骤2：采用偏移命令确定R27和R16圆弧的圆心位置，如图3-29b所示。

步骤3：绘制半径分别为35，27，和16的圆以及两个直径是18的圆，如图3-29c所示。

步骤4：绘制R35和R27两个圆弧的公切线；R27和R16两圆弧的内切圆以及R35和

R16 两圆弧的外切圆（这个圆弧也可以用倒圆角命令绘制）；如图 3-29d 所示。

步骤 5：用修剪命令，减掉多余圆弧，如图 3-29e 所示。

步骤 6：绘制图形，如图 3-29f 所示。

步骤 7：分别采用两次环形阵列命令并进行裁剪，得到如图 3-29g 所示的图形。

步骤 8：绘制图形里面的水平和竖直矩形线框，如图 3-29h 所示。

步骤 9：采用镜像命令镜像水平矩形线框，采用矩形阵列命令阵列竖直矩形线框，如图 3-29i所示。

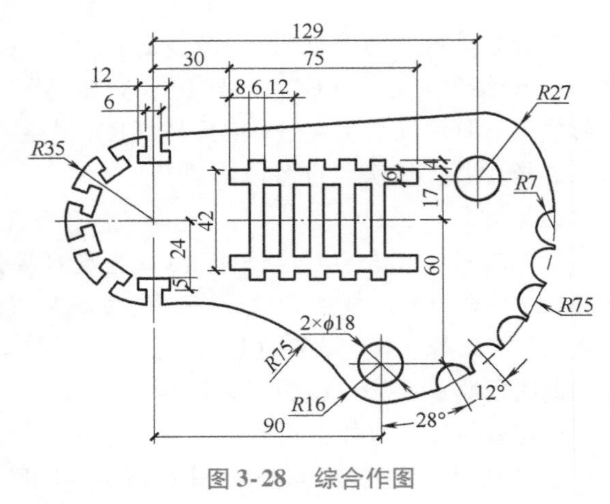

图 3-28　综合作图

步骤 10：采用修剪命令，得到最终图形，如图 3-29j 所示。

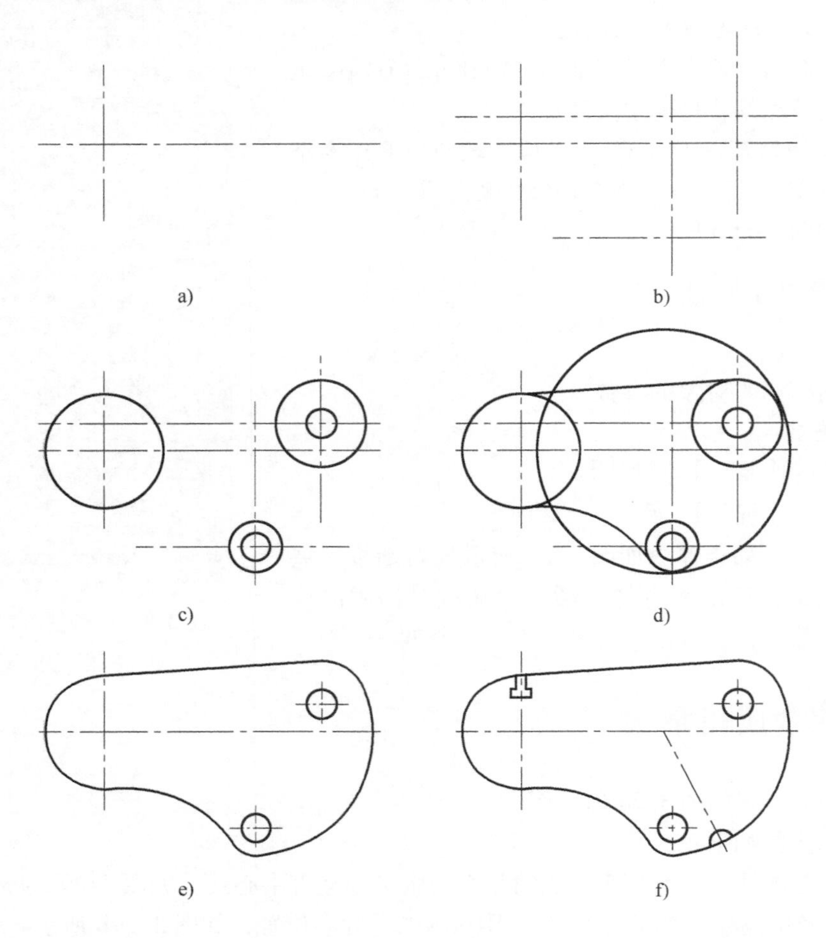

图 3-29　绘图步骤

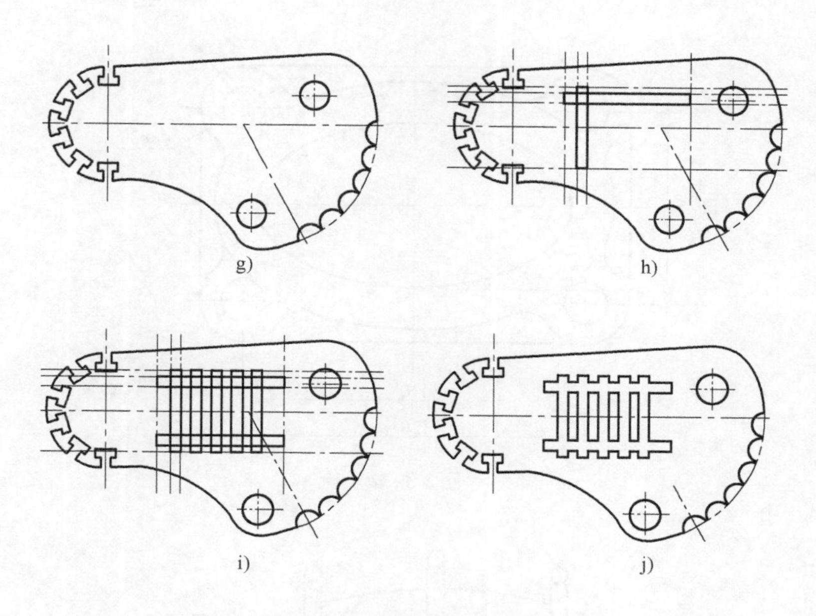

图 3-29　绘图步骤（续）

习　　题

[3-1]　按尺寸绘制如图 3-30 所示图形。
[3-2]　按尺寸绘制如图 3-31 所示图形。

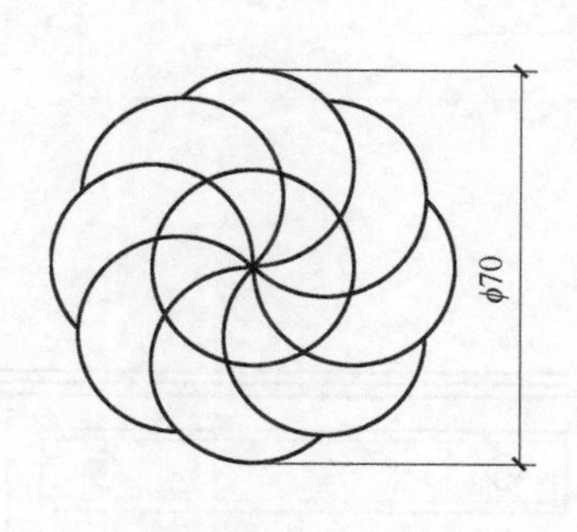

图　3-30

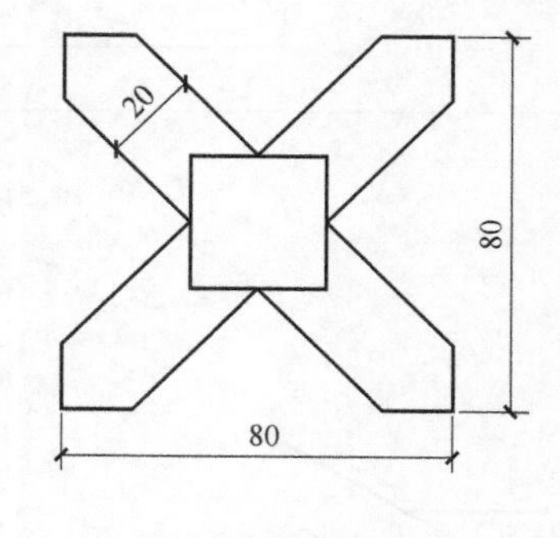

图　3-31

[3-3]　按尺寸绘制如图 3-32 所示图形。
[3-4]　按尺寸绘制如图 3-33 所示图形。
[3-5]　绘制如图 3-34 所示图形，尺寸自定。
[3-6]　绘制如图 3-35 所示图形，尺寸自定。
[3-7]　绘制如图 3-36 所示图形，尺寸自定。
[3-8]　绘制如图 3-37 所示图形，尺寸自定。

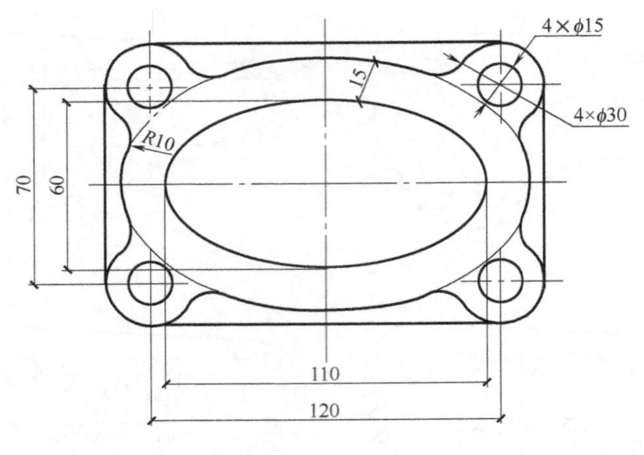

图 3-32

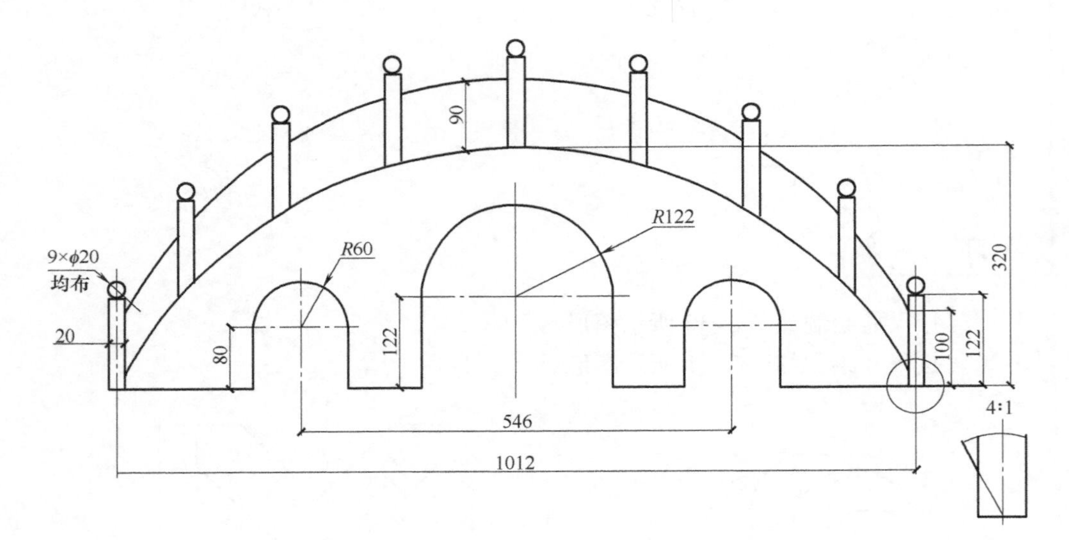

图 3-33

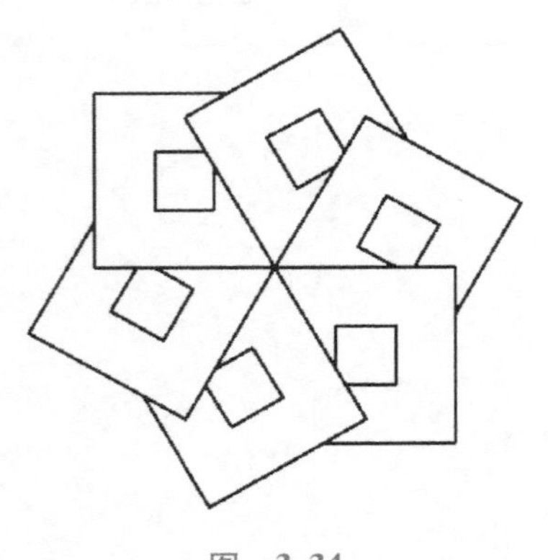

图 3-34

图 3-35

图　3-36

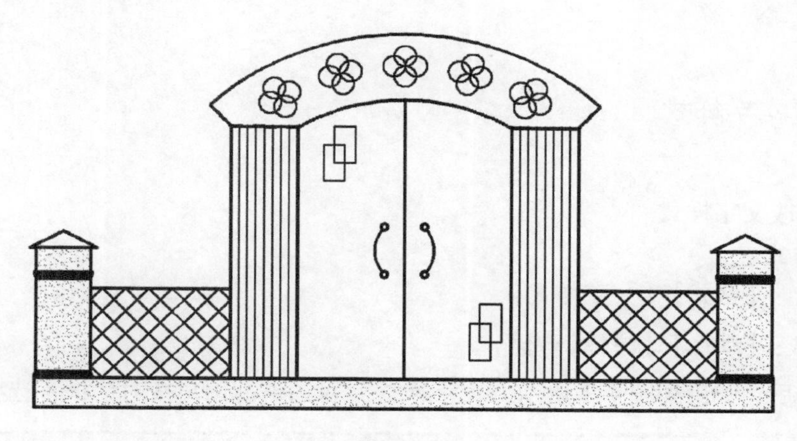

图　3-37

第 4 章　文本与尺寸

在工程图中，除图形外，还需要注释文本，绘制与填写图表，标注尺寸等等。如图样标注，设计说明，材料表，参数表和明细表等。文本、表格和尺寸应用前都应先进行样式设置，然后再进行注释与标注。

■ 4.1　文本

4.1.1　设置文字样式

1. 功能

建立和修改文字样式。

2. 执行方式

- 菜单栏：【格式】\【文字样式】
- 功能区：【默认】\【注释】\

输入命令后，弹出如图 4-1 所示“文字样式”对话框，用户按对话框各选项进行设置。

图 4-1　“文字样式”对话框

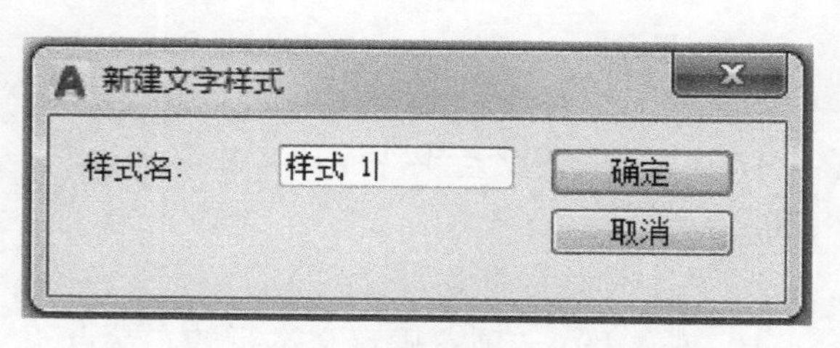

图 4-2 "新建文字样式"对话框

1）单击对话框中"新建"按钮创建新的样式，弹出如图 4-2 所示对话框。在对话框的"样式名"中输入新的样式名，为便于操作，建议用户以某一特征为样式名。AutoCAD 首先给定一个缺省名"样式 1"。

2）字体组框：在"字体名（F）"下拉列表中选择对应文本型文件；在"字体样式（Y）"下拉列表中指定字体样式，如斜体、粗体或常规字体。

3）大小组框：在"高度（T）"框给定字体的高度，如输入值为 0 时，AutoCAD 将在文本输入时再次提示用户输入字体的高度，在图中可输入该样式的高度不同的文本，如输入值大于 0 时，则该样式的字体高度将被固定。

4）效果组框：勾选"颠倒（E）"复选项将使文本倒立，即对 *X* 轴镜像；勾选"反向（K）"复选项将使文本反向，即对 *Y* 轴镜像。勾选"垂直（V）"复选项可使文本垂直排列。在"宽度因子（W）"框设置字符宽高比，即字符宽度与高度比值；在"倾斜角度（O）"框设置字体的倾斜角度，范围 −85°~85°，正角度表示向右倾斜。该选项只倾斜字符，并不倾斜字符行。

5）预览框：显示预览。在预览框中可观察文本的字形及效果。

对新样式设置完毕后，单击"应用"按钮即可完成新样式的创建。

说明：用户可以设置多个文字样式，插入文本时应用当前样式。

4.1.2 用单行文字命令插入文本

1. 功能

该命令能连续注写多行文本，文本行长度可由回车确定。

2. 执行方式

- 菜单栏：【绘图】\【文字】\【单行文字】
- 功能区：【默认】\【注释】\ AI

输入命令后，则有如下提示：

当前文字样式："Standard"　文字高度：2.5000　注释性：否　对正：左

指定文字的起点或［对正（J）/样式（S）］：输入文本的起始位置↙。

其中各选项功能如下：

（1）指定文字的起点　给定文本起点后提示如下：

文字高度 <2.5000>：输入文本的字高↙

指定文字旋转角度 <0>：输入文本的旋转角度（与 X 轴正向的夹角）↙

屏幕出现提示符，输入文本内容↙

（2）对正（J）选项用于设置文本的对齐方式　对正各选项含义：此选项用来确定所注写文本的排列方式。

执行该选项，提示如下：

输入选项

[左（L)/居中（C)/右（R)/对齐（A)/中间（M)/布满（F)/左上（TL)/中上(TC)/右上（TR)/左中（ML)/正中（MC)/右中（MR)/左下（BL)/中下（BC)/右下(BR)]：

其中各选项的含义如下：

1）左（L）选项：确定文本行的左端点。

2）居中（C）选项：确定文本行水平中心点。

3）右（R）选项：确定文本行的右端点。

4）对齐（A）选项：确定所标注文本行基线的起点位置与终点位置来控制文本，使文本按文本样式设定的宽度比，均匀分布在两点之间。此时不需要输入文本的高度和角度。文本行的倾斜角度由两点间的连线确定，字高、字宽根据两点间的距离、字符的多少以及文本的宽度比自动确定。

5）中间（M）选项：确定文本行水平和垂直中点。

6）布满（F）选项：确定文本行基线的起点位置和终点位置以及所标注文本的定高。使文本按样式设定的高度均匀分布在两点之间，字宽取决于字符串的长度。

7）左上（TL）选项：确定文本行的左上角点。

8）中上（TC）选项：确定文本行的顶部和中间点。

9）右上（TR）选项：确定文本行的右上角点。

10）左中（ML）选项：确定文本行的左侧垂直中点。

11）正中（MC）选项：确定文本行的水平和垂直中点。

12）右中（MR）选项：确定文本行的右侧垂直中点。

13）左下（BL）选项：确定文本行的左下角点。

14）中下（BC）选项：确定文本行的底部中间。

15）右下（BR）选项：确定文本行的右下角点。

上述文本对齐方式如图4-3所示。

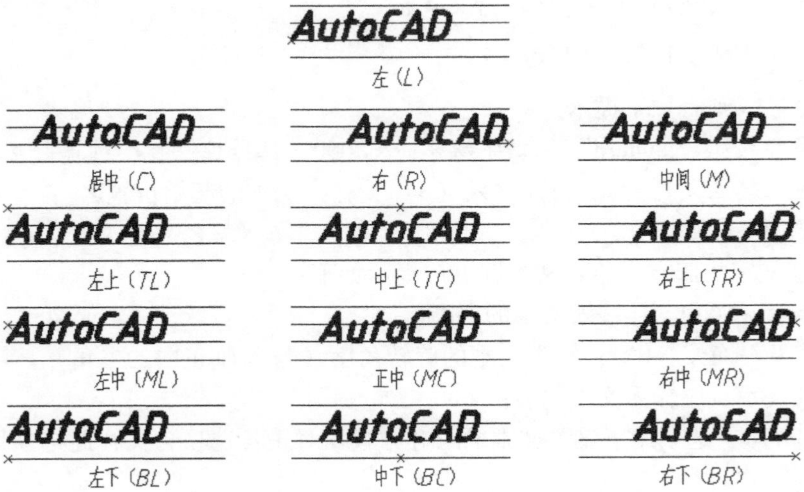

AutoCAD 左(L)

AutoCAD 居中(C) | AutoCAD 右(R) | AutoCAD 中间(M)

AutoCAD 左上(TL) | AutoCAD 中上(TC) | AutoCAD 右上(TR)

AutoCAD 左中(ML) | AutoCAD 正中(MC) | AutoCAD 右中(MR)

AutoCAD 左下(BL) | AutoCAD 中下(BC) | AutoCAD 右下(BR)

图4-3　文本对齐方式

当输入一段文本后，回车则另起一行，当光标在屏幕另一处单击，则文本在此处对齐可继续输入文本，用于实现动态文本。

（3）样式（S）选项设定当前文本的样式　输入样式名或［?］<Standard>：输入文本样式名，将以该样式标注文本；键入“?”将打开文本显示方式并显示文本样式的有关参数。

3. 控制码与特殊字符

实际绘图时，有时需要标注一些特殊字符，如希望在一段文本的上方或下方加划线、标注“°”、“±”、“ϕ”等，以满足特殊需要。由于这些特殊字符不能从键盘上直接输入，为此，AutoCAD 提供了各种控制码，用来实现这些要求。AutoCAD 的控制码由两个百分号（%%）以及在后面紧接一个字符串构成，用这种方法可以标注特殊字符。

（1）下划线（%%U）　输入“%%UABC%%U123”↙，则屏幕显示$\underline{\text{ABC}}$123，控制码%%U 为打开和关闭下划线。

（2）上划线（%%O）　输入“%%OABC%%O123”↙，则屏幕显示$\overline{\text{ABC123}}$。

（3）角度符号（%%D）　输入“45%%D”↙，则屏幕显示 45°。

（4）直径符号（%%C）　输入“%%C80”↙，则屏幕显示 ϕ80。

（5）正负号（%%P）　输入“%%P80”↙，则屏幕显示 ±80。

如果输入特殊字符后，屏幕显示“?”号，说明字体的格式不对。例如当前文本的样式是宋体，输入“%%C”后并不显示“ϕ”而是显示“?”，应先修改字体的样式。

4.1.3　用多行文字命令插入文本

1. 功能

按指定的文本行宽度注写多行文本。

2. 执行方式

- 菜单栏：【绘图】\【文字】\【多行文字】
- 功能区：【默认】\【注释】\A

输入命令后，则提示如下：

当前文字样式：“standard”　文字高度：2.5 注释性：否 对正：左

指定第一角点：确定一角点；

指定对角点或［高度（H）/对正（J）/行距（L）/旋转（R）/样式（S）/宽度（W）/栏（C）］。

首先确定文本框一个角点，会提示输入另一角点，输入另一角点后，AutoCAD 则会以这两个点为对角线形成一个矩形区域，该矩形的宽度即为所标注的文本宽度，且以第一个点作为文本行顶线的起始点。同时功能区显示“文字编辑器”选项卡，如图 4-4 所示，在管理器中选择文本样式、设定格式、编辑段落格式等等。同时在绘图区弹出如图 4-5 所示的多行文本录入标尺，用户可在此输入文本。

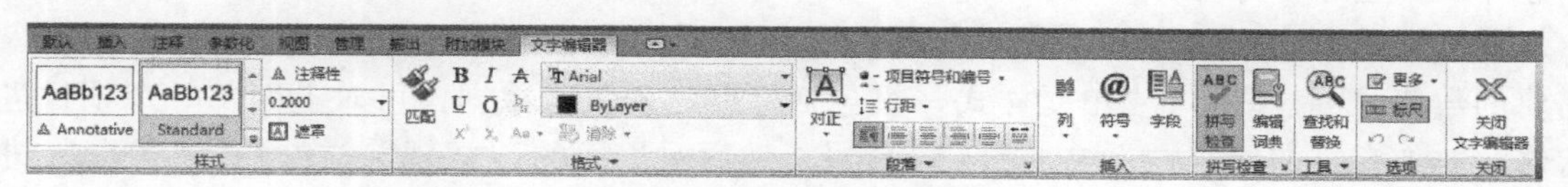

图 4-4　“文字编辑器”选项卡

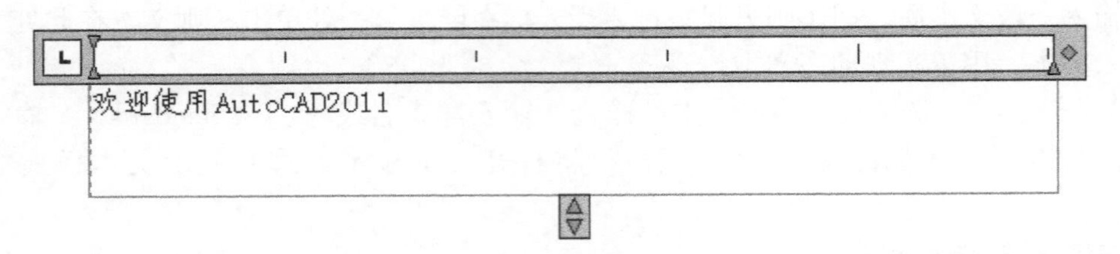

图 4-5　文本录入标尺

文字录入完成后，单击关闭按钮，退出多行文本输入。

4.1.4　文本编辑

1. 功能

编辑修改文本。

2. 执行方式

- 下拉菜单：【修改】\【对象】\【文本】\【编辑】

输入命令后，光标变为拾取框，要求选择要修改的文本，用户用拾取框单击修改对象，如果选取的文本是用单行文本创建的，可对其直接修改文本内容，不能修改文本样式和文字高度等。如果选取的文本是用多行文本创建的，在功能区出现文字编辑器，可根据多行文本的创建方式进行各项设置或内容的修改。

说明：用户也可直接双击要编辑文本，激活文本进入编辑状态，完成编辑工作。

■4.2　表格

4.2.1　建立表格样式

1. 功能

设定表格样式。

2. 执行方式

- 菜单栏：【格式】\【表格样式】
- 功能区：【默认】\【注释】\

输入命令后，弹出“表格样式”对话框，如图 4-6 所示。用户可以在这个对话框中新建表格样式，或对原有格式进行修改。

单击“新建（N）”按钮，弹出“创建新的表格样式”对话框，如图 4-7 所示。默认的“新样式名（N）”是“Standard 副本”，用户也可以在此输入新的样式名，如图 4-7 所示将新建样式名定为“材料表”。

新的样式命名后，单击“继续”按钮，弹出对话框，如图 4-8 所示。在表格中输入需要的数值，创建表格，“单元样式”里包括标题、表头、数据，可对上面每一个项目进行修改。如在“单元样式”中选择“数据”，然后对里面的“常规”“文字”“边框”进行设置。

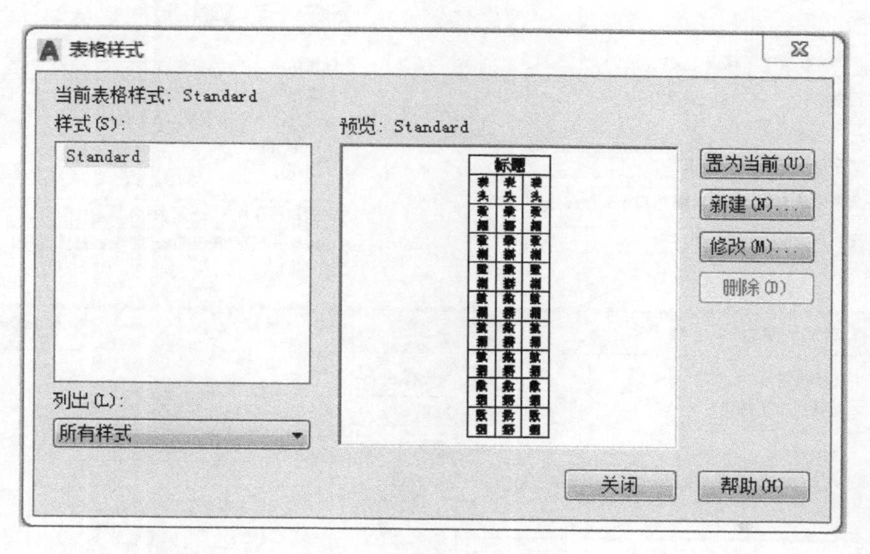

图 4-6 “表格样式”对话框

创建新的表格样式
新样式名(N)：
材料表
继续
基础样式(S)：
Standard
取消
帮助(H)

图 4-7 “创建新的表格样式”对话框

4.2.2 插入表格

1. 功能

按指定格式创建表格。

2. 执行方式

- 菜单栏：【绘图】\【表格】
- 功能区：【默认】\【注释】\

输入命令后，则弹出“插入表格”对话框，如图 4-9 所示。

在“表格样式”选项中选择所需要的表格样式，“插入选项”组框用于确定如何为表格填写数据。“预览（P）”组框用于预览表格的样式。“插入方式”组框设置将表格插入到图形时的插入方式。“列和行设置”组框则用于设置表格中的行数、列数以及行高和列宽。“设置单元样式”组框分别设置第一行、第二行和所有其他行的单元样式。

设置完成后，单击“确定”按钮，而后根据提示确定表格的位置，即可将如图 4-10 所示表格插入到图中。

图 4-8 “新建表格样式”对话框

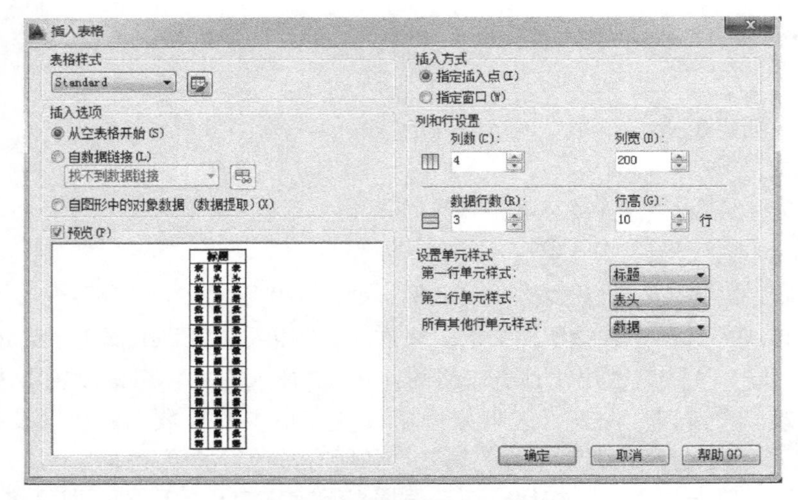

图 4-9 “插入表格”对话框

<table>
<tr><td colspan="4"> </td></tr>
<tr><td></td><td></td><td></td><td></td></tr>
<tr><td></td><td></td><td></td><td></td></tr>
<tr><td></td><td></td><td></td><td></td></tr>
<tr><td></td><td></td><td></td><td></td></tr>
</table>

图 4-10　基本表格

插入表格同时，功能区出现“文字编辑器”，如图 4-4 所示，在每个表格中输入相应的文字，使用键盘上的“↑”“↓”“←”“→”按钮依次填入，即可完成表格。

说明：将鼠标在表格内双击，即可激活表格，对指定单元格的内容进行修改。

■4.3　尺寸

图形只反映物体的形状，尺寸标注则准确地反映物体的真实大小和相互位置关系。用 AutoCAD 尺寸标注命令，可方便快速地标注各种方向、形式的尺寸。本节将介绍尺寸标注的组成、类型、标注、快速标注和快速修改尺寸等功能。

4.3.1　尺寸标注的组成

一个完整的尺寸标注主要由尺寸线、尺寸线终端、尺寸界线和尺寸文本四部分组成，如图 4-11 所示。AutoCAD 为尺寸线终端提供了若干种形式，常用的形式有两种，箭头和斜线。AutoCAD 将尺寸作为一个图块放在图形文件内，因此可以认为一个尺寸是一个对象。

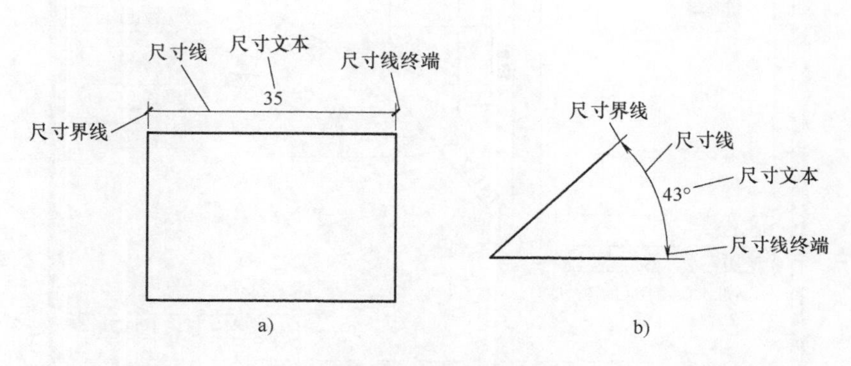

图 4-11　尺寸的组成

a）线性尺寸的组成　b）角度尺寸的组成

尺寸线可以是一条有双箭头的单线段或带单箭头的双线段，也可以是两端带有箭头的一条弧或带单箭头的双弧。尺寸界线通常将尺寸引到被标注对象之外，有时也用物体的轮廓线或中心线代替尺寸界线，如图 4-12 所示；尺寸线终端常用来表示尺寸线起始和终止位置，常用建筑符号表示，有时也用箭头、点或其他标记，如图 4-13 所示。尺寸文本是一个文本实体，表明两尺寸界线之间的距离或角度，是尺寸标注的核心内容。

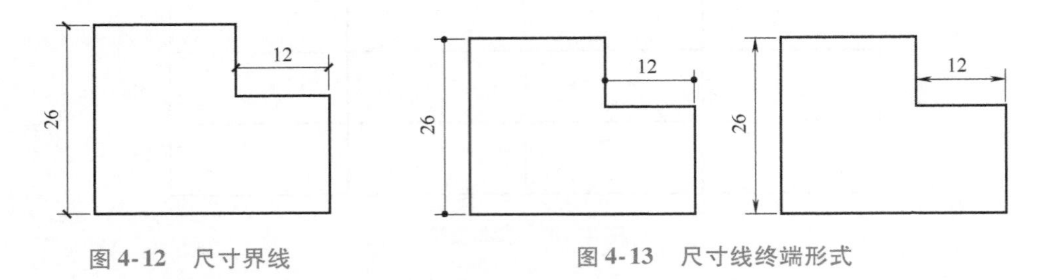

图 4-12　尺寸界线　　　　图 4-13　尺寸线终端形式

4.3.2　设置尺寸标注样式

1. 功能

新建尺寸标注样式及设置尺寸变量。

2. 执行方式

- 菜单栏：【格式】\【标注样式】
- 功能区：【默认】\【注释】\

输入命令后，弹出如图 4-14 所示的“标注样式”管理器。单击“新建（N）…”按钮，弹出如图 4-15 所示对话框，输入新样式名称，单击“继续”进入“新标注样式”对话框，如图 4-16 所示。

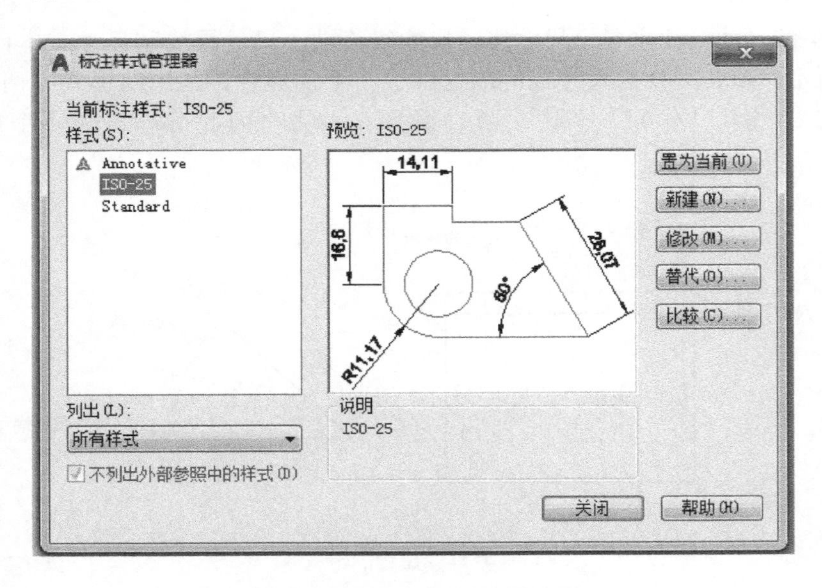

图 4-14　“标注样式”管理器

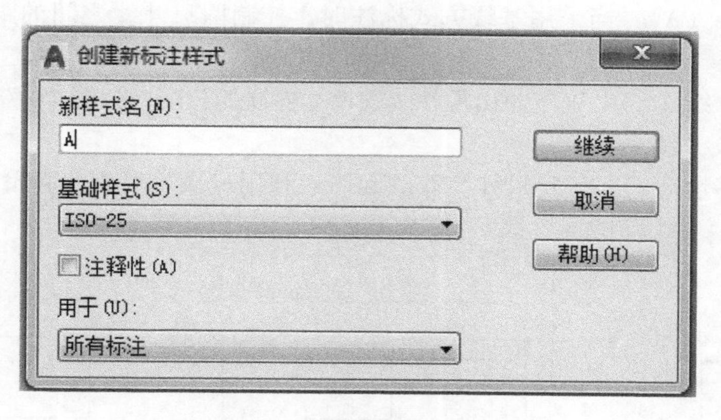

图 4-15 “创建新标注样式”对话框

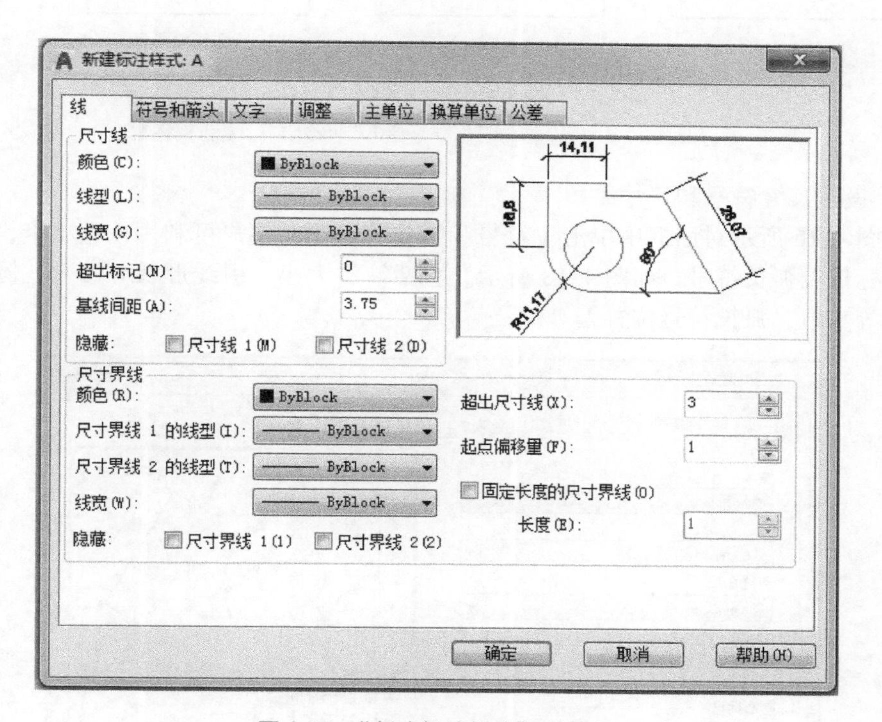

图 4-16 “新建标注样式”对话框

该对话框中有线、符号和箭头、文字、调整、主单位、换算单位和公差七个选项卡，选择不同的选项卡，用户可为新建的尺寸标注样式设置各种相关的特征参数。并且在显示框中显示所设置的样式形式。

4.3.2.1 设置尺寸线和尺寸界线

在图 4-16 所示对话框中单击“线”选项卡，用户可利用该选项卡设定尺寸线、尺寸界线的颜色、线型和线宽，部分参数含义如下：

1）超出标记（N）：当采用短斜线作为尺寸线终端时，确定尺寸线超出尺寸界限的长度，如图 4-17a 中尺寸。

2）基线间距（A）：当采用基线方式标注时，控制两尺寸线之间的距离如图 4-17b 中的 L。

3）超出尺寸线（X）：确定超出尺寸线的尺寸界线的长度，如图 4-17c 中的尺寸 120 中的超出尺寸线部分 2.5。

4）起点偏移量（F）：确定尺寸界线的起始点和用户指定对象的起始点之间的偏移量，如图 4-17c 中的尺寸 120 的偏移量 1。

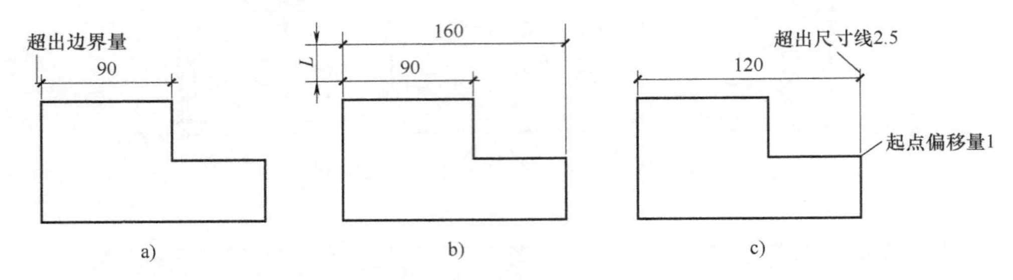

图 4-17　尺寸线设置

a）超出边界量　b）基线间距　c）超出尺寸线距离及起点偏移量

4.3.2.2　设置尺寸符号和尺寸终端

在如图 4-16 所示对话框中单击“符号和箭头”选项，用户可利用该选项卡设定尺寸终端、中心标记及弧长符号，如图 4-18 所示。包括箭头大小、引线形状等参数，圆心标记的类型大小等参数，弧长符号位置等等。

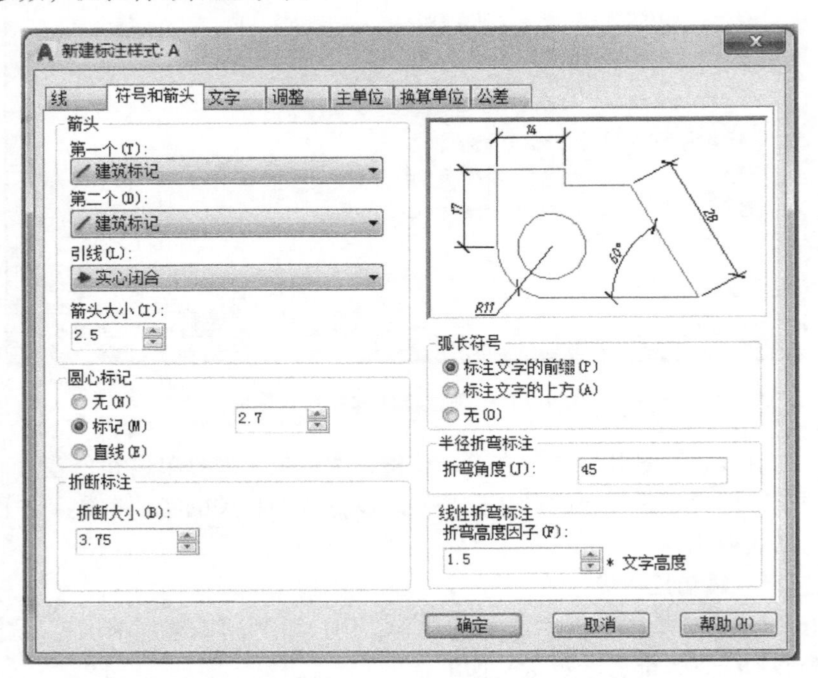

图 4-18　“符号和箭头”选项卡

用户要特别注意，土木工程图中按照国标要求，线性尺寸终端（箭头）要选择“建筑

标记”。

4.3.2.3 设置尺寸文本格式

如图4-16所示对话框中单击“文字”选项卡，用户可利用该选项卡设定尺寸文本的类型、高度以及尺寸文本和尺寸线之间的相对位置，如图4-19所示。

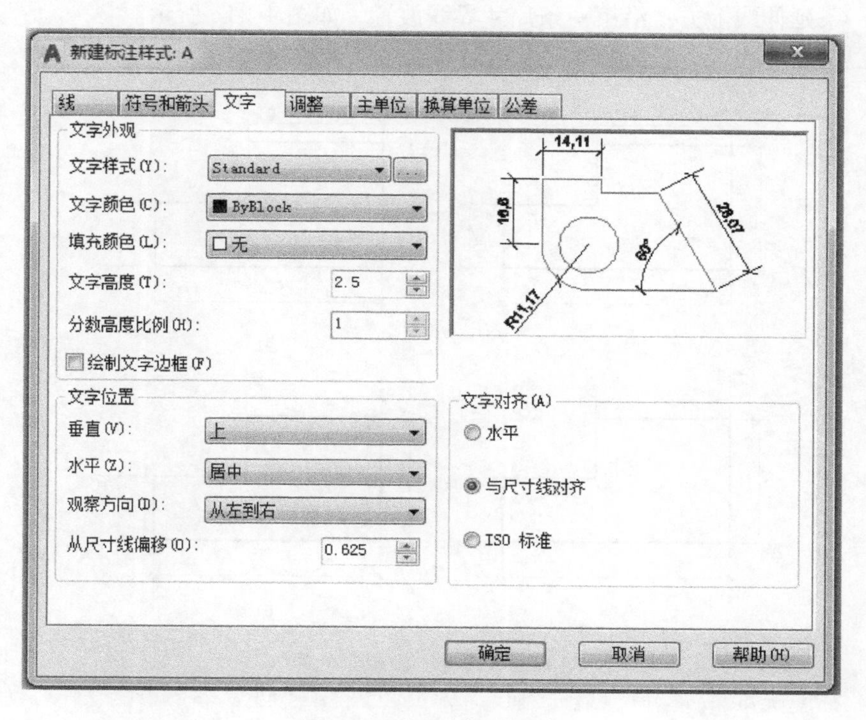

图4-19 “文字”选项卡

文字位置与文字对齐方式如下：

(1) 文字垂直位置 设置尺寸文本相对于尺寸线在垂直方向的位置。

1) 居中：将尺寸文本放置在尺寸线的中间，如图4-20a所示。

2) 上：将尺寸文本放置在尺寸线的上方，如图4-20b所示。

3) 外部：将尺寸文本放置在尺寸界线外侧的位置，如图4-20c所示。

4) JIS：是日本的工业标准。

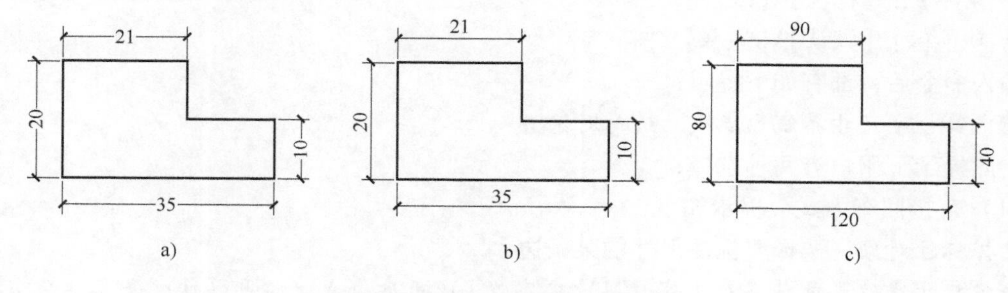

图4-20 尺寸文本垂直位置

a) 居中对齐 b) 上对齐 c) 外部对齐

(2) 文字水平位置　设置尺寸文本在平行于尺寸线方向的位置。

1) 居中：将尺寸文本居中放置，如图4-20所示。

2) 第一条延伸线：沿尺寸线和第一条尺寸界线左对齐放置，如图4-21a所示。

3) 第二条延伸线：沿尺寸线和第二条尺寸界线右对齐放置，如图4-21b所示。

4) 第一条延伸线上方：沿第一条尺寸界线放置，如图4-21c所示。

5) 第二条延伸线上方：沿第二条尺寸界线放置，如图4-21d所示。

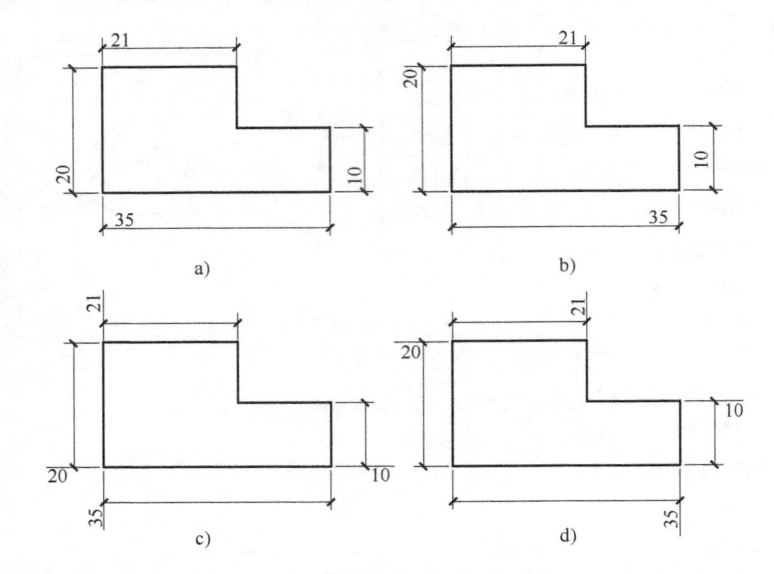

图4-21　尺寸文本水平位置

a) 在第一延伸线一侧　b) 在第二延伸线一侧　c) 在第一延伸线上方　d) 在第二延伸线上方

4.3.3　标注尺寸

4.3.3.1　标注线性尺寸

1. 功能

标注水平和垂直的线性尺寸。

2. 执行方式

- 菜单栏：【标注】\【线性】
- 功能区：【默认】\【注释】\

输入命令后，都有如下提示：

指定第一个尺寸界线原点或 <选择对象>：

在此提示下用户有两种选择；

(1) 直接回车方式　提示如下：

选择标注对象：选择要标注尺寸的某条边；

指定尺寸线位置或 [多行文字 (M)/文字 (T)/角度 (A)/水平 (H)/垂直 (V)/旋转 (R)]：单击确定尺寸线位置。

其中各选项功能如下：

1）多行文字（M）：输入并设置尺寸文本。执行该选项，功能区显示文字编辑器，用户在此进行文本格式的设置，同时在图中输入尺寸文本。

2）文字（T）：输入尺寸文本。执行该选项，系统提示如下：

输入标注文字 <0>：用户可直接输入尺寸文本。

3）角度（A）：确定尺寸文本与X轴正向的夹角。执行该选项，系统提示如下：

指定标注文字的角度：用户输入尺寸文本的倾斜角度。

4）水平（H）：标注水平型尺寸。执行该选项，系统提示如下：

指定尺寸线位置或［多行文字（M）/文字（T）/角度（A）］。

确定尺寸线的位置，可直接标注出水平方向的尺寸。也可以用多行文字、文字和角度选项确定要标注的尺寸文本值或尺寸文本的倾斜角度，如图4-22a中的尺寸100。

5）垂直（V）：标注竖直型尺寸。执行该选项，系统提示如下：

指定尺寸线位置或［多行文字（M）/文字（T）/角度（A）］。

确定尺寸线的位置，即可标注出竖直方向的尺寸。也可以用多行文字、文字和角度选项确定要标注的尺寸文本值或尺寸文本的倾斜角度，如图4-22a中的尺寸60。

6）旋转（R）：标注指定角度型尺寸，如图4-22b所示。执行该选项，系统提示如下：

指定尺寸线的角度 <0>：30↙（输入尺寸线的转角）；

指定尺寸线位置或［多行文字（M）/文字（T）/角度（A）/水平（H）/垂直（V）/旋转（R）］。

直接确定尺寸线的位置，结果如图4-22b所示。

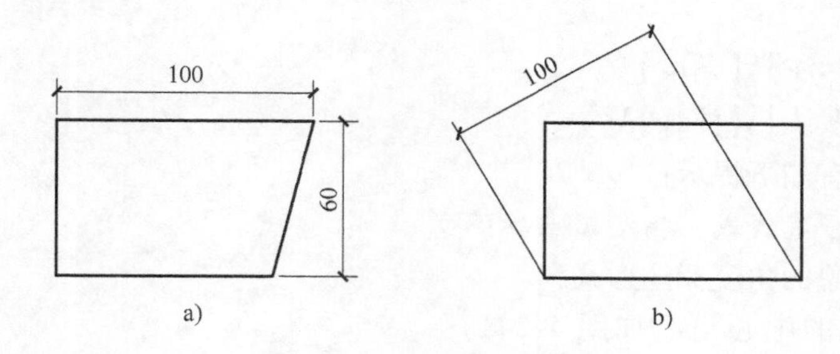

图4-22　线性尺寸标注

a）水平与垂直尺寸　b）旋转角度尺寸

（2）给定尺寸界线的起始点方式

指定第一个尺寸界线原点或 <选择对象>：选取第一条尺寸界线的起始点，AutoCAD提示；

指定第二条尺寸界线原点：用户选择另一条尺寸界线的起始点；

指定尺寸线位置或［多行文字（M）/文字（T）/角度（A）/水平（H）/垂直（V）/旋转（R）］：其余执行与前述相同的操作即可。

4.3.3.2　标注对齐型尺寸

1. 功能

标注对齐型尺寸，用于标注非水平或垂直尺寸。

2. 命令格式

- 下拉菜单：【标注】\【对齐】

- 功能区:【默认】\【注释】\

输入命令后，有如下提示:

指定第一个尺寸界线原点或 <选择对象>:

在此提示下用户有两种选择，指定第一条尺寸界线起点或选择对象;

(1) 直接回车方式 提示如下:

选择标注对象: 选择要标注尺寸的某条边;

指定尺寸线位置或 [多行文字 (M)/文字 (T)/角度 (A)]:

各选项功能与线性尺寸标注相同。

(2) 给定尺寸界线的起始点方式 点取某一点作为第一条尺寸界线的起始点，系统提示如下:

指定第二条尺寸界线原点: 选择另一条尺寸界线的起始点;

指定尺寸线位置或 [多行文字 (M)/文字 (T)/角度 (A)]: 其余执行与前述相同的操作即可，如图 4-23 所示。

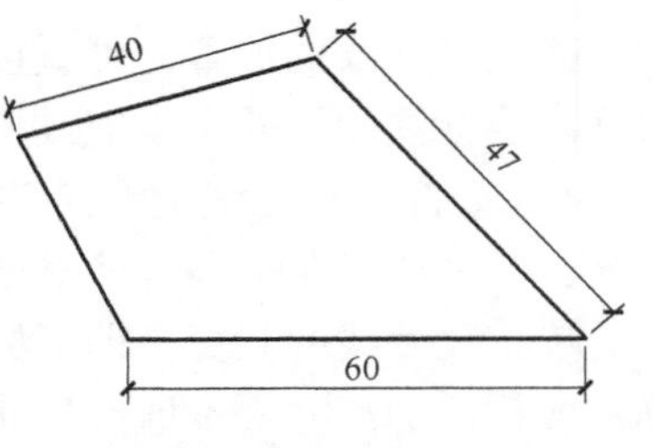

图 4-23 对齐型尺寸标注

4.3.3.3 标注角度

1. 功能

标注圆弧的中心角、两条直线之间的夹角或已知的三个点 (角的顶点和确定角的另两点) 来标注角度。

2. 执行方式

- 菜单栏:【标注】\【角度】
- 功能区:【默认】\【注释】\

输入命令后，有如下提示:

选择圆弧、圆、直线或 <指定顶点>:

有以下四种对象的角度标注形式:

(1) 标注圆弧的中心角 如图 4-24a 所示，有如下提示:

选择圆弧、圆、直线或 <指定顶点>: 提示下选取圆弧;

指定标注弧线位置或 [多行文字 (M)/文字 (T)/角度 (A)/象限点 (Q)]: 光标给定尺寸线的位置。

(2) 标注圆上某段弧的中心角 如图 4-24b所示，有如下提示:

选择圆弧、圆、直线或 <指定顶点>: 提示下选取圆上需标注弧中心角的起始点①;

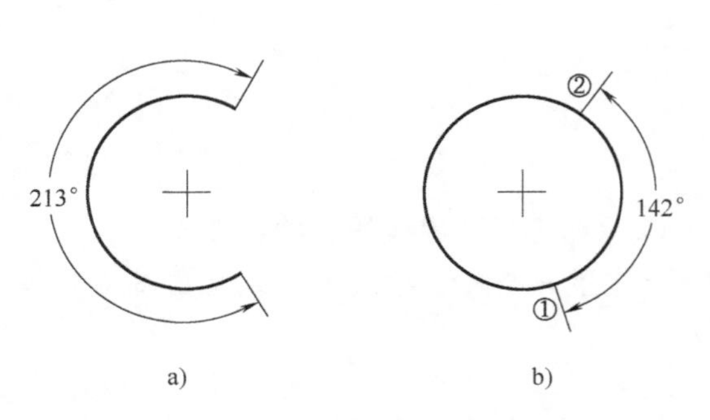

图 4-24 标注角度

a) 注圆弧中心角 b) 注圆上某段弧中心角

指定角的第二个端点: 选择弧中心角的终止点②;

指定标注弧线位置或 [多行文字 (M)/文字 (T)/角度 (A)/象限点 (Q)]: 光标给定尺寸线的位置。

(3) 标注两条不平行直线之间的夹角 如图 4-25a 所示，有如下提示:

选择圆弧、圆、直线或<指定顶点>：选取第一条直线；

选取第二条直线：选取第二条直线；

指定标注弧线位置或［多行文字（M）/文字（T）/角度（A）/象限点（Q）］：光标给定尺寸线的位置。

（4）根据三点标注角度　如图4-25b所示，有如下提示：

选择圆弧、圆、直线或<指定顶点>：↙

指定角的顶点：输入一点作为角的顶点①；

指定角的第一个端点：输入角的第一个端点②；

指定角的第二个端点：输入角的第二个端点③；

指定标注弧线位置或［多行文字（M）/文字（T）/角度（A）/象限点（Q）］：光标给定尺寸线的位置。

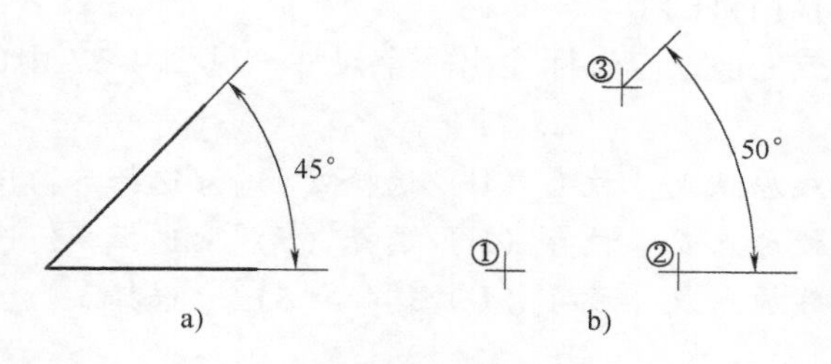

图4-25　标注角度

a）标注两条线夹角　b）三点标注角度

说明：标注角度都可以用多行文字（M）、文字（T）或角度（A）选项确定标注的尺寸文本及尺寸文本的倾斜角度。此外，AutoCAD允许用户以基线标注方式或连续标注方式标注角度。

4.3.3.4　标注半径

1. 功能

标注圆或圆弧的半径尺寸。

2. 执行方式

- 菜单栏：【标注】\【半径】
- 功能区：【默认】\【注释】\

输入命令后，有如下提示：

选择圆弧或圆：选取要标注尺寸的圆弧或圆；

指定尺寸线位置或［多行文字（M）/文字（T）/角度（A）］：光标给定尺寸线的位置。

结果如图4-26所示的*R*19。

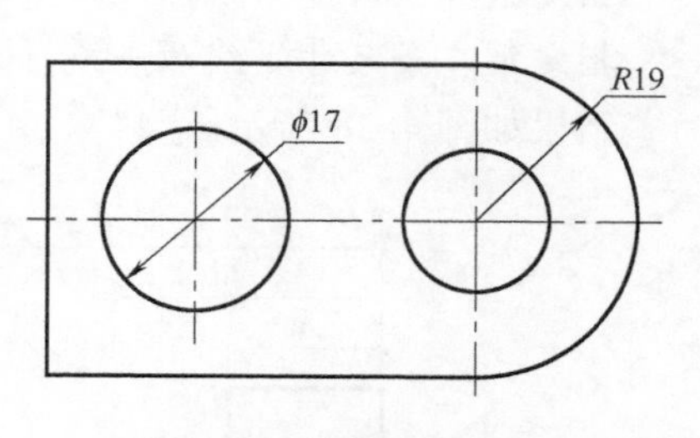

图4-26　圆弧尺寸标注

4.3.3.5　标注直径

1. 功能

标注圆或圆弧的直径尺寸。

2. 执行方式

- 菜单栏：【标注】\【直径】

- 功能区：【默认】\【注释】\

输入命令后，有如下提示：

选择圆弧或圆：选取要标注尺寸的圆或圆弧；

指定尺寸线位置或［多行文字（M）/文字（T）/角度（A）］：光标给定尺寸线的位置。

AutoCAD 标注出指定圆或圆弧的直径，结果如图 4-26 所示的 ϕ17。

4.3.3.6 基线标注方式

1. 功能

从同一基准出发，标注同一方向的尺寸。

2. 执行方式

- 菜单栏：【标注】\【基线】
- 功能区：【注释】\【标注】\

在采用基线标注形式之前，应先标注出一个尺寸，见图 4-27 中的尺寸“20”。输入命令后，有如下提示：

指定第二条尺寸界线原点或［放弃（U）/选择（S）］<选择>：选择①位置；

指定第二条尺寸界线原点或［放弃（U）/选择（S）］<选择>：选择②位置；

指定第二条尺寸界线原点或［放弃（U）/选择（S）］<选择>：↙。

结果如图 4-27 所示。

4.3.3.7 连续标注方式

1. 功能

以某一尺寸界线为起点，连续标注多个尺寸且尺寸线在一条直线上排列。

2. 执行方式

- 菜单栏：【标注】\【连续】
- 功能区：【注释】\【标注】\

在采用连续标注格式之前，应先标出一个尺寸，见图 4-28 中的尺寸“20”。输入命令后，有如下提示：

指定第二条尺寸界线原点或［放弃（U）/选择（S）］<选择>：选择①位置；

指定第二条尺寸界线原点或［放弃（U）/选择（S）］<选择>：选择②位置；

指定第二条尺寸界线原点或［放弃（U）/选择（S）］<选择>：↙。

结果如图 4-28 所示。

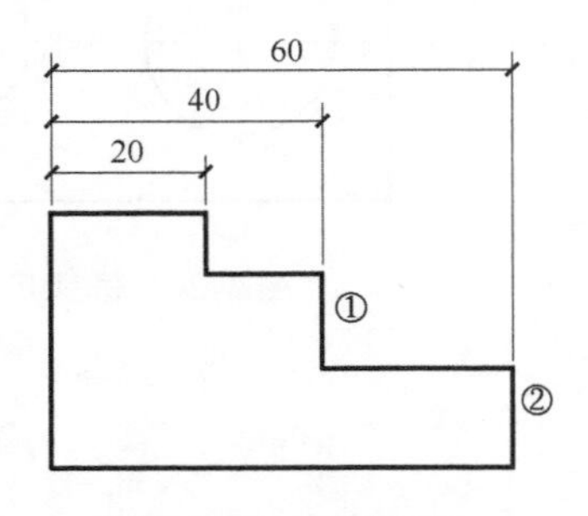

图 4-27 基线标注

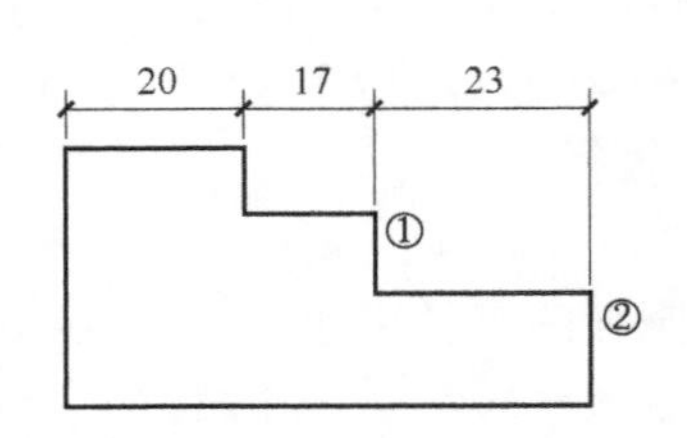

图 4-28 连续标注

4.3.3.8　快速标注尺寸

1. 功能

一次快速标注一系列尺寸。

2. 执行方式

- 菜单栏：【标注】\【快速标注】
- 功能区：【注释】\【标注】\

输入命令后，有如下提示：

选择要标注的几何图形：选择要标注的一系列实体对象↙；

指定尺寸线位置或［连续（C）/并列（S）/基线（B）/坐标（O）/半径（R）/直径（D）/基准点（P）/编辑（E）/设置（T）］<连续>。

其中各选项功能如下：

（1）连续（C）　标注一系列连续标注尺寸，为缺省项。

（2）并列（S）　标注一系列对称性交错尺寸，指尺寸文本依次左右相互错开标注在尺寸线左、右两侧。

（3）基线（B）　标注一系列基线标注尺寸。

（4）坐标（O）　标注一系列坐标尺寸。

（5）半径（R）　标注一系列半径尺寸。

（6）直径（D）　标注一系列直径尺寸。

（7）基准点（P）　为基线、坐标标注设置新的基准点。

（8）编辑（E）　通过增加尺寸标注点来编辑一系列尺寸。

（9）设置（T）　通过捕捉端点或交点为尺寸界限设置原始位置。

说明：快速标注尺寸命令，特别适合基线标注尺寸、连续标注尺寸以及一系列圆的半径、直径尺寸标注。

4.3.4　编辑尺寸

1. 功能

更改、编辑尺寸标注的相关参数。

2. 执行方式

- 菜单栏：【工具】\【选项板】\【特性】
- 功能区：【视图】\【选项板】\

输入命令后，弹出特性管理器，如图4-29所示。在管理器中找到尺寸的相应内容进行修改。

说明：使用该命令，首先激活要修改的某个尺寸标注，再启动属性管理器，或者双击要修改的尺寸标注，直接启动属性管理器。

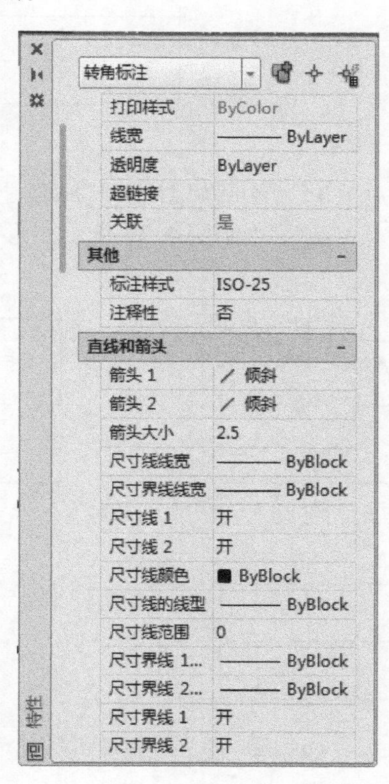

图4-29　编辑尺寸特性管理器

习　题

［4-1］ 设置文字样式，书写下列文字。

土木工程制图　　RSØ±

建筑施工图　　1234567890

结构施工图

设备施工图

道路 桥梁

钢筋混凝土简支梁

钢筋砼管涵

［4-2］ 创建如图 4-30 所示门窗表。

名称	门窗编号	洞口尺寸（宽×高）	数量	门窗型号
门	M-1	2700×2700	1	实木门
	M-2	1000×2400	1	铝合金门
	M-3	900×2100	7	木门
窗	C-1	900×1500	2	推拉窗
	C-2	1200×1200	1	上悬窗
	C-3	1800×2100	1	平开窗

图 4-30　门窗表

［4-3］ 绘制如图 4-31 所示图形，并标注尺寸。

［4-4］ 绘制图 4-32 所示图形，并标注尺寸。

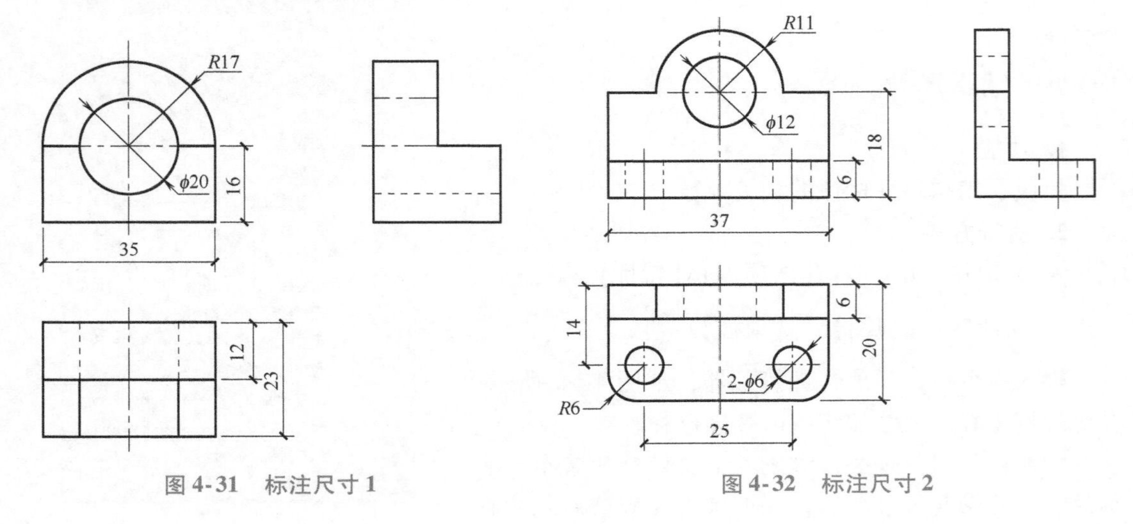

图 4-31　标注尺寸 1　　　图 4-32　标注尺寸 2

第 5 章　图块及建筑工程图综合举例

■ 5.1　图块

AutoCAD 中的图块具有非常强大的功能。图块是包含了多种、多个对象的一组图形实体的总称，图块中各实体可以具有各自的图层、线型、颜色等特征，用来帮助用户在同一图形或其他图形中重复使用，还可以将信息（属性）附着到图块上。在使用 AutoCAD 绘图时，常常需要用到一些特殊符号，比如建筑制图中的标高符号、轴头符号等，还包括一些常用的零件、配件的图例符号，这些符号的特点是形制符合规范，并且符号往往还会附带一些信息，这时采用图块来进行绘制可以大幅度提高绘图效率。在应用过程中，AutoCAD 将图块作为一个独立的、完整的对象来操作，可以根据需要按一定比例和角度将图块插入到指定位置。

全部由确定的图形或文字构成的图块，称之为基本图形块。在创建图块时将一些属性（数据或文本信息）添加进去，方便在使用时对属性进行选择或输入，这种块称之为属性块。图块还可以设置一些动作，在使用时可以通过类似动作按钮来对图形进行一定的变更，这种块称之为动态块。

5.1.1　图块基本操作

图块的基本操作包括创建、保存、插入。

1. 图块的创建

- 菜单栏：【绘图】\【块】\【创建】
- 功能区：【默认】\【块】\

输入命令后，弹出“块定义”对话框，如图 5-1 所示，通过该对话框可以通过选取已绘制的图形对象来创建图块。

【例 5-1】　将建筑图中常用的标高符号的图形创建为“标高”的图块。

步骤 1：选择合适的图层，绘制如图 5-2 所示标高图形。

步骤 2：使用创建块命令，在如图 5-1 所示的对话框中，名称一栏中输入块名称“标高”，单击“选择对象”按钮，进入图形界面后选取所绘制图形，图块基点默认为坐标原点，我们可单击“拾取点”按钮，在图形中选择点①作为图块的插入基点，单击“确定”完成图块创建。

块定义
名称(N):
基点
在屏幕上指定
拾取点(K)
X: 0
Y: 0
Z: 0
对象
在屏幕上指定
选择对象(T)
保留(R)
转换为块(C)
删除(D)
未选定对象
方式
注释性(A)
使块方向与布局匹配(M)
按统一比例缩放(S)
允许分解(P)
设置
块单位(U):
毫米
超链接(L)...
说明
在块编辑器中打开(O)
确定
取消
帮助(H)

图 5-1 “块定义”对话框

2. 图块的编辑

- 菜单栏：【工具】\【块编辑器】
- 功能区：【默认】\【块】\

图 5-2 标高图形

输入命令后，弹出“编辑块定义”对话框，如图 5-3 所示，选取已创建保存图块的名称后，单击“确定”按钮后即可进入块编辑器的界面，如图 5-4 所示。如果在空白处键入新的名称，系统将进入空白的块编辑器界面，用以创建新的图块。

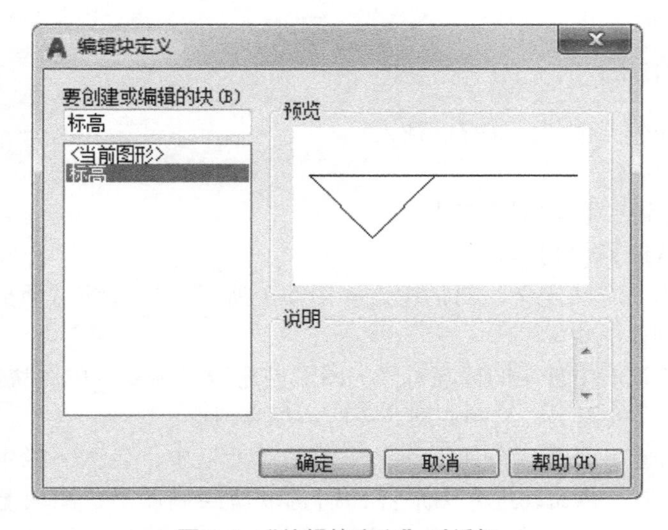

图 5-3 “编辑块定义”对话框

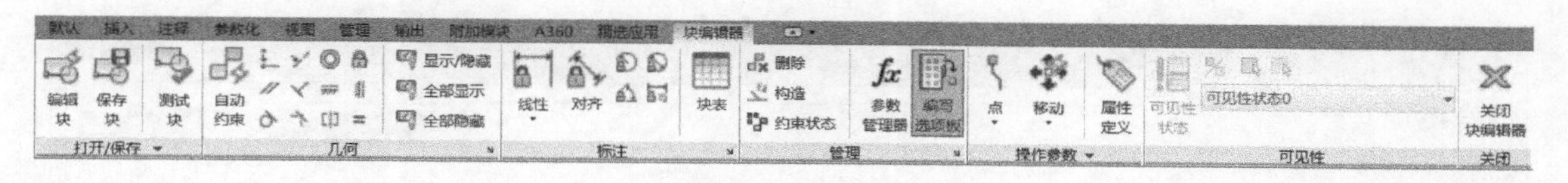

图 5-4　“块编辑器”选项卡

进入块编辑器界面后，功能区默认选项卡为“块编辑器”，其功能包括测试和保存块定义、添加几何约束或标注约束、添加动作参数、定义属性、管理可见性状态等。在此状态下，可对图块进行编辑修改。

3. 图块的保存

用户创建的图块常被称为内部图块，跟随定义它的图形文件或样板文件一起保存，即图块保存在图形文件内部，仅用于在该图形文件或样板文件中调用。

用户可以输入“WBLOCK”命令将图块存储为图形文件，被其他文件调用，输入命令后，弹出“写块”对话框如图 5-5 所示，可以将本图形文件中已编辑好的图块、整个图形或在图形中选取部分对象作为要生成的新图形（. dwg 格式）文件。

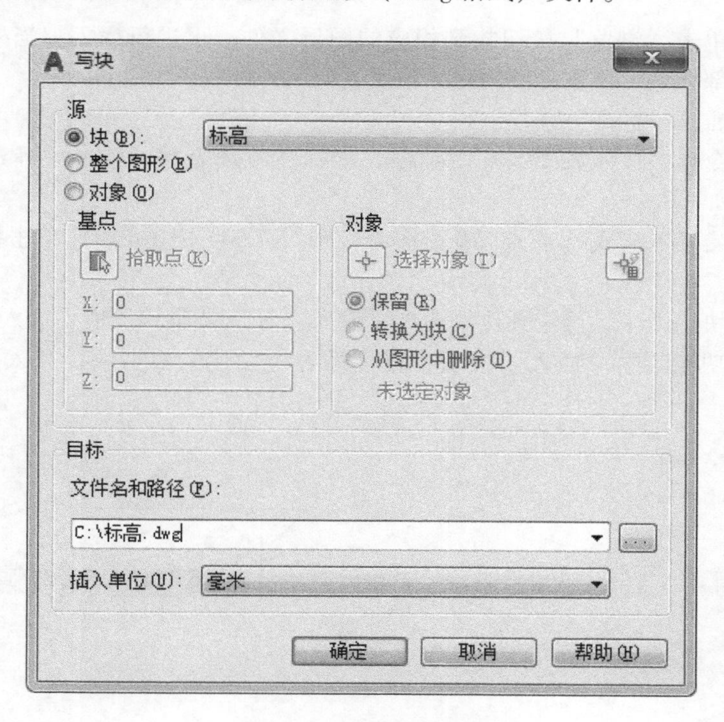

图 5-5　“写块”对话框

4. 图块的插入

- 菜单栏：【插入】\【块】\【更多选项】
- 功能区：【默认】\【块】\

输入命令后，弹出“插入块”对话框，如图 5-6 所示。

在图 5-6 中通过“名称”下拉列表可选择本图形文件中已创建的图块，若要引入外部

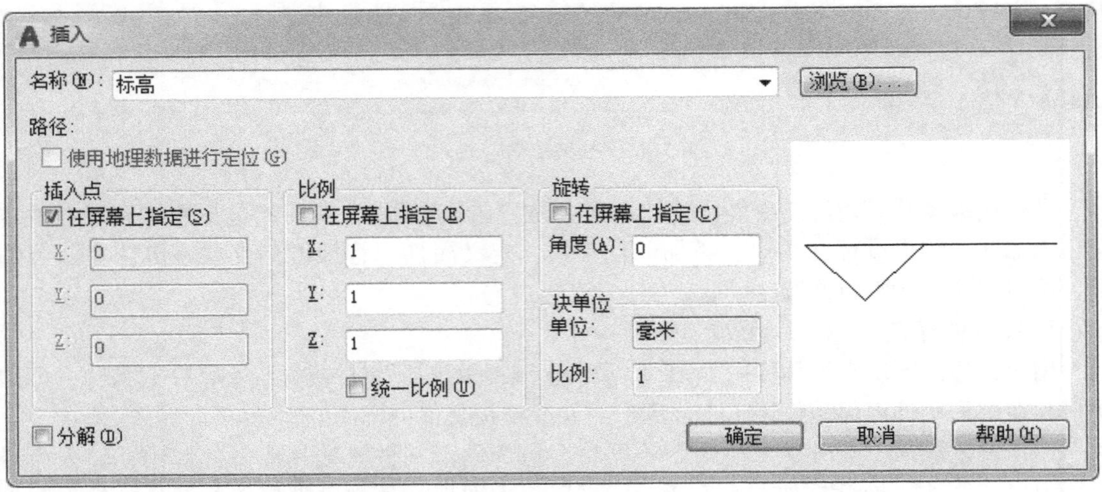

图 5-6 “插入块”对话框

图块文件，可以单击“浏览”按钮找到相应的图形文件，再进行插入。当外部图块插入完成后就变成了内部图块，再重复使用时无须反复调用外部块图形文件。

【例 5-2】 插入“标高”图块。

输入插入命令后，按照如图 5-6 所示输入“标高”块名称，单击“确定”按钮，进入图形界面，提示如下：

_INSERT 指定插入点或［基点（B）比例（S）XYZ 旋转（R）］：单击插入点，完成图形插入。

如要改变图块的大小，可选择比例选项，输入“S”，调整比例值，插入图块。

也可以单击功能区中“插入”按钮，直接插入所创建的标高块，插入后效果如图 5-7 所示。

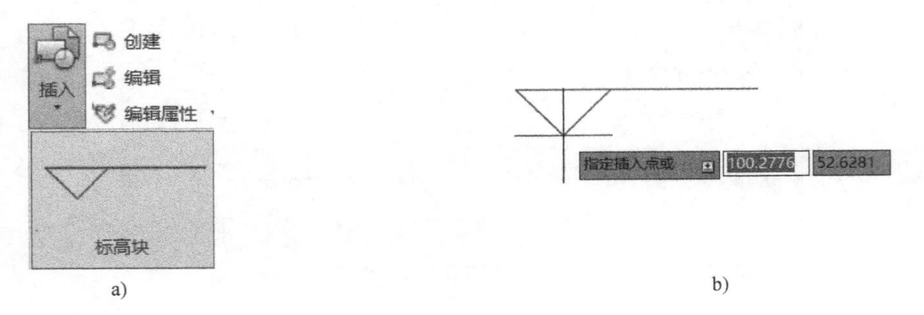

图 5-7 插入标高块操作

a）单击插入命令 b）选择插入位置

5.1.2 创建属性块

1. 功能

为图块添加数字或文本信息属性。

2. 执行方式

- 菜单栏：【绘图】\【块】\【定义属性】
- 功能区：【块编辑器】\【属性定义】

输入命令后，弹出“属性定义”对话框，如图5-8所示，输入标记，提示和默认值等进行属性设置。

属性“标记”项相当于参数的变量，“提示”项是在进行参数修改时为用户设置的提示文本，这里“默认”项是为参数设置一个默认值。

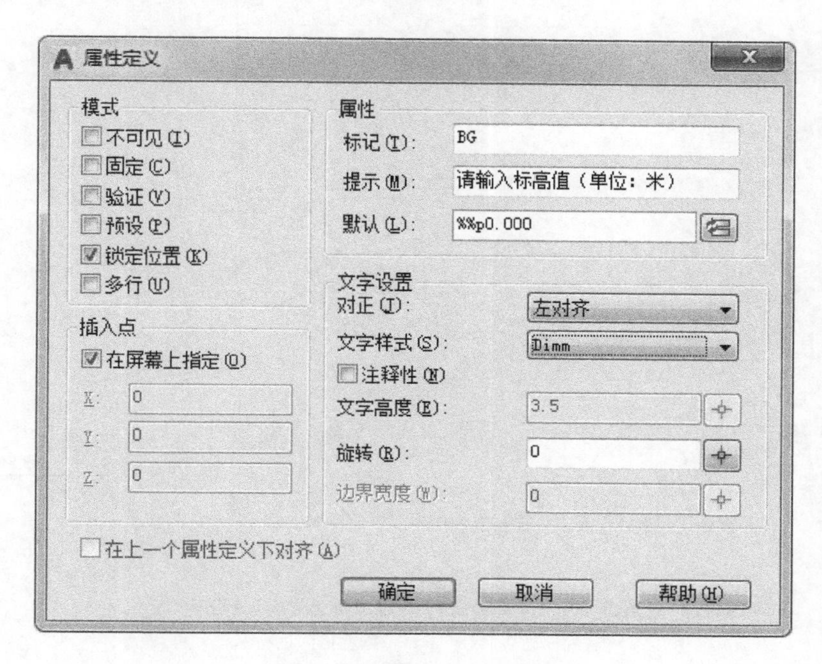

图5-8　“属性定义”对话框

【例5-3】　创建带属性的“标高”图块，并插入图中。

步骤1：绘制如图5-2所示的标高图形。

步骤2：输入如上所述的创建属性块命令，在属性定义对话框的标记栏中填写“BG”，提示项中填写“请输入标高值（单位：m）”，默认之中填写“%%p0.000”（其中“%%p”表示“±”）

步骤3：单击“确定”按钮后，进入绘图窗口，将BG参数属性放置于适合的位置，如图5-9所示。

步骤4：选择BG参数，将BG参数属性置于相应的“文字”图层。

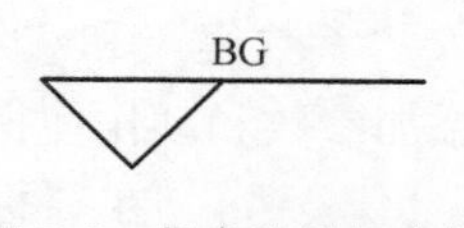

图5-9　带参数的标高块

步骤5：在功能区单击“默认\块\创建”命令，将标高图和BG属性标记同时选择，即创建了带有属性的标高块。

步骤6：在功能区单击“默认\图块\插入”命令，插入“标高块”，选择好插入位置后，弹出“编辑属性”对话框，在这里可以对所设定的参数值进行输入或选用默认值，单击“确定”按钮后完成属性块的插入，如图5-10所示。

编辑属性

块名：标高

请输入标高值（单位：米） +3.500

确定 取消 上一个(P) 下一个(N) 帮助(H)

a)

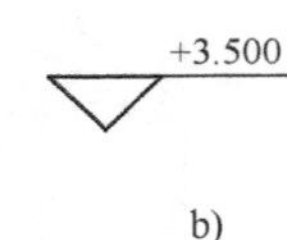

b)

图 5-10 编辑属性对话框及插入后的属性块

a）输入标高块属性 b）带属性插入的标高图块

5.1.3 创建动态块

1. 功能

为图块添加动作，以实现图块的旋转、翻转、拉伸、阵列、查寻等功能。

2. 执行方式

- 菜单栏：【工具】\【块编辑器】
- 功能区：【默认】\【块】\

输入命令后，弹出“块编写选项板”选项卡，如图 5-11 所示，其中包括“参数”、“动作”、“参数集”和“约束”四个标签卡。在创建和编辑块时，可以通过“块编写选项板”来添加参数和动作使得图块成为动态块。

【例 5-4】 在“标高块”的属性块基础上添加动作参数，建立使标高符号的尾部指向设置为可以反向翻转，用在立面图、剖面图左侧的标高标识中的动态图块，然后将其插入图中。

步骤 1：使用块编辑器命令。

在“编辑块定义”对话框（见图 5-3）中选择“标高”块，单击“确定”按钮后进入

“块编辑器”（见图5-4）。

步骤2：添加动态参数。

在“块编写选项板”的“参数”选项卡中选择“翻转”参数，提示如下：

BPARAMETER 指定投影线的基点或［名称（N）标签（L）说明（D）选项板（P）］：单击①点；

指定投影线的端点：单击②点；

指定标签位置：单击②点。

完成翻转状态设置，如图5-12所示。

说明：这里的投影线基点和投影线端点相当于“镜像”操作中镜像线的起点和端点，需要注意的是，投影线基点将默认地成为后续添加完动作的按钮所在位置，但是动作按钮的位置也可以不在这个默认位置上，可以在之后调节到任意位置。

这时翻转投影线显示为虚线，图中翻转动作按钮图标上方有一个!标志指示该动态参数尚未添加动态动作。默认地，系统会为第一个翻转参数命名为“翻转状态1”，用户可以根据需要更改此参数名称。

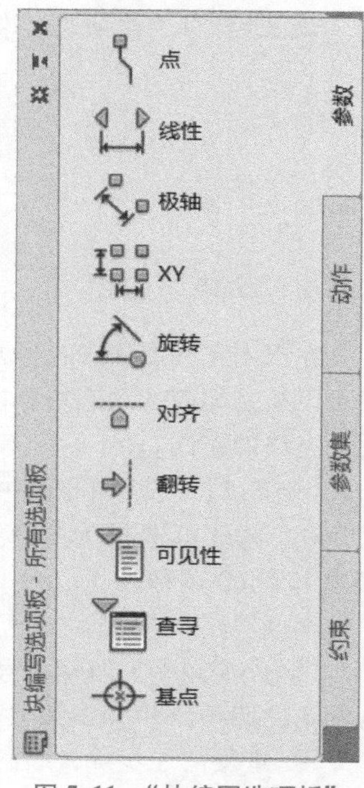

图5-11 “块编写选项板”选项卡

步骤3：添加动态动作。

在“块编写选项板”的“动作”选项卡中选择“翻转”动作，提示如下：

BACTIONTOOL 选择参数：单击“翻转状态1”；

BACTIONTOOL 选择对象：选择BG属性参数和标高符号中的水平长线↙。

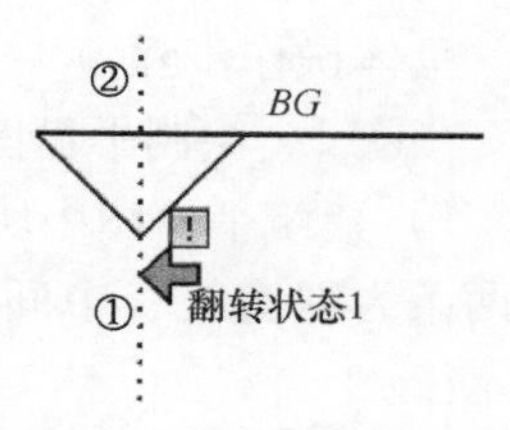

图5-12 添加“翻转”参数后的图块

完成动态块建立，这时图中翻转动作按钮图标下方出现一个“翻转”动作标志，如图5-13所示。

说明：动作是依附于参数的。如用户需要重新设定翻转动作对象，可以选择删除此动作标志，然后再重新选择翻转动作。如用户删除了“翻转状态1”参数，则此翻转动作也随之删除。

步骤4：保存后关闭块编辑器。

步骤5：插入动态块。

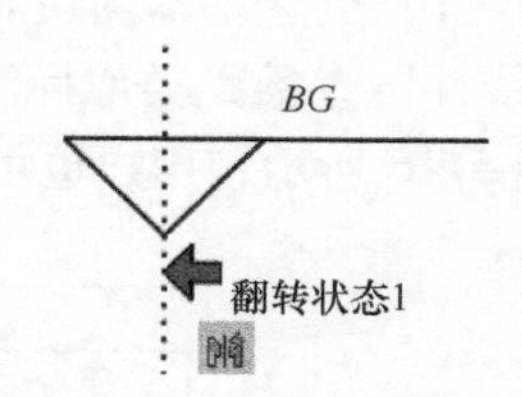

图5-13 添加“翻转”动作后的图块

功能区选择“默认\块\插入”命令，可以插入所创建的标高动态块，给出插入位置并完成属性参数设定后，已插入的图块与图5-9相同。但当选择该图块时，图块中出现一个翻转动作按钮，单击此按钮可实现图形的翻转动作。如图5-14所示为一对方向相反的标高动态块。

说明：如果希望翻转时文字也做镜像翻转，可通过将系统参数“MIRRTEXT”的值从

"0"设置为"1"来实现。

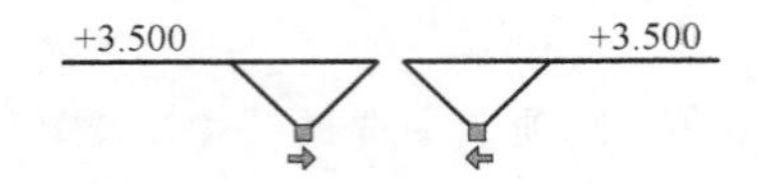

图 5-14　带有翻转动作的标高图块

5.1.4　动态块应用

在土木工程图样中，经常会遇到一些形制相同、尺寸或参数成规格系列的建筑构件，我们可以绘制相应的动态块，以便实现对一系列或多个系列的构件插入。以下用一个例子来讲解动态块的应用。

【例 5-5】　设计平面图中窗的图块。要求：图块中包含平窗和凸窗两个符号，平窗墙厚为 240，宽度可选择为 900、1200、2145、2700 四种尺寸；凸窗墙厚 240，宽度可选择为 3000 和 4300 两种尺寸。

本例思路：

1）先绘制平窗图例符号，然后将窗符号的宽度方向设置拉伸动作，再将拉伸宽度设置为固定的四种尺寸（步骤 1 ~ 步骤 4）。

2）重复前述步骤，绘制凸窗图例符号，然后将凸窗符号的宽度方向设置拉伸动作，再将拉伸宽度设置为固定的两种尺寸（步骤 5）。

3）最后通过可见性设置使得在不同可见性状态中分别显示其中一种窗形制对象，实现两种窗符号的选择（步骤 6）。

具体操作步骤：

步骤 1：绘制平窗图例基本图形，并创建为基本图块。

1）建筑平面图中所用平窗图例为四线窗块，两端竖直方向的线为粗实线，水平线中外侧两条为细实线、中间两条为中粗线。按照绘制的尺寸绘制宽度为 900 的窗，如图 5-15 所示。

2）单击功能区"默认\块\创建"命令，将如图 5-15 所示图形创建为图块。注意：在弹出的对话框中勾选左下角"在块编辑器中打开"选项。

步骤 2：编辑为可拉伸动态块。

1）创建基本图块后，进入图块编辑状态，在"块编写选项板"的"参数"标签中选择"线性"参数，类似标注线性尺寸，添加为窗宽，此参数系统会自动命名为"距离 1"，如图 5-16 所示，用户也可以根据需要修改特性将距离参数的标签改为其他名称。

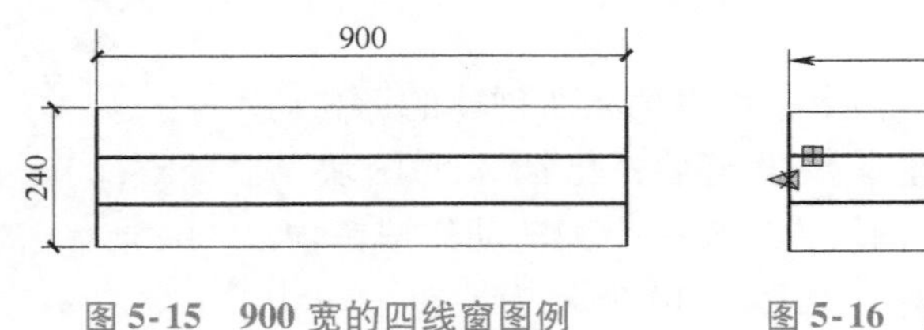

图 5-15　900 宽的四线窗图例　　图 5-16　添加"线性"参数的图块

2）在"块编写选项板"的"动作"标签中选择"拉伸"动作。提示如下：

BACTIONTOOL 选择参数：选择"距离 1"；

BACTIONTOOL 指定要与动作关联的参数点或输入［起点（T）第二点（S）］<起点>：选取右侧箭头为“关联参数点”；

BACTIONTOOL 指定拉伸框架的第一个角点或［窗交（CP）］：单击①点；

BACTIONTOOL 指定对角点：单击②点；

BACTIONTOOL 选择对象：选取框架内元素（四条水平线及右侧竖直线）↙。

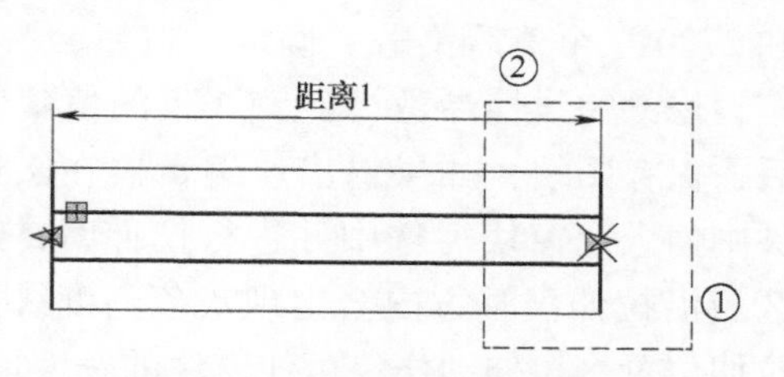

图 5-17　添加拉伸动作步骤中的框架和对象选择

完成拉伸动作设定，如图 5-17 所示。

3）如图 5-18a 为设定拉伸动作后的状态，在参数“距离 1”的左端点附近有一个!标志，表示左端点并未赋予任何动作。由于本例中只对图形的右边元素进行拉伸，因此需要对参数“距离 1”的特性进行调整，在功能区单击“视图\特性”命令，打开如图 5-18b 所示的特性对话框，选择“距离 1”，将“夹点数”由“2”改为“1”，其块的状态如图 5-18c 所示。

说明：如果不调整“夹点数”，对于一般操作不会有任何影响。但是如果在块编辑器中移动了拉伸对象，因为有未定义动作的参数夹点，在插入图形后，有可能会产生变形。建议操作者多尝试多思考，加深对此部分操作设定含义的理解。

完成拉伸动作设置后，保存动态块，如果退出块编辑器在图形文件中插入此窗块并选中所插入的对象，此时右边会显示有一个箭头，拖拽此箭头可以对窗体进行宽度方向拉伸，如图 5-19 所示。

步骤 3：编辑为只允许固定宽度序列的动态块。

1）修改“距离 1”参数的特性。在“值集”组里的“距离类型”右侧下拉列表中将默认的“无”改选为“列表”如图 5-20a 所示，其下方的“距离值列表”显示为当前参数的数值为“900”，如图 5-20b 所示。

2）单击“距离值列表”数据

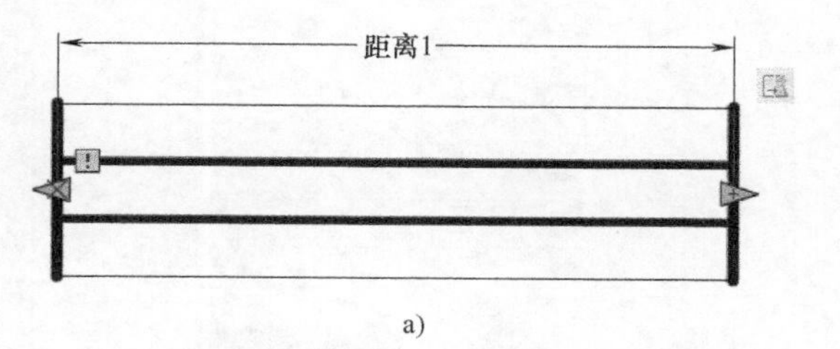

a)

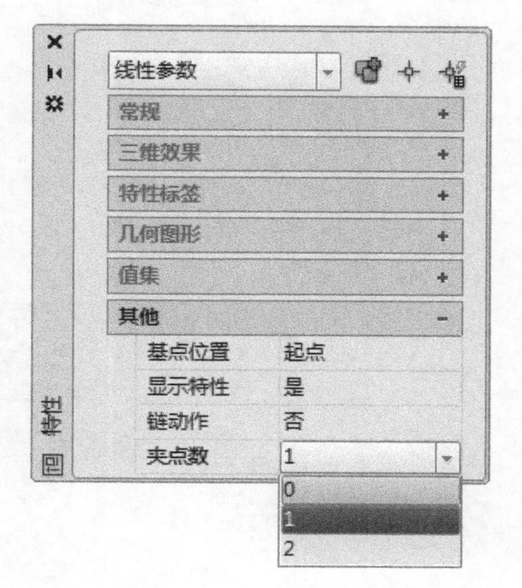

b)

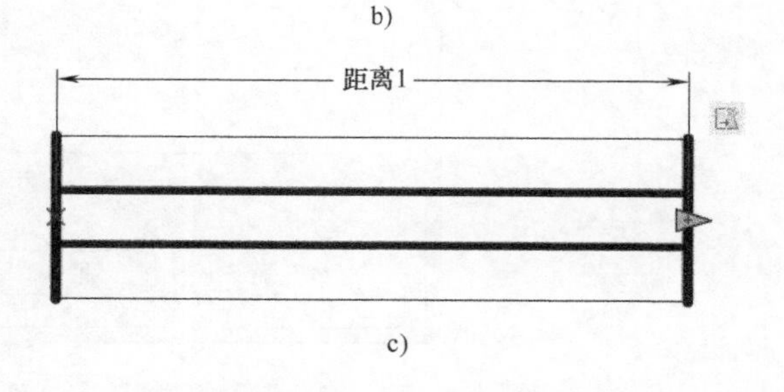

c)

图 5-18　线性参数夹点数设定

a）重新设定前　b）特性对话框　c）重新设定后

“900”右侧“▭”编辑按钮，弹出“添加距离值”对话框，如图5-21。添加1200、2145和2700三个值后单击“确定”按钮。

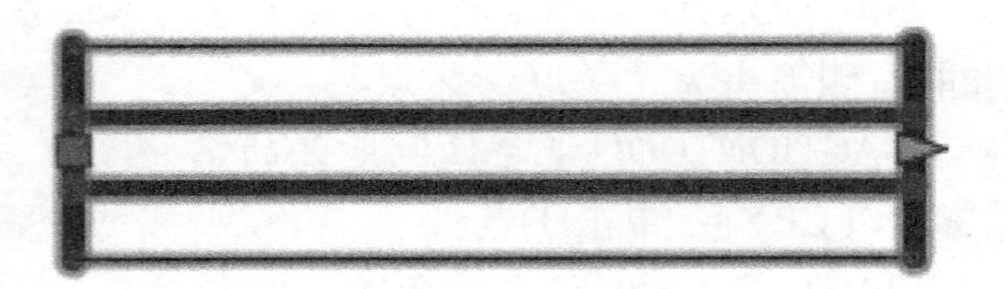

图5-19　可拉伸的窗块

修改完线性参数“距离1”的值集特性后，保存图块，如果退出块编辑器在图形文件中插入此窗块后选中并进行拉伸时，绘图区域沿拉伸极轴方向会出现灰色刻度线指示拉伸位置，拉伸动作仅可使窗块的宽度尺寸在900、1200、2145和2700这四个值之间切换，如图5-22所示。

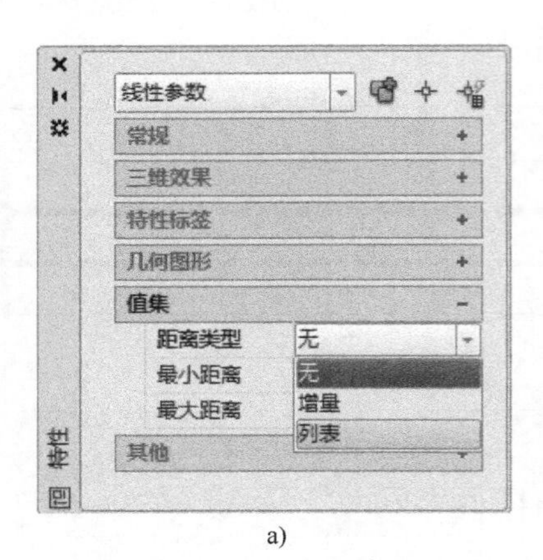

a)

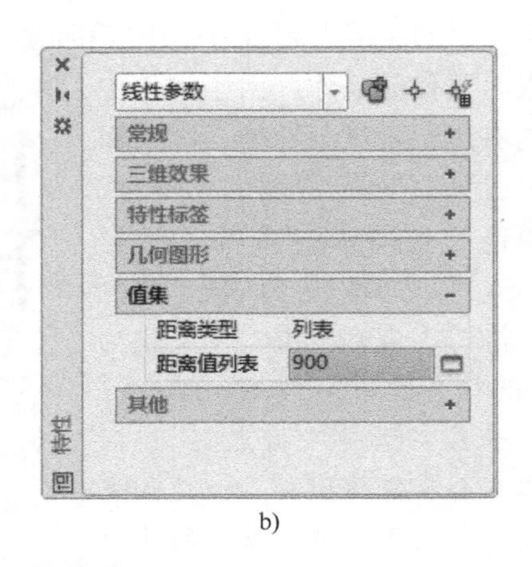

b)

图5-20　线性参数值集特性修改

a）修改“距离类型”项　b）距离类型选为“列表”

图5-21　“添加距离值”对话框中添加新数值

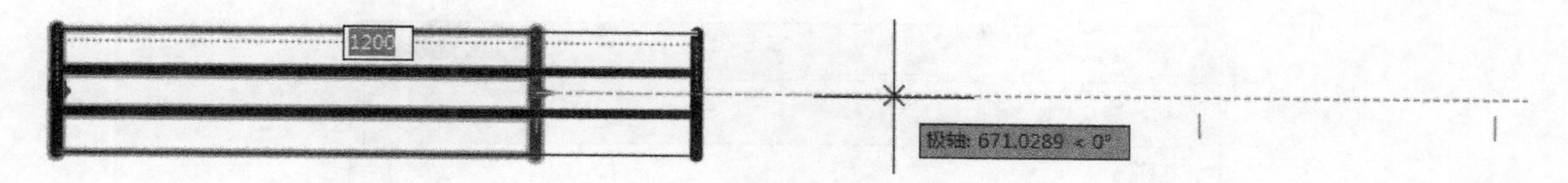

图 5-22　仅可在数值列表中进行窗体宽度修改的动态图块

步骤 4：编辑为可查寻动态块。

1）在“块编写选项板”的“参数”标签中选择“查寻”参数，提示如下：

BPARAMETER 指定参数位置或［名称（N）标签（L）说明（D）选项板（P）］：在放置查寻符号位置单击鼠标。

此参数系统会自动命名为“查寻 1”，如图 5-23 所示。

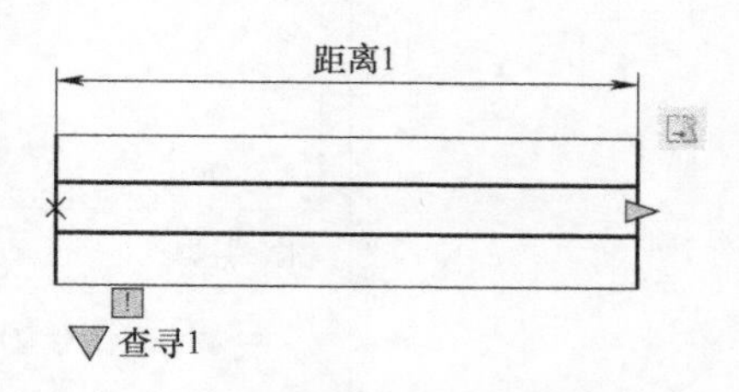

图 5-23　添加“查寻参数”

2）在“块编写选项板”的“动作”标签中选择“查寻”动作，提示如下：

_BACTIONTOOL

BACTIONTOOL 选择参数：选择“查寻 1”。

弹出“特性查寻表”对话框，如图 5-24 所示。单击“添加特性”按钮弹出“添加参数特性”对话框，如图 5-25 所示，选择“距离 1”线性参数为所要查寻的“输入特性”。然后在“特性查寻表”对话框的左侧“输入特性”中依次选取“距离 1”参数的数值，对应地在右侧“查寻特性”列中输入说明文字，如图 5-26 所示。

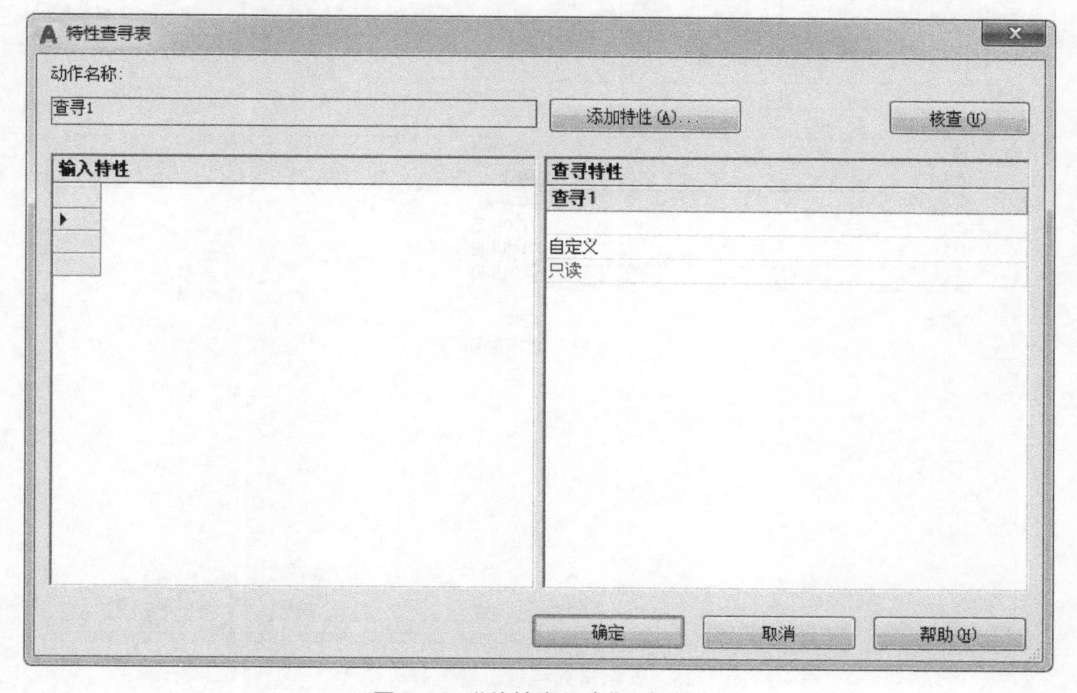

图 5-24　“特性查寻表”对话框

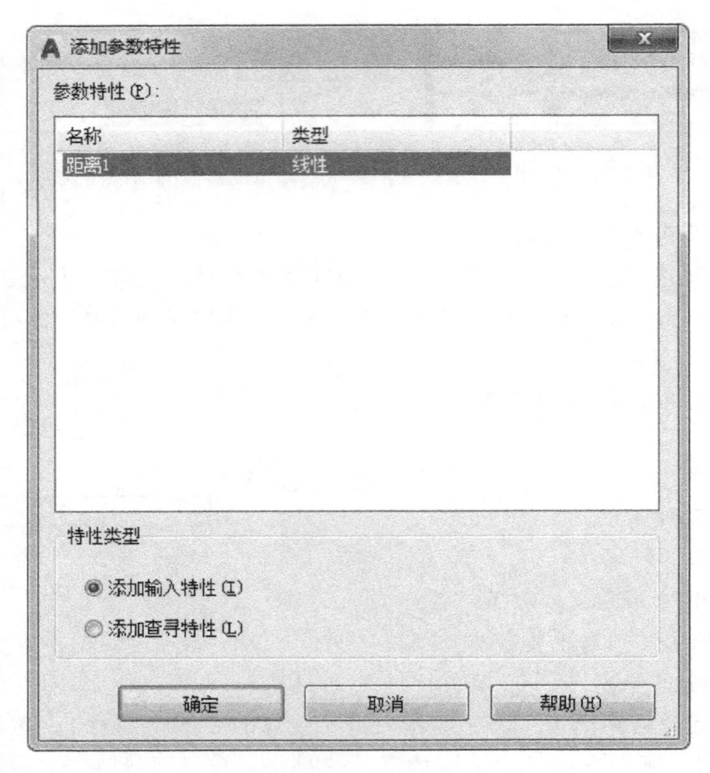

图 5-25 “添加参数特性”对话框

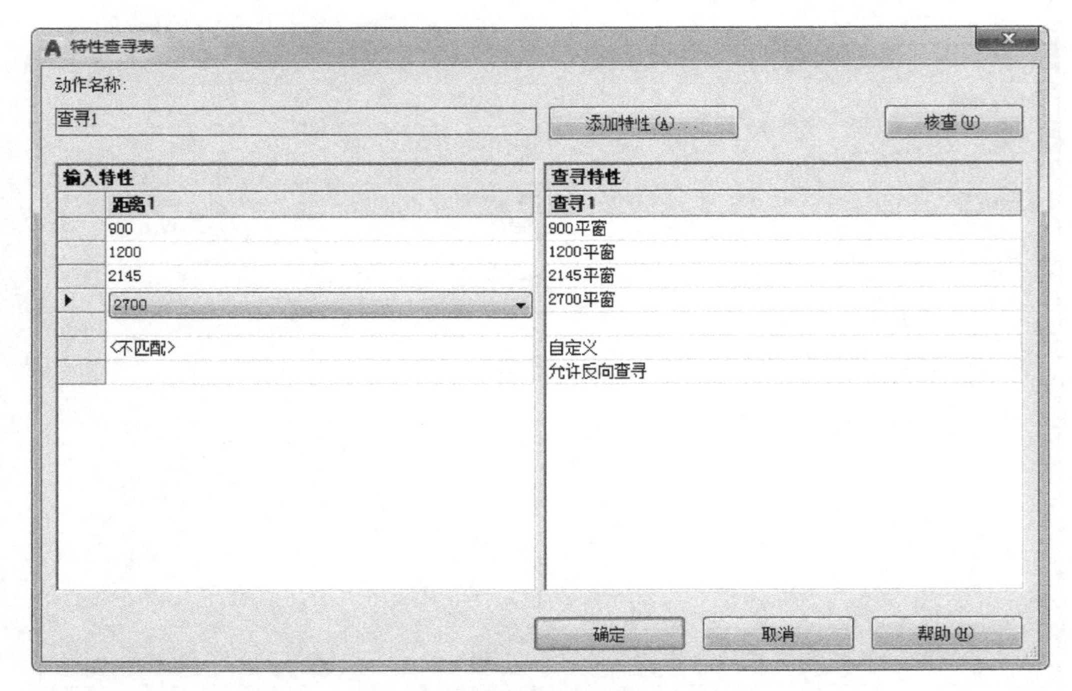

图 5-26 选择输入特性，键入查寻特性

至此完成平窗系列动态图块的编辑。保存图块，如果退出块编辑器在图形文件中插入此窗块并选中后，图块中的▽图标即为查寻按钮，单击后可以通过下拉列表的选取对窗宽进行切换，如图 5-27 所示。

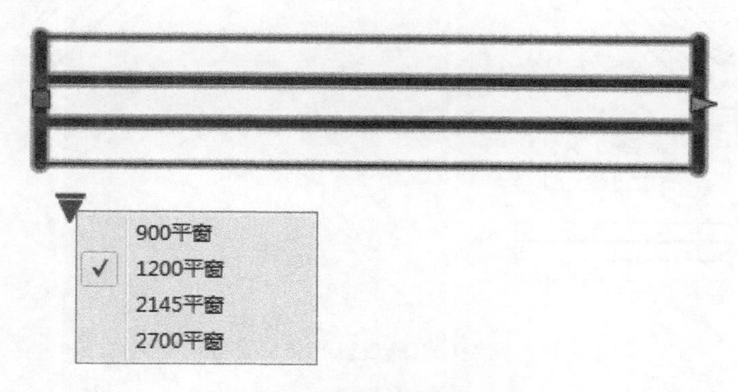

图 5-27　通过查寻调整窗块宽度

步骤 5：重复前述步骤创建凸窗的动态块。

在完成平窗绘制基础上，继续编辑该动态块使得该块中同时包含两种窗体图形。重复前述步骤添加凸窗的动态块部分，凸窗的图形尺寸如图 5-28 所示。

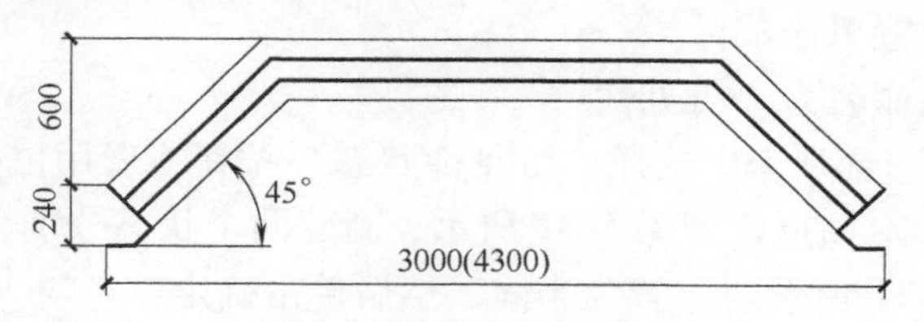

图 5-28　凸窗的基本尺寸

凸窗动态块也设置一个拉伸动作，其线型参数名称为“距离 2”，“距离 2”值集为“3000”和“4300”。添加查寻动作对“距离 2”的值集进行查寻。完成设置后此图块中有两组窗体动态块，如图 5-29 所示。

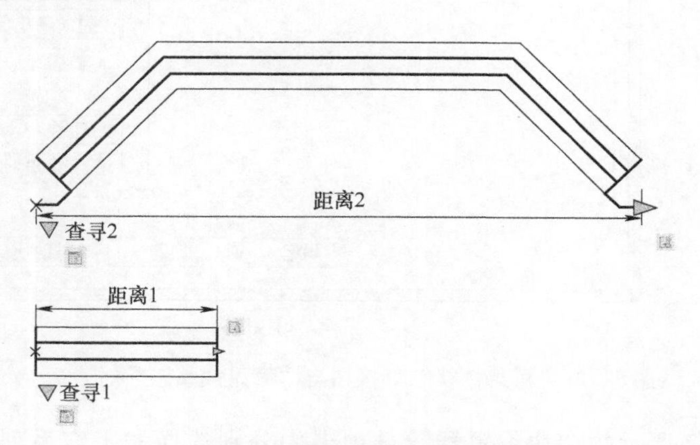

图 5-29　在块中完成两组窗体动态块绘制与设置

保存之前做的修改，如果此时退出块编辑器，在图形中插入图块的显示如图 5-30 所示，平窗和凸窗图块均可通过查寻进行宽度调整。

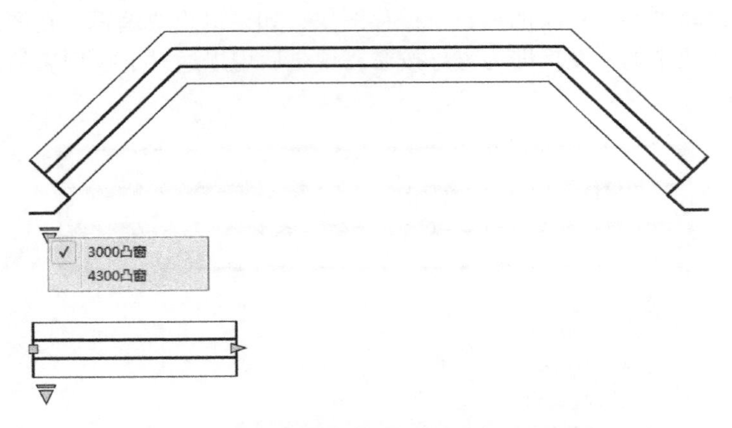

图 5-30　两组可以通过查寻调整宽度的窗块

步骤 6：可见性设置。

通过可见性设置使得每一时刻根据用户的选择只显示其中一组窗块图形。

1）在“块编写选项板”的“参数”标签中选择“可见性”参数 可见性，提示如下：

BPARAMETER 指定参数位置或［名称（N）标签（L）说明（D）选项板（P）］：在拟放置可见性状态符号位置单击鼠标。

此参数系统会自动命名为“可见性 1”。

2）在“块编辑器”选项卡中选择“可见性状态”按钮或者用鼠标双击“可见性 1”参数打开“可见性状态”对话框，如图 5-31 所示，新建两个状态分别命名为“平窗系列”和“凸窗系列”，并且将“平窗系列”置为当前，然后单击确定。

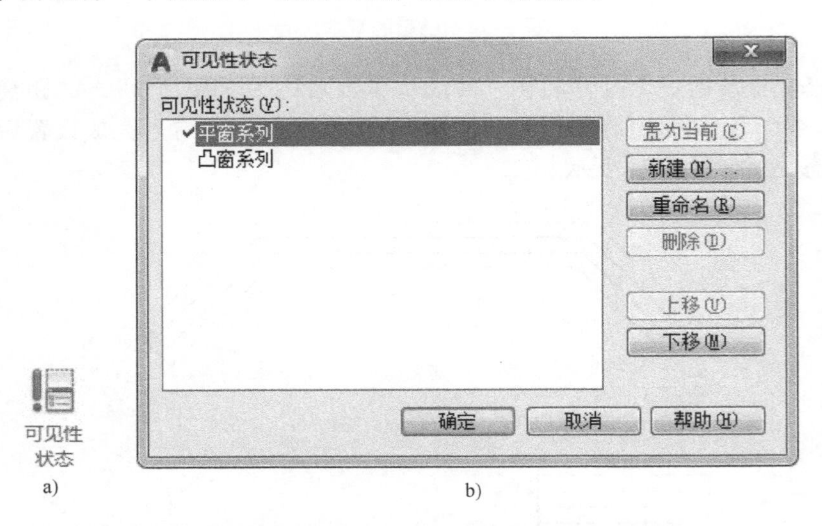

图 5-31　“可见性状态”按钮与“可见性状态”对话框

3）在如图 5-32 所示的“块编辑器”选项卡中分别选择“平窗系列”和“凸窗系列”两个状态对在该状态下所显示或隐藏的对象进行选择。

4）在“平窗系列”状态下，单击“使不可见” 按钮，然后选择凸窗图形块对象组，

确定后该部分图形为不可见。在“凸窗系列”状态下，单击“使不可见”按钮，然后选择平窗图形块对象组，确定后该部分图形为不可见。

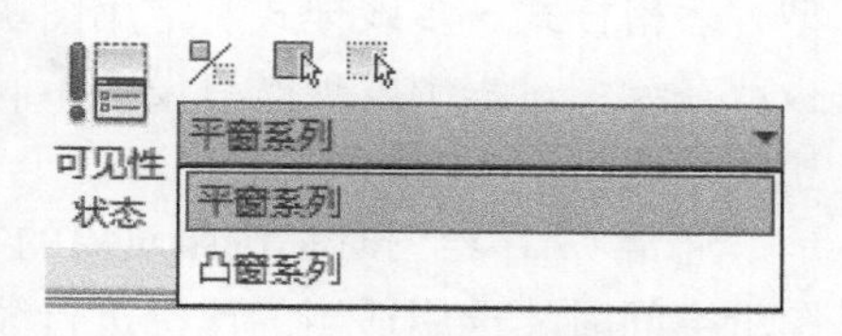

图5-32　选择可见性状态名称

5）最后在“凸窗系列”状态下将凸窗图形块对象组移动到适当的位置，以使两个比例的图形基点重合。

关闭图块编辑器，完成图块设置。

说明：移动（MOVE）操作仅作用于图形对象，动作“拉伸1”的拉伸框架并不会随之移动，如不注意到这一点，移动以后图形上的拉伸动作将无法有效操作。因此，一旦有图形移动后，拉伸框架需要进行相应的调整。用鼠标单击拉伸框架的左上和右下夹持点，将其移动到合适的新位置，如图5-33所示。

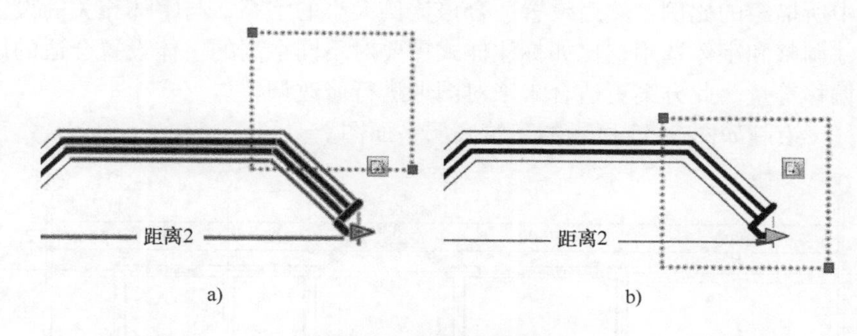

图5-33　调整拉伸框架

a）原框架位置　b）移动后框架位置

步骤7：插入图块。

完成可见性状态设置后，在图形文件中插入此窗块并选中后，图块中左侧的▼图标即为可见性状态按钮，单击后可以通过下拉列表的选取平窗系列或凸窗系列图块，如图5-34a所示。选取完窗体形制之后，可以通过下方▼查寻图标选取相应窗宽尺寸，如图5-34b所示。

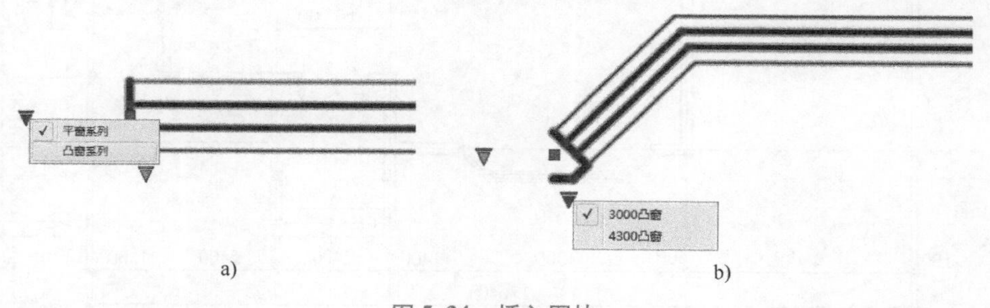

图5-34　插入图块

a）窗体可见性选择　b）查寻图标选取窗体宽度

■5.2　建筑制图综合应用举例

CAD绘图时先要通过已创建的模板来创建一个包含了图层、字体样式、标注样式、线

型、表格样式、多线样式、常用图块、甚至图纸样式等设定的图形文件。如果没有可用的模板或在绘图过程中发现既有设定不满足绘图需求时，也可以在绘图过程中根据需要进行以上相关设定。

通常 CAD 绘图时都按照对象的实际尺寸按 1:1 的比例进行绘制，在生成图样或放置到图纸空间时才选用适当的比例进行缩放。这样就带来了一个问题：文字的大小是不会跟着缩放比例进行相应的调整的。这个问题有两种解决方案：

1）先缩放图形，然后再进行标注。为适应缩放比例需要在标注样式中设定相应的测量单位比例因子。此方案适合绘制不复杂、比较单一的对象比如具体的建筑构件、零部件等等。

2）不缩放图形，缩放图纸边框及标题栏等元素，在打印时通过图纸打印比例的选择生成适应该比例的图纸。这里需要事先为所描绘的图形对象选择相应的打印比例，这个打印比例即为图纸中所描绘的比例，然后设置适合该比例大小的字高，与字体相关的设定也需要进行相应的尺寸调整和字体选用，比如标注样式需要对不同字高的字体设置合适的尺寸线、尺寸线末端、偏移等量。此方案更适合未来对图形进行修改调整。

【例 5-6】 绘制如图 5-35 所示的建筑底层平面图。

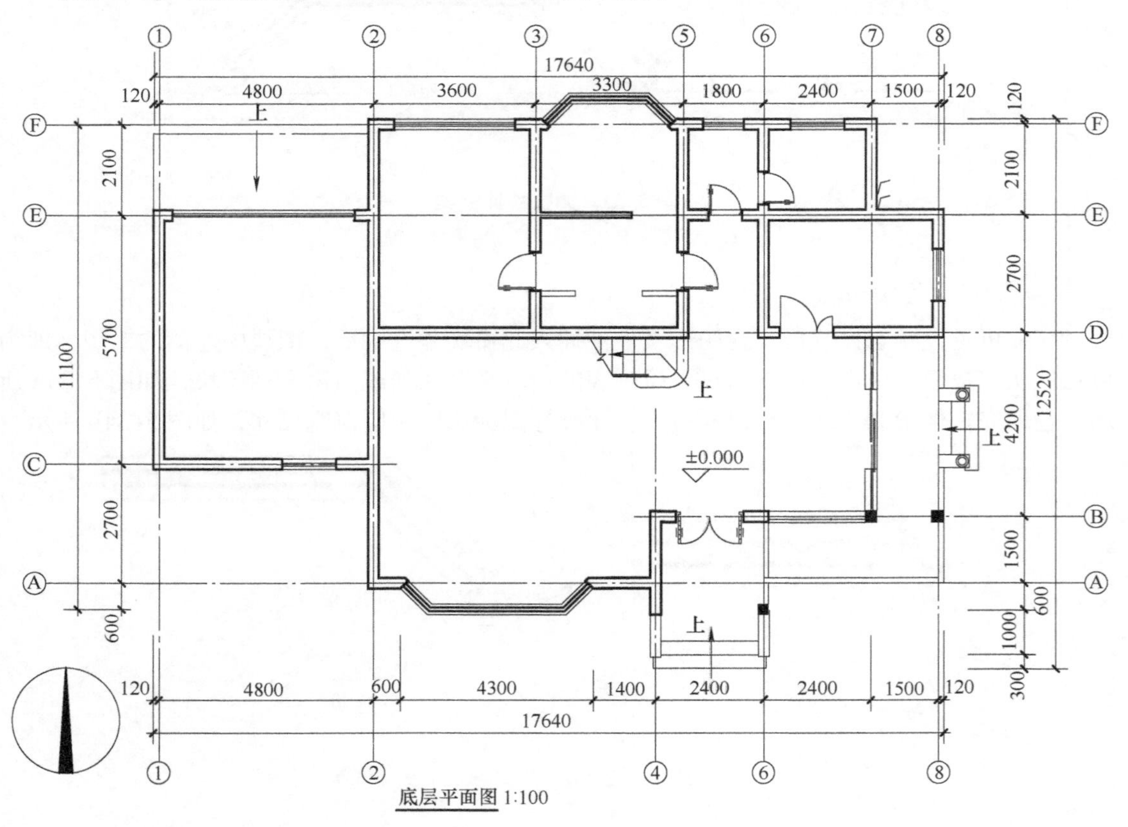

图 5-35 底层平面图

步骤 1：准备工作，进行基本设置。

1）线型样式。本例的设定需要考虑到出图比例与绘图比例的差别。本例为建筑工程

图，考虑选择1:1的绘图及标注比例，在打印出图时选择用适合的比例1:100。因此对于图形图线都是用1:1去绘制的，图例、符号、文字需要进行放大100倍设定。本例中需要进行放大设定的线型比例，如图5-36所示。

在“线型管理器”中（见图5-36），加载本例中所用到的线型“CENTER”和“HIDDEN”，并将线型的“全局比例因子”设置为“25.000”，使得轴线、虚线达到最佳显示效果。

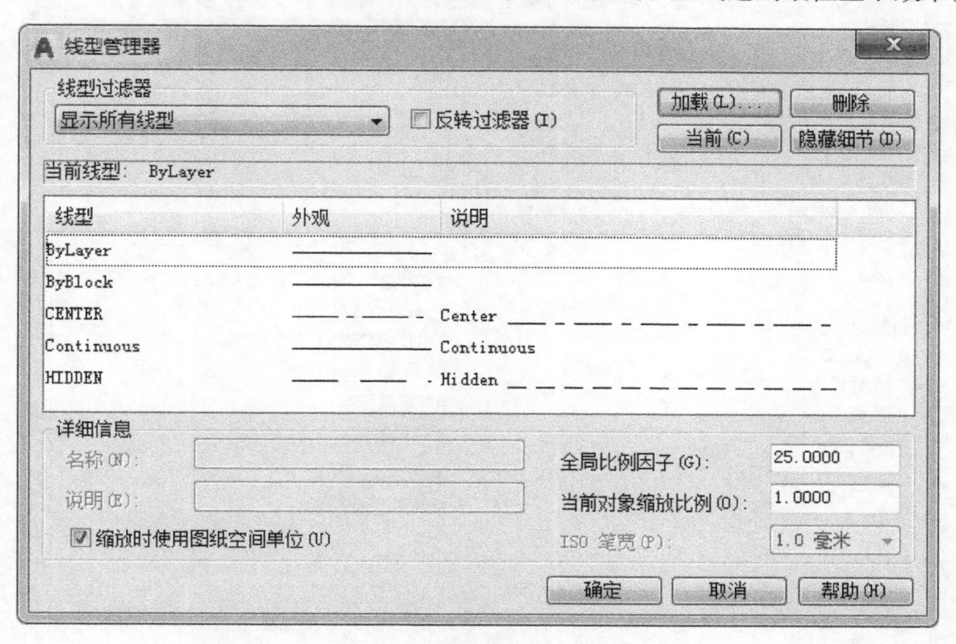

图5-36　“线型管理器”对话框

2）字体设置。文字样式中字高设为300，标注样式中应用该字体，并且建筑标记的箭头大小设为250，如图5-37所示。

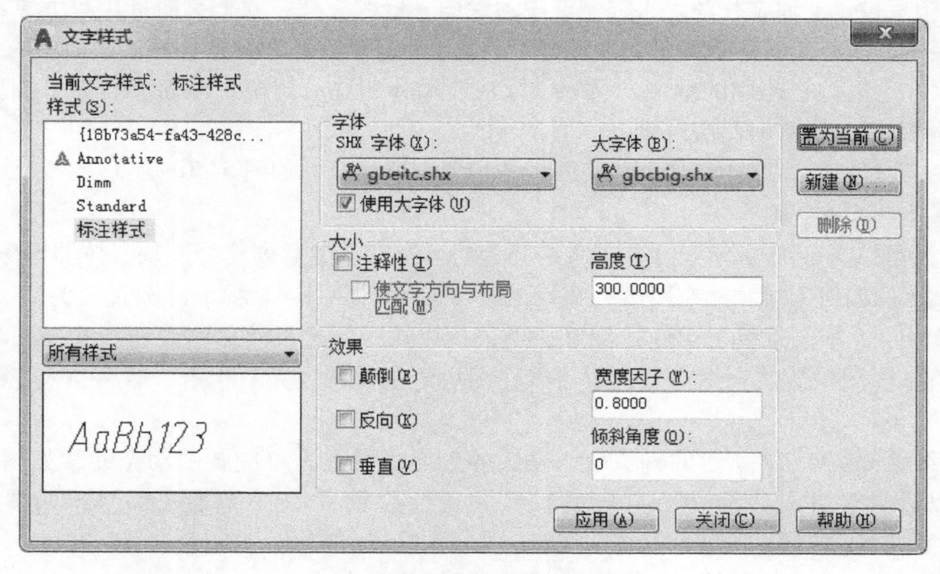

图5-37　标注用的文字样式

3）标注样式设置。“符号和箭头”选项卡如图 5-38 所示，其他选项卡根据要求参考尺寸标注要求进行设置。

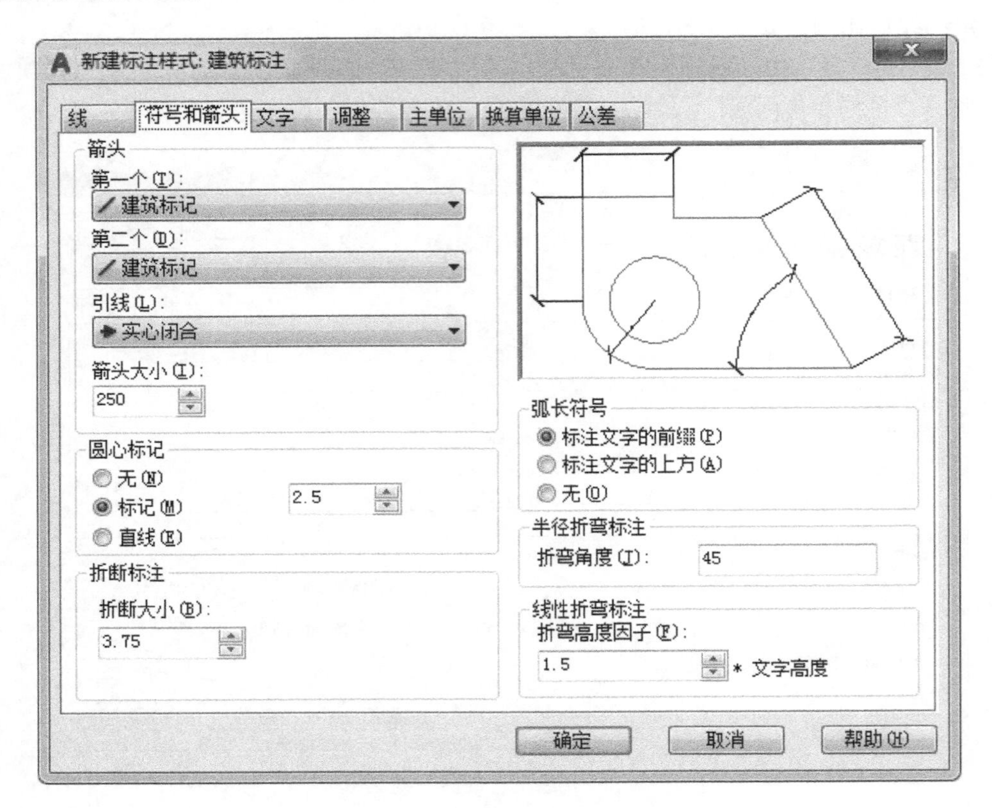

图 5-38　标注用符号和箭头样式

4）图层设定。通常在建筑工程图样中为绘图、修改方便，我们会将同类型元素绘制在一个图层中。因此我们对于图层的设置将兼顾此项目其他工程图样及此底层平面图的元素进行定制。在这里对于通用的轴网、文字、标注、墙体、柱、门窗、地面等设定了相应的图层，图 5-39 为本例所用图层设置。

5）多线样式。本例中所用到的 240 墙体设置多线样式，如图 5-40 所示。

步骤 2： 图块绘制。

1）根据如图 5-41 所示尺寸要求来绘制指北针图形，然后创建为图块。按照国家标准，不论图纸比例如何，指北针在图纸中显示的尺寸应为如图 5-41 所示，圆直径为 24，箭头尾端宽度为 3。本例选择 1∶100 的图纸比例，可以按照标准尺寸比例绘制指北针图块，插入到建筑平面图中后放大 100 倍；也可以在图块绘制时就放大 100 倍，然后插入建筑平面图中。

2）编辑如图 5-42 所示的轴头块，轴头的延伸线设置为可旋转的动态元素如图 5-42a 所示，以适应东西南北等多个方向的轴头，属性参数“ZT”为轴头编号，如图 5-42b 所示。

3）根据如图 5-43 所示尺寸创建室内平面图柱的图块。

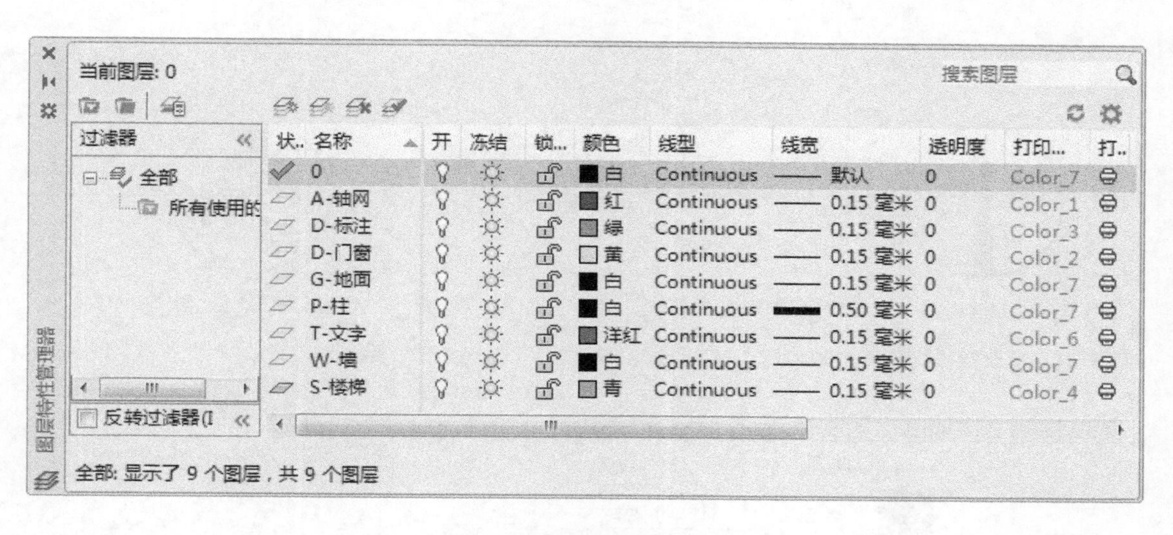

图 5-39　图层特性管理器

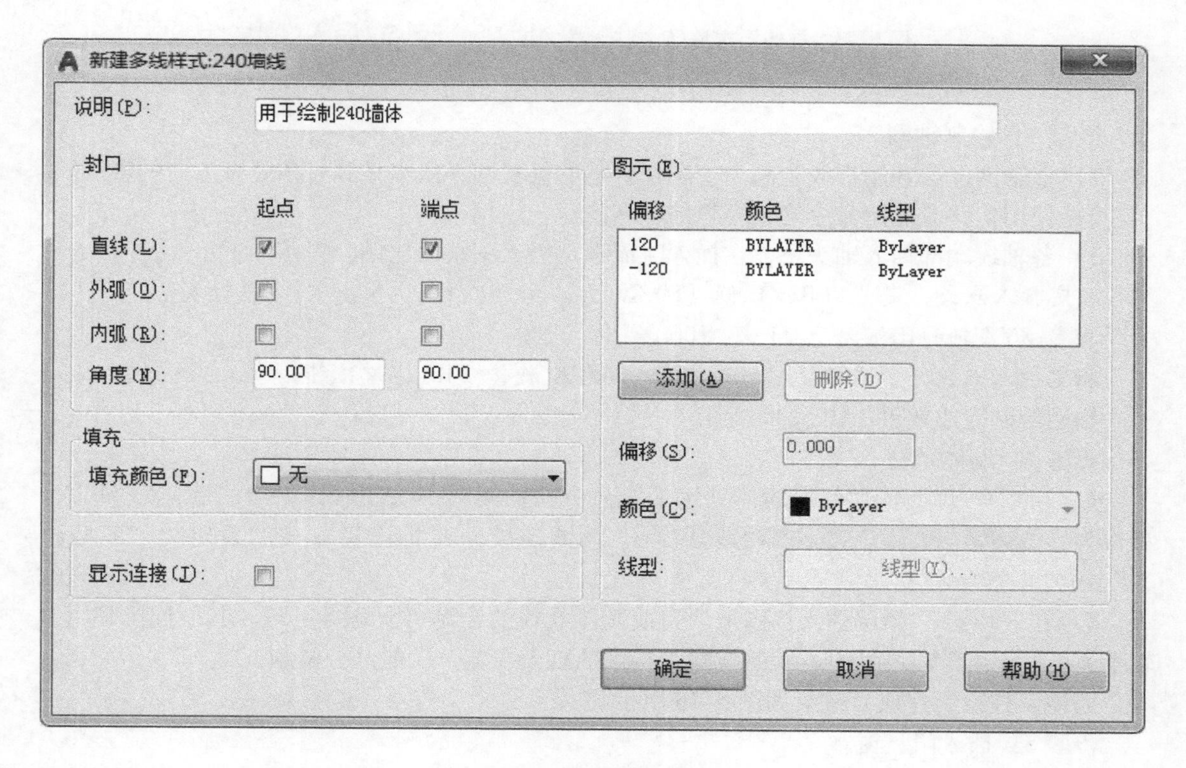

图 5-40　多线样式

4）根据如图 5-44 所示要求创建单门图块。

5）根据本建筑样例需求创建窗块。本例中窗块参考 5.1.3 节所绘制图块。

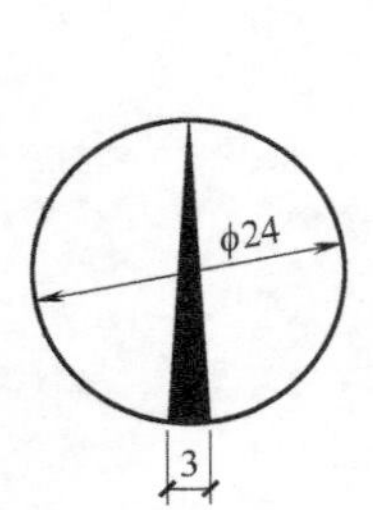

图 5-41 指北针样式及尺寸

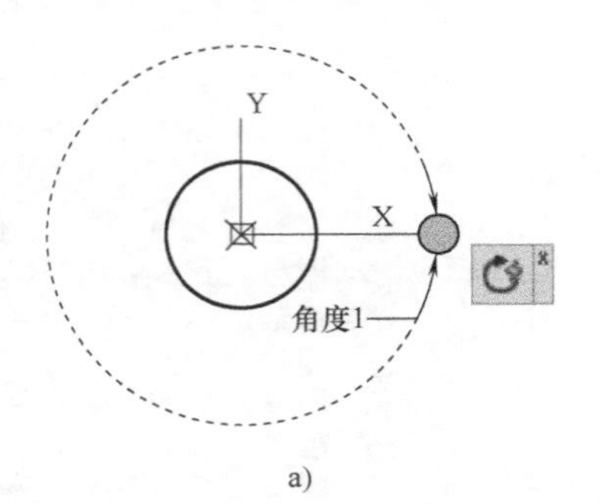

a)

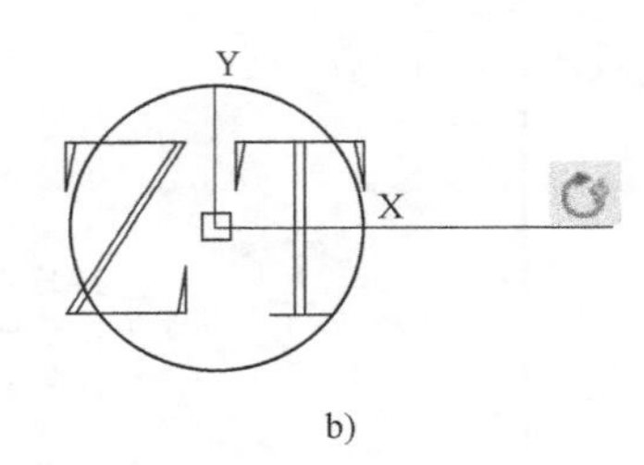

b)

图 5-42 轴头块
a）旋转设置 b）“ZT”属性

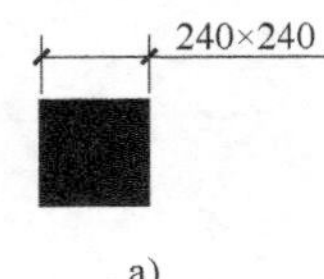

a)

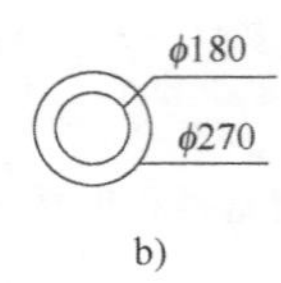

b)

图 5-43 柱的样式及尺寸
a）室内柱 b）室外柱

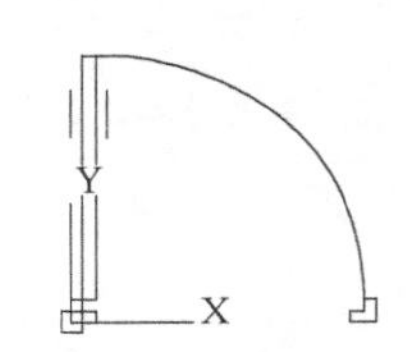

图 5-44 单门图块

步骤 3：绘制轴网。

1）在轴网图层利用直线绘制命令选择合适的位置画一条水平和一条竖直方向的轴线。

2）使用偏移或复制命令绘制完整的轴网。

3）各轴线端部插入轴头块，在插入时需设定插入图块的比例。提示如下：

指定插入点或［基点（B）/比例（S）/X/Y/Z/旋转（R）］：s↙；

指定 XYZ 轴的比例因子 <1>：100↙；

指定插入点或［基点（B）/比例（S）/X/Y/Z/旋转（R）］：指定插入点。

轴网绘制完成效果如图 5-45 所示。

步骤 4：墙体及柱。

1）在“W-墙”图层绘制墙体利用多线命令在轴网图中绘制墙体，绘制墙体时 MLINE 参数为：对正 = 无，比例 = 1.00，样式 = G-WALL。墙体连接处要将连接方式的设定为“T 型合并”或“十字合并”。

2）在“P-柱”图层插入柱图形块完成墙体及柱的绘制（见图 5-46）。其中间隔墙（D 轴上方，3 轴和 5 轴之间的墙）的线宽为最细的打印线宽，功能区分清晰。

墙体及柱绘制完成后效果如图 5-46 所示。

步骤 5：插入门、窗。

平面图中门窗样式要符合建筑制图标准，在“D-门窗”图层中插入门窗图块或绘制所需图例。

此底层平面图中的门包括单开门、双开门和卷帘门等样式，其中单开门使用比较多，在本例中做成图块进行插入比较方便，其他形制的门数量少，可以在使用时绘制。插入门窗图块后的效果如图 5-47 所示。

步骤 6：绘制室内楼梯、室外台阶，插入室外柱。

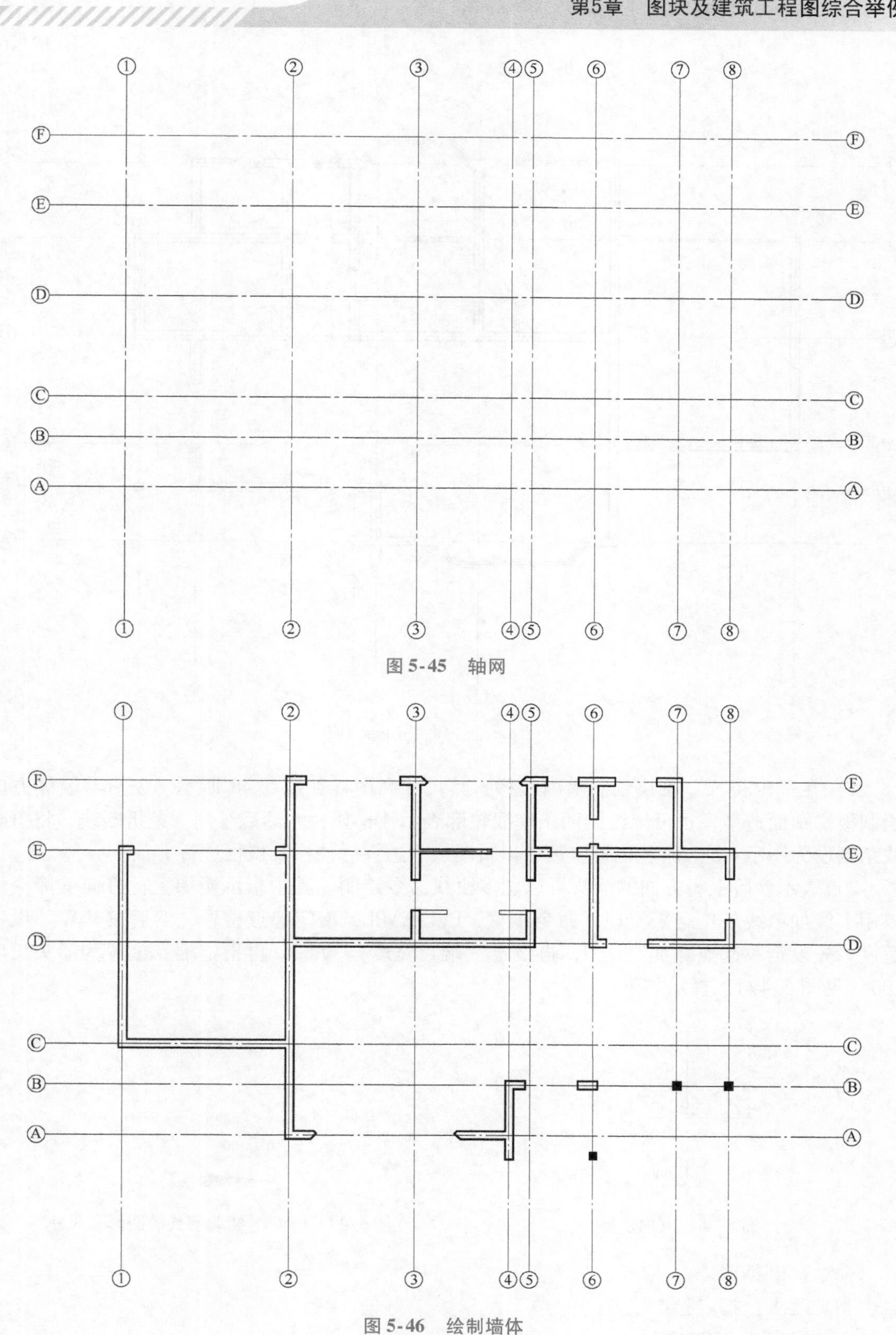

图 5-45 轴网

图 5-46 绘制墙体

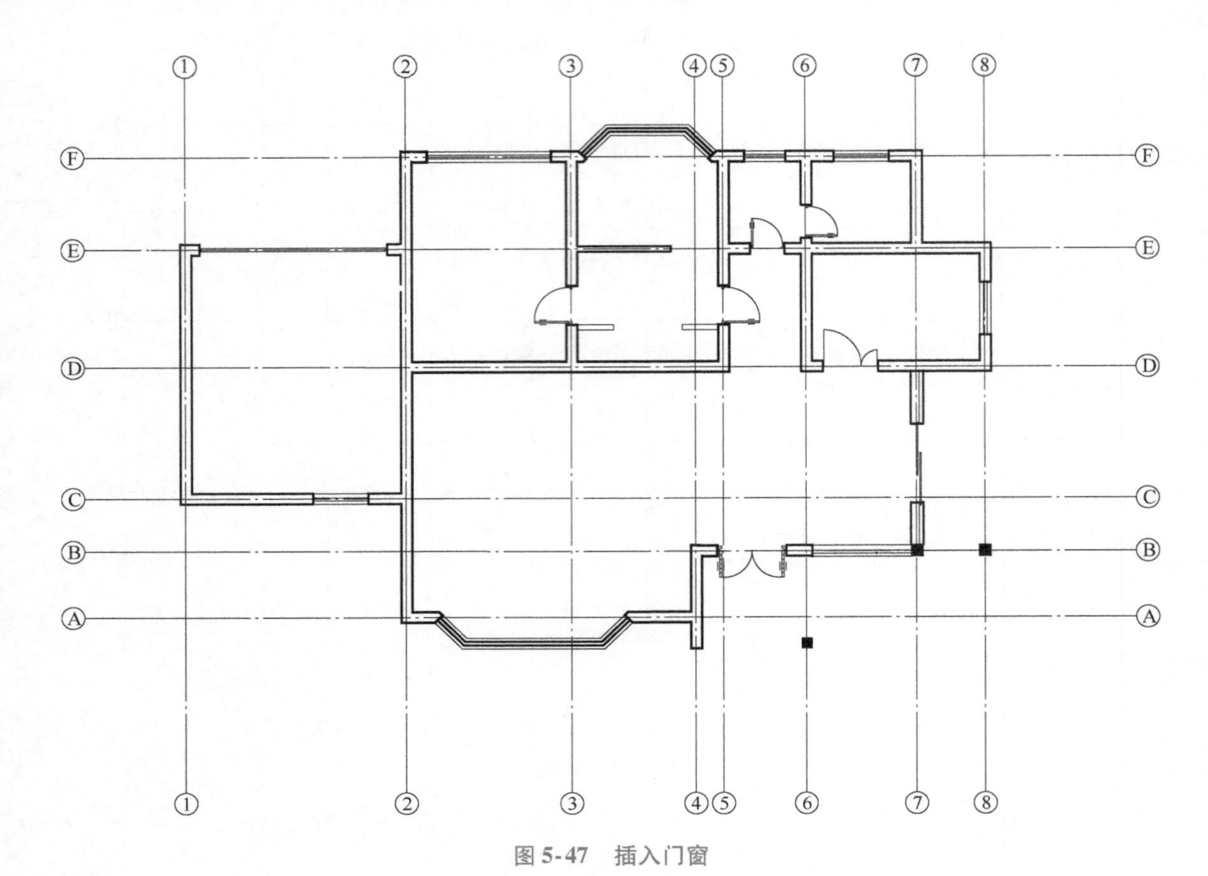

图 5-47　插入门窗

1）在“S-楼梯”图层绘制室内楼梯，其尺寸和图样如图 5-48 所示。先沿着墙体方向绘制楼梯踏面造型，也可以绘制两条细线轮廓表示楼梯扶栏。然后绘制一条折断线，将折断线角度设为图示 60°方向和位置。最后以折断线为边界对楼梯及扶栏进行剪裁。

2）表示台阶上行方向的箭头可以用多段线命令绘制。其中指示楼梯上行方向的箭头可以用多线加单线条长尾来实现。命令步骤：PLINE\PL，指定起点位置，然后按“W”设定宽度，先设定“起点宽度”为 0，再设定“端点宽度”为 80，再指定端点位置为箭头长度 400（见图 5-49）。提示如下：

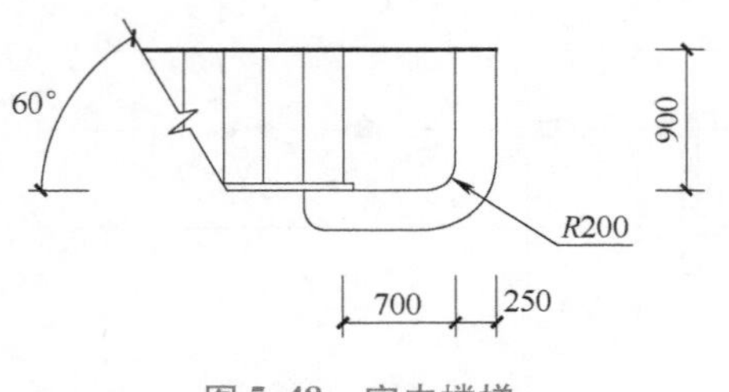

图 5-48　室内楼梯

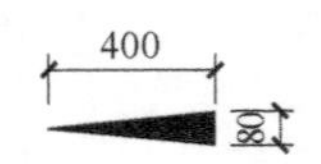

图 5-49　PLINE 绘制箭头的图形及尺寸

命令：PLINE

指定起点：指定起点位置↙；

当前线宽为 0.0000；

指定下一个点或［圆弧（A）/半宽（H）/长度（L）/放弃（U）/宽度（W）］：W↙；

指定起点宽度<0.0000>：0↙；

指定端点宽度<0.0000>：80↙；

指定下一个点或［圆弧（A）/半宽（H）/长度（L）/放弃（U）/宽度（W）］：指定端点位置↙；

指定下一点或［圆弧（A）/闭合（C）/半宽（H）/长度（L）/放弃（U）/宽度（W）］：↙。

3）本例中有两处室外台阶，造型简单，用直线命令绘制即可。也可以绘制完一处，复制到另一处，再做相应尺寸调整来完成。

4）最后插入室外柱图块。

完成这些建筑构件的插入之后如图5-50所示。

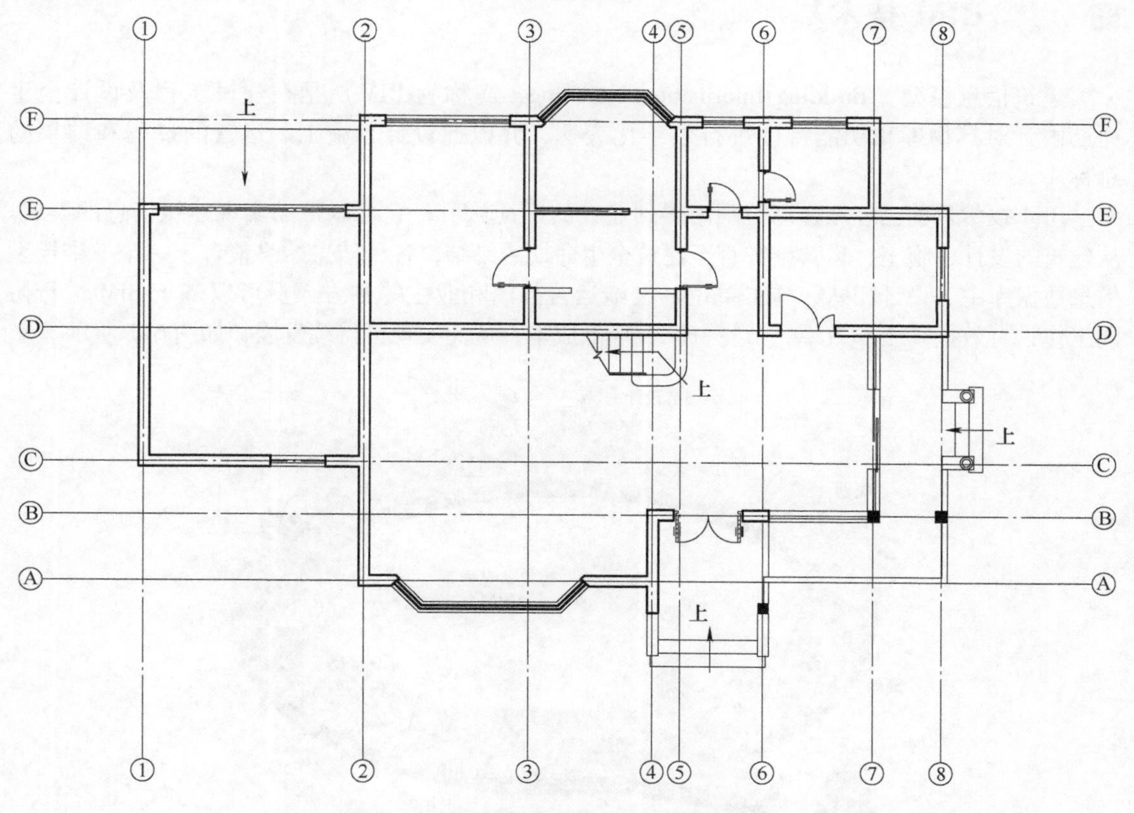

图5-50　插入楼梯、台阶、柱等建筑构件

步骤7：标注及整理图形。

最后在“D-标注”图层中完成尺寸标注、插入标高图块、指北针图块，在“T-文字”图层中写入图名和比例，整理图形后即完成作图。结果如图5-35所示。

第 6 章　BIM技术基础

■ 6.1　BIM 技术基本概念

建筑信息模型（Building Information Modeling，简称为 BIM）是在建设工程及设计全生命期内，对其物理和功能特性进行数字化表达，并以此设计、施工、运营的过程和结果的总称。

BIM 技术目前已经在全球范围内得到业界的广泛认可，它可以帮助实现建筑信息的集成。从建筑的设计、施工、运营维护直至建筑全生命期的终结，各种信息始终整合于一个三维模型信息数据库中，设计团队、施工单位、设施运营部门和业主等各方人员可以基于 BIM 进行协同工作，有效提高工作效率，节省资源，降低成本，从而实现可持续发展，如图 6-1 所示。

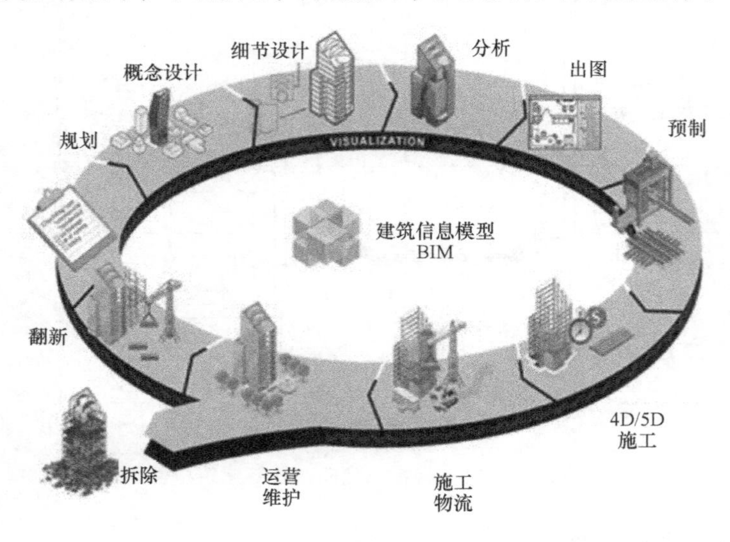

图 6-1　BIM 技术在全生命期的应用

■ 6.2　BIM 技术特点

BIM 技术将建筑全生命期采用的技术由传统的二维转移到三维平台，具有以下几个特

点：可视化、协调性、模拟性、优化性、可出图性。

6.2.1　可视化

可视化即“所见所得”的形式。对于建筑行业来说，可视化的真正运用在建筑业的作用非常明显，例如原始的二维设计，施工图纸是采用平面图形绘制方式表达，其真正的构造形式需要建筑业从业人员通过专业技能来想象。BIM 提供了可视化的思路，将以往的线条式的图形以三维的立体实物图形展示，使得建筑物、构筑物、构配件能得到更加直观的清晰表现。以往建筑行业的效果图不含有除构件的大小、位置和颜色以外的其他信息，缺少不同构件之间的互动性和反馈性。而 BIM 提供的可视化是一种能够同构件之间形成互动性和反馈性的可视化，由于整个过程都是可视化的，可视化的结果不仅可以用效果图展示及报表生成，更重要的是，项目设计、建造、运营维护过程中的沟通、讨论、决策都在可视化的状态下进行，如图 6-2 和图 6-3 所示。

图 6-2　建筑物外部可视化效果

图 6-3　室内管综可视化效果

6.2.2　协调性

协调性是建筑业中的重点内容。在设计时，由于各专业设计师之间的沟通不到位，往往会在项目的实施过程出现各种专业之间的碰撞问题。遇到此类事件，就要将设计单位、施工单位、业主及各有关人士组织起来开协调会，相互协调配合找出各个施工问题发生的原因及解决办法，然后做出变更及相应补救措施等来解决问题。例如暖通等专业中的管道，在进行布置时，由于施工图纸是各自设计并绘制的，在施工过程中，设备施工图中的管线布置与结构施工图的梁设计位置相干涉，传统设计中这种碰撞在审图过程中很难将其审核出来，因此需要进行现场变更。BIM 的协调性服务就可以帮助处理这种问题，BIM 技术可提供建筑物各专业的碰撞检验并生成报告，给出协调建议，可在现场变更前进行施工图纸修改，降低成本。BIM 的协调作用不仅能解决各专业间的碰撞问题，还可以解决例如电梯井布置与其他设计布置及净空要求的协调、防火分区与其他设计布置的协调、地下排水布置与其他设计布置的协调等，如图 6-4 和图 6-5 所示。

6.2.3　模拟性

在设计阶段，BIM 可以对设计上需要进行模拟的一些内容进行模拟实验，例如：节能模拟、紧急疏散模拟、日照模拟、热能传导模拟等。在招投标和施工阶段可以进行4D模拟（三维模型加项目的发展时间），根据施工的组织设计模拟实际施工，确定合理的施工方案来指导施工。同时还可以进行5D模拟（基于4D模型加造价控制），实现成本控制；后期运营阶段可以模拟日常紧急情况的处理方式，例如地震时人员逃生模拟及消防人员疏散模拟，如图6-6和图6-7所示。

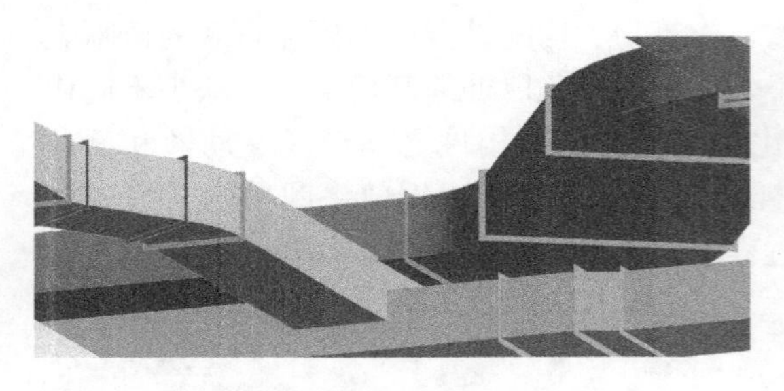

图6-4　碰撞检验示例1

图6-5　碰撞检验示例2

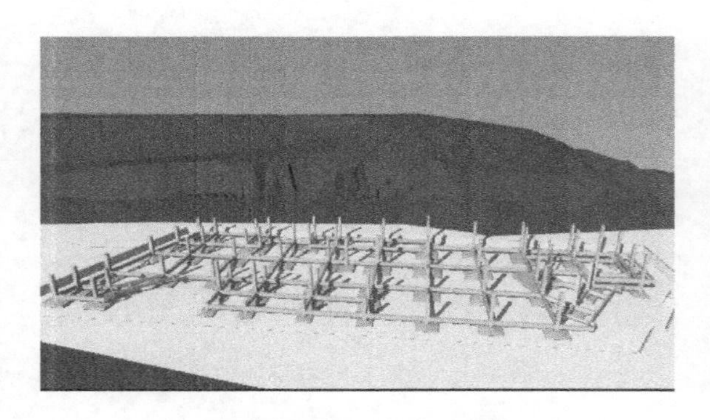

图6-6　四维施工模拟动画截图

图6-7　施工现场模拟

6.2.4　优化性

整个建筑设计、施工、运维的过程是一个不断优化的过程。在BIM的基础上可以做更好的优化。优化受三种因素的制约：信息、复杂程度和时间。BIM模型提供了建筑物的实际存在的信息，包括几何信息、物理信息、规则信息，还提供了建筑物变化以后的实际存在信息。复杂程度较高时，参与人员本身的能力无法掌握所有的信息，必须借助一定的科学技术和设备的帮助。现代建筑物的复杂程度大多超过参与人员本身的能力极限。BIM及与其配套的各种优化工具提供了对复杂项目进行优化的可能，如图6-8和图6-9为建筑物管综优化示例。

6.2.5　可出图性

根据BIM对建筑物进行模型建立、碰撞检验、结构优化后，可输出建筑施工图、结构施工图、管线施工图等。如图6-10和图6-11所示为建筑平面图及剖面图的输出。

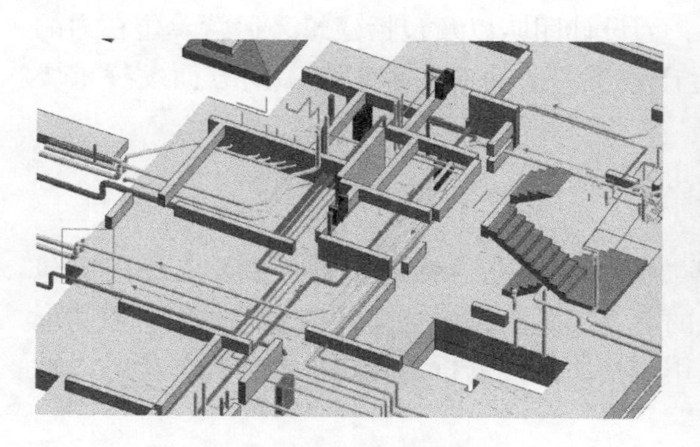

图 6-8 BIM 技术优化性示例

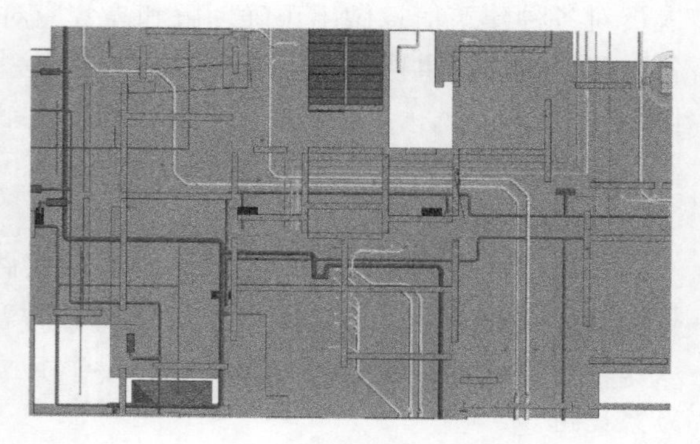

图 6-9 管综布置优化示例

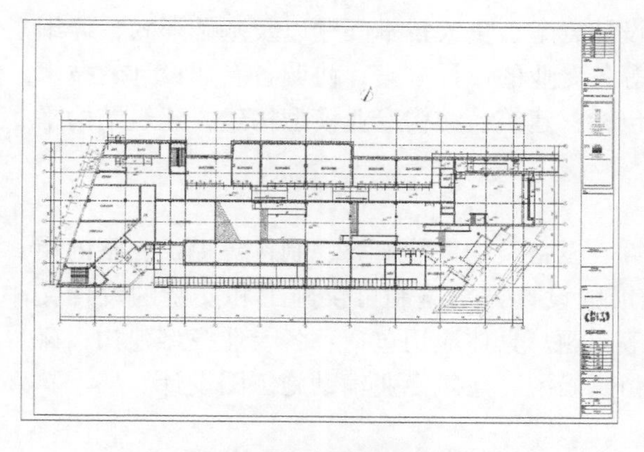

图 6-10 建筑平面图输出示例

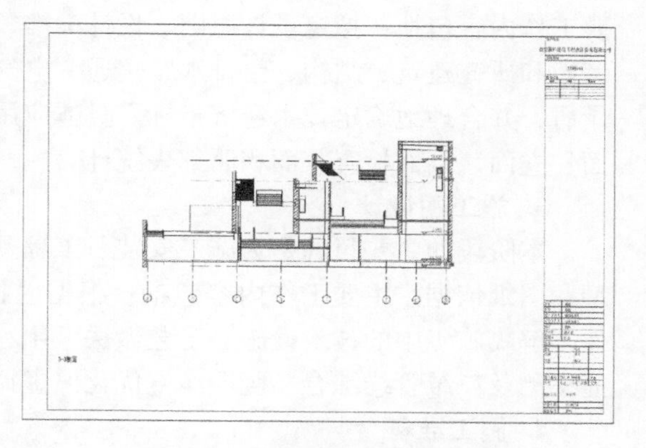

图 6-11 建筑剖面图输出示例

6.3 BIM 技术基本应用

BIM 技术相关国家标准

BIM 的核心是通过建立虚拟的建筑工程三维模型，利用数字化技术，为这个模型提供完整的、与实际情况一致的建筑工程信息库。该信息库不仅包含描述建筑物构件的几何信息、专业属性及状态信息，还包含了非构件对象，如空间、运动行为等的状态信息。借助这个包含建筑工程信息的三维模型，大大提高了建筑工程的信息集成化程度，从而为建筑工程项目的相关利益方提供了一个工程信息交换和共享的平台。

BIM 有如下特征：它不仅可以在设计中应用，还可应用于建设工程项目的全生命期中；用 BIM 进行设计属于数字化设计；BIM 的数据库是动态变化的，在应用过程中不断在更新、丰富和充实；对项目参与各方提供了协同工作的平台。

中国住房和城乡建设部编定了 GB/T 51212—2016《建筑信息模型应用统一标准》、GB/T 51235—2017《建筑信息模型施工应用标准》。

BIM 技术是一种应用于工程设计、建造、管理的数据化工具，通过对建筑的数据化、信息化模型整合，在项目策划、运行和维护的全生命周期过程中进行共享和传递，使工程技术

人员对各种建筑信息做出正确理解和高效应对，为设计团队以及包括建筑、运营单位在内的各方建设主体提供协同工作的基础，在提高生产效率、节约成本和缩短工期方面发挥重要作用。

BIM 技术在项目各阶段的应用主要在以下几个方面：

1. 方案设计

本阶段的主要目的是为建筑后续设计实践提供依据及指导性的文件。主要工作内容包括：根据设计条件，建立设计目标与设计环境的基本关系。提出空间建构设想、创意表达形成及结构方式等初步解决方法及方案。具体应用包括：场地分析、建筑性能仿真分析、设计方案比选。

2. 初步设计

本阶段的主要目的是通过深化方案设计，论证工程项目的技术可行性和经济合理性。主要工作内容包括：拟定设计原则、设计标准、设计方案、重大技术问题以及基础形式，详细考虑和研究建筑、结构、给排水、暖通、电气等各专业的设计方案，协调各专业设计的技术矛盾，并合理地确定技术经济指标。具体应用包括：建筑、结构专业模型构建，建筑结构平面、立面、剖面检查、面积明细表统计。

3. 施工图设计

本阶段的主要目的是为施工安装、工程预算、设备及构件的安放、制作等提供完整的模型和图纸依据。主要工作内容包括：根据已批准的设计方案编制可供施工和安装的设计文件，解决施工中的技术设施、工艺做法、用料等问题。具体应用包括：各专业模型建构；碰撞检测及三维管线综合、竖向净空优化、虚拟仿真漫游、建筑专业辅助施工图设计。

4. 施工准备

本阶段的主要目的是使工程具备开工和连续施工的基本条件。主要工作内容包括：建立必需的组织、技术和物质条件，如技术准备、材料准备、劳动组织准备、施工现场准备以及施工的场外准备等。具体应用包括：施工深化设计、施工方案模拟、构件预制加工。

5. 施工实施

本阶段的主要目的是完成合同规定的全部施工安装任务，以达到验收、交付的要求。主要工作内容包括：按照施工方案完成项目建造至竣工，同时统筹调度、监控施工现场的人、机、料、法等施工资源。具体应用包括：虚拟进度和实际进度比对、工程量统计、设备与材料管理、质量与安全管理、竣工模型构建。

6. 运营维护

本阶段的主要目的是管理建筑设施准备，保证建筑项目的功能、性能满足正常使用的要求。主要工作内容包括：建筑设施设备的运营与维护、资产管理和物业管理，以及相关的公共服务等。具体应用包括：运营系统建设、建筑设备运行管理、空间管理、资产管理。

6.4 BIM 基本工具

BIM 技术在中国工程中的应用

BIM 技术自提出起便受到广泛关注及研究，目前已在建筑、桥梁、轨道交通、园林设计、古建保护等方面得到了广泛应用。根据 BIM 技术

应用领域的不同，目前常用的BIM建模软件有：

1）Autodesk公司的Revit建筑、结构和设备软件。常用于民用建筑的BIM应用。

2）Bentley建筑、结构和设备系列，Bentley产品常用于工业设计（如：石油、化工、电力、医药等）和基础设施（如：道路、桥梁、市政、水利等）领域。

3）Tekla Structures是Tekla旗下开发的一套建筑结构3D实体模型专业软件，范围包括概念设计、细部设计、制造、组装等，涵盖整个结构设计流程的BIM软件。

4）ArchiCAD是由GRAPHISOFT公司开发的专门针对建筑专业的三维建筑设计软件。基于全三维的模型设计，具有自动生成剖面、立面、设计图档、参数计算等功能，以及方案演示和图形渲染功能。

本书中主要讲述BIM技术主流建模软件Revit的相关内容。为实现BIM技术相关功能，与其接口的软件及插件有：

1）Lumion：Lumion软件是一个实时的3D可视化工具，可提供各种材质、背景、树木、行人等配景，并得到逼真的渲染图像及动画。

2）Navisworks：Autodesk Navisworks是Autodesk公司出品的一个建筑工程管理软件套装。Navisworks软件提供了用于分析、仿真和项目信息交流的先进工具。完备的四维仿真、动画和照片级效果图功能，使用户能够展示设计意图并仿真施工流程，从而加深设计理解并提高可预测性。实时漫游功能和审阅工具集能够提高项目团队之间的协作效率。

3）Dynamo：Dynamo可以实现可视化编程，实现复杂曲线造型的创建和参数化驱动，主要用于异性结构模型的创建。

4）Fuzor：Fuzor是一款将BIMVR技术与4D施工模拟技术深度结合的综合性平台级软件，它包含VR、多人网络协同、4D施工模拟、5D成本追踪几大功能板块。

5）速博Extensions：一款Autodesk Revit的增强插件，这款插件主要可以大大增强Revit的设计功能，包括了轴网、钢筋、框架生成、钢结构连接点等。

6）橄榄山快模：橄榄山软件是由我国橄榄山公司开发的系列插件，可以提高建模效率。

第7章　Revit基础

■7.1　Revit 启动与界面介绍

在学习 Revit 软件之前，首先需要了解 Revit 的操作界面。用鼠标双击桌面“Revit”图标，将进入软件的操作界面。单击“项目”选项组中的“新建”按钮，进入如图7-1所示的新建项目对话框，其中的样板文件提供不同的专业样板供用户选择，软件自带的样板文件包含视图的设置等参数，用户也可以自行设计样板文件以适应自己的需求。如果我们选择样板文件为建筑样板，单击“确定”，则 Revit 的操作界面如图7-2所示。

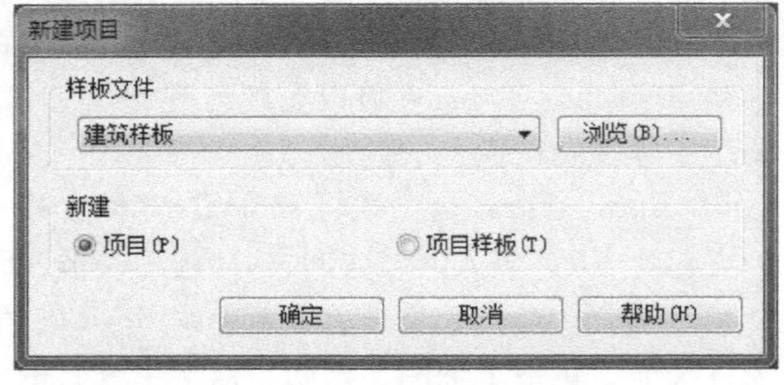

图7-1　新建项目对话框

Revit 操作界面主要包含快速访问工具栏、功能区、绘图区、属性选项板、项目浏览器、视图控制栏、状态栏和帮助与信息中心等，下面将详细介绍各部分的功能。

7.1.1　快速访问工具栏

快速访问工具栏如图7-3所示，它位于主界面图标左侧，包含一组常用的工具，用户可以直接单击相应的按钮进行命令操作。

若单击该工具栏最右端的下拉三角箭头，系统将展开工具列表如图7-4所示，此时，如果选择“自定义快速访问工具栏”选项，系统将打开“自定义快速访问工具栏”对话框，用户可以自定义快速访问工具栏中显示的命令和顺序。

此外，如果想往快速访问工具栏中添加功能区的工具按钮，可以在功能区的工具按钮图标上右击，在弹出的快捷菜单中选择“添加到快速访问工具栏”，即完成添加。

7.1.2　功能区

功能区提供创建项目或族所需的全部工具。功能区包含功能区选项卡、功能区面板和工具等，如图7-5所示。用单击选项卡的名称，可以在各选项卡中切换，每个选项卡中包括多个面板，面板下方显示该面板的名称，各面板中含有多个工具。

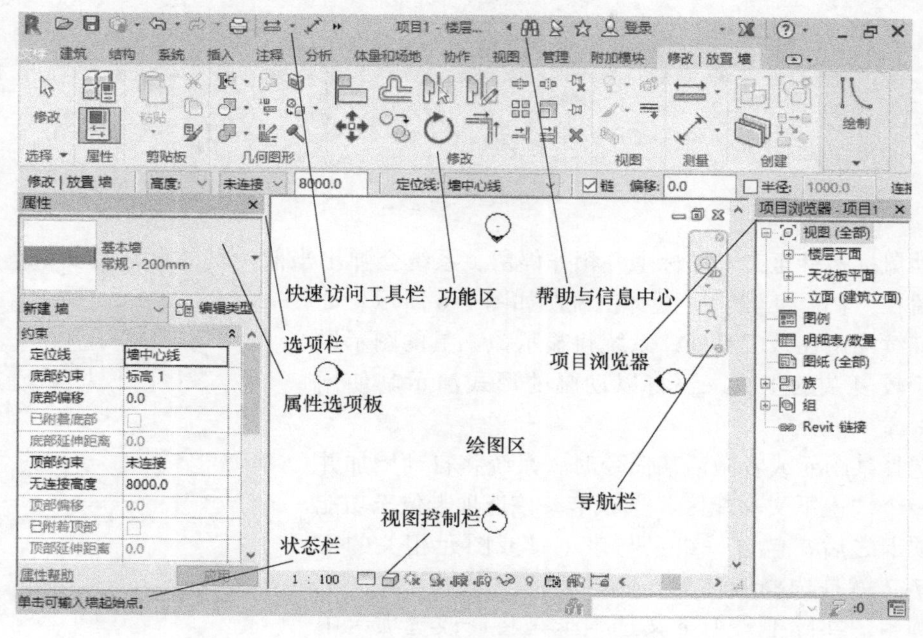

图 7-2　Revit 操作界面

图 7-3　快速访问工具栏

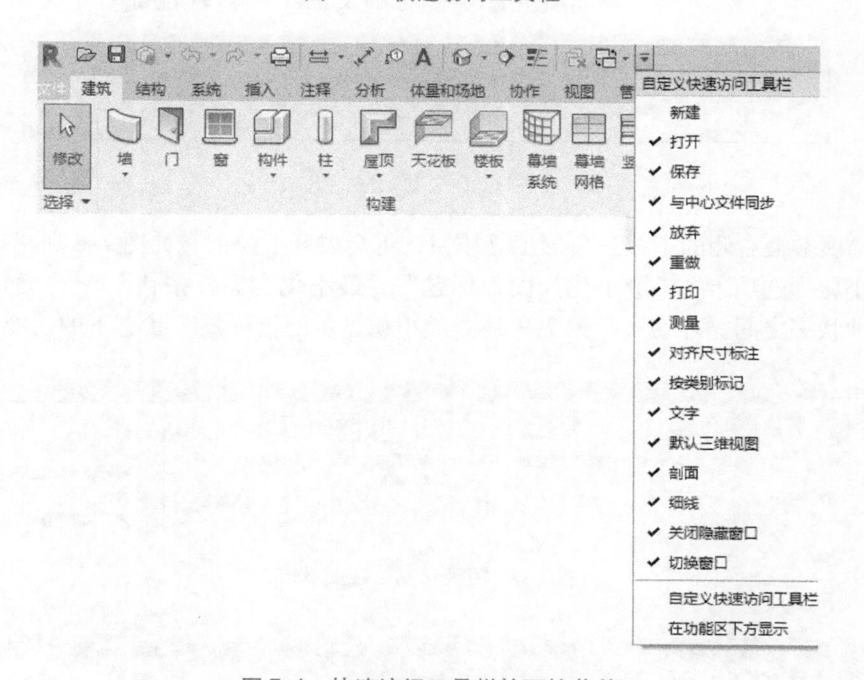

图 7-4　快速访问工具栏的下拉菜单

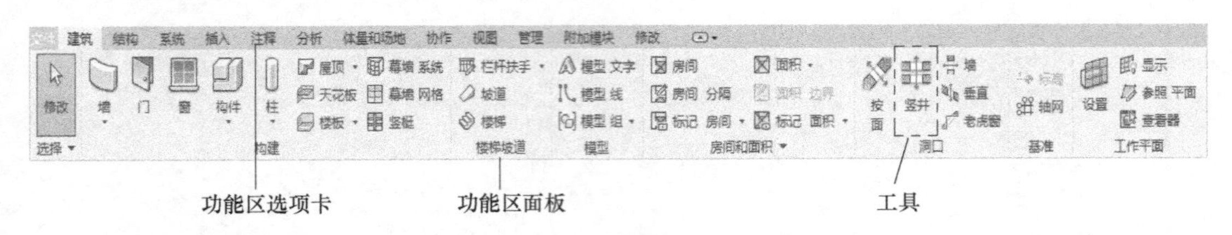

图 7-5　功能区

移动鼠标指针至工具图标上并稍作停留，系统会弹出当前工具的名称及文字操作说明，比如停留在“门”工具上，会弹出说明如图 7-6 所示。如果鼠标继续停留在该工具处，系统将显示该工具的图示说明，对于较复杂的工具，还将以动画的形式演示其使用方法。

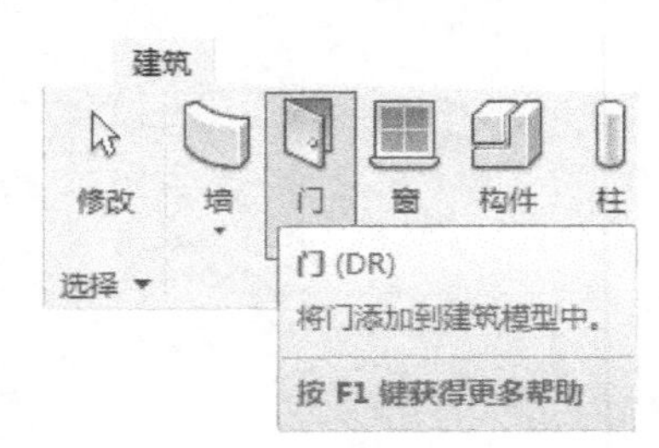

图 7-6　工具的图示说明

当选择某图元或者激活某命令时，系统将自动增加并切换到一个“上下文功能区”选项卡，该选项卡位于功能区主选项卡之后，包含一组只与该工具或图元相关的工具。图 7-7 就是选择墙体后，所触发的“修改 | 墙”上下文选项卡。实际上，上下文选项卡是将修改选项卡中的工具与所选对象的编辑工具组合在一起，在图 7-7 中，前段标题面板中的工具是通用修改工具，后段虚线框区域的标题面板中的工具，则为所选择墙体对象所特有的编辑工具。

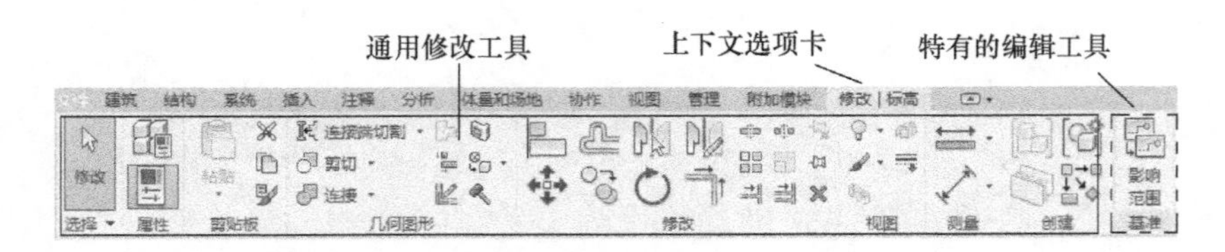

图 7-7　“上下文功能区”选项卡

单击选项卡最右侧的下拉三角形工具按钮，将会展开下拉列表如图 7-8 所示，功能区可以在“最小化为选项卡”“最小化为面板标题”“最小化为面板按钮”和“循环浏览所有项”这 4 种状态之间循环切换，图 7-9 是“最小化显示面板标题”状态下的功能区。

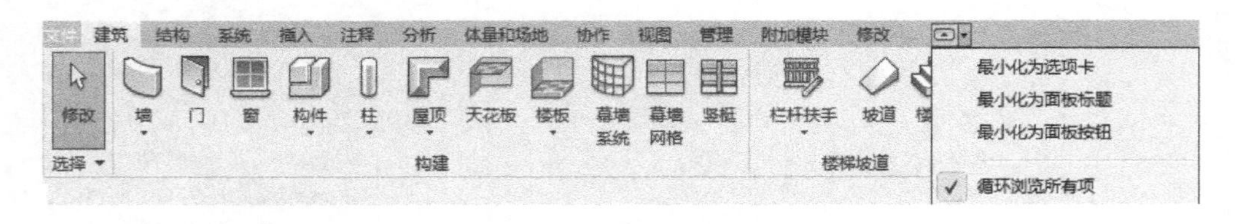

图 7-8　切换功能区视图状态

文件　建筑　结构　系统　插入　注释　分析　体量和场地　协作　视图　管理　附加模块　修改
选择　构建　楼梯坡道　模型　房间和面积　洞口　基准　工作平面

图 7-9　“最小化显示面板标题”的功能区

7.1.3　项目浏览器

项目浏览器如图7-10所示，用于管理整个项目的所有信息，包括项目中的所有视图、明细表、图纸、族、组等资源。Revit按逻辑层次关系组织这些资源，方便用户管理。项目浏览器成树状结构，展开各分支时，将显示下一层的内容。

在使用软件进行项目设计时，最常用的操作就是利用项目浏览器在各视图间切换，用户可以通过双击项目浏览器中的相应视图名称来实现操作，项目浏览器中主要分支的说明如下。

（1）视图　包括楼层平面、天花板平面、三维视图、立面和剖面、渲染等。其中“楼层平面”、“立面”和“剖面”与建筑平面图、立面图、剖面图相当。比如单击楼层平面前的“+”，展开各楼层平面图，再单击“标高1”，进入该层平面图的效果如图7-11所示。“三维视图”中存储着默认的三维视图和所有用户自定义的相机位置视图。“渲染”中存储所有保存过的渲染效果视图。

（2）明细表/数量　展开该类别的效果如图7-12所示，包括各类明细表。

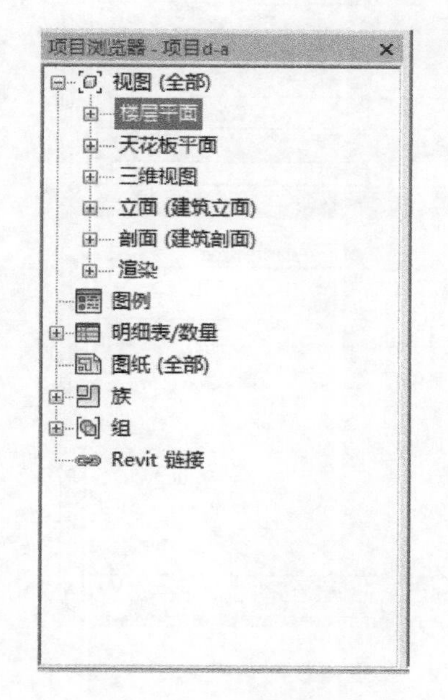

图7-10　项目浏览器

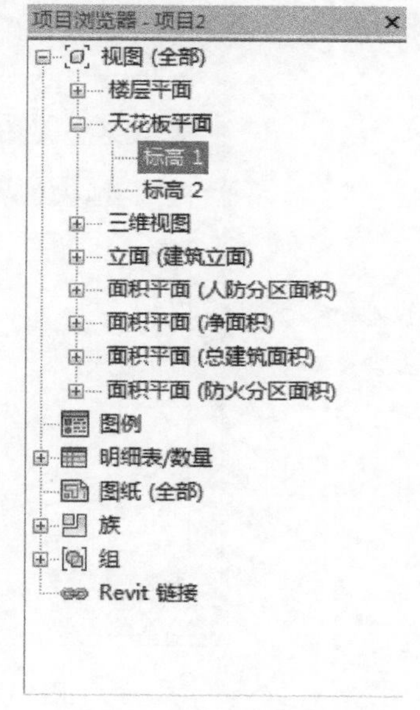

图7-11　项目浏览器——楼层平面

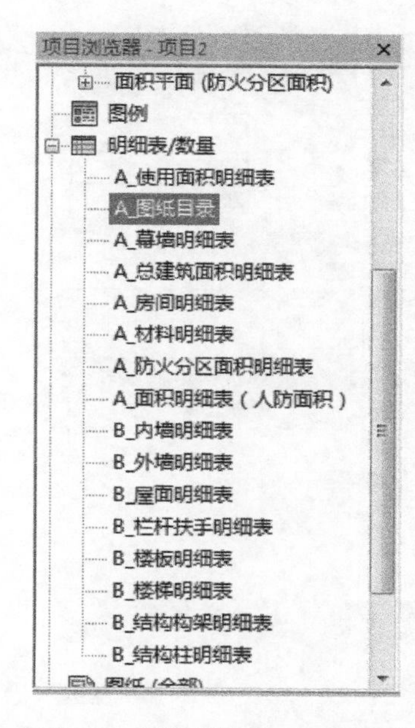

图7-12　项目浏览器——明细表

（3）图纸　该类别中显示项目中所有可用的图纸列表。

说明：使用项目浏览器切换不同视图时，Revit都会创建新的视图窗口。如果切换视图的次数过多，可能会因为打开的视图窗口过多，占用计算机内存资源而影响计算机速度。在操作时应根据情况及时关闭不需要的视图窗口，Revit提供一个工具可以关闭当前窗口外的其余不活动窗口。工具的执行方式有两种，如下所示：

- 功能区：【视图】\【窗口】\
- 快速访问工具栏：

7.1.4 属性选项板

属性选项板可以查看和修改图元属性的参数。当在绘图区选择某图元，或者在项目浏览器中选择某具体项目时，属性选项板会显示该图元的图元类型和属性参数等信息。如图 7-13 所示。属性选项板由以下四部分组成。

（1）类型选择器　绘制图元时，“类型选择器”会提示项目构件库中所有的族类型。单击右侧的下拉箭头，可以从列表中选择已有的构件类型来直接替换现有的类型。

（2）属性过滤器　在绘图区域选择多类图元时，可以通过“属性过滤器”选择所选对象中的某一类对象。

（3）编辑类型　单击“编辑类型”按钮，可以打开类型属性对话框如图 7-14 所示。用户可以复制、重命名对象类型，并可以通过编辑其中的类型参数值来改变与当前选择图元同类型的所有图元的参数。

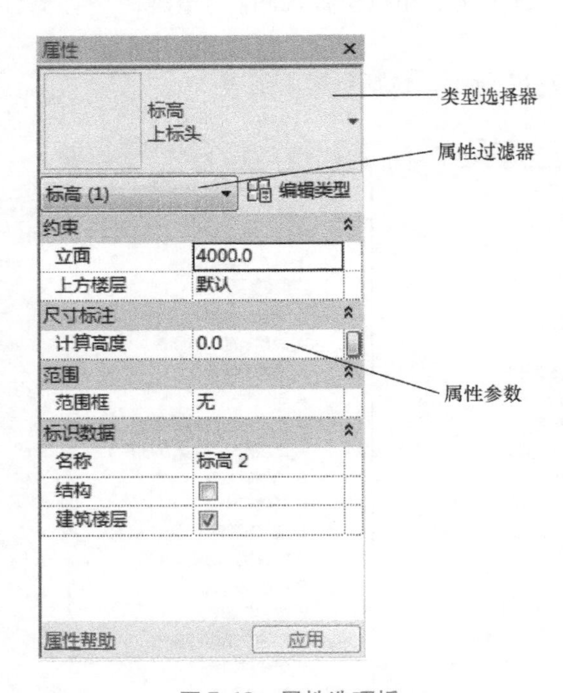

图 7-13　属性选项板

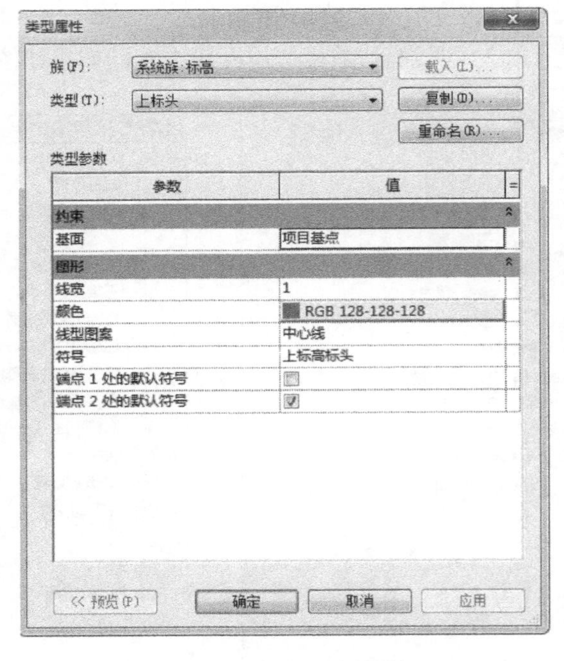

图 7-14　类型属性对话框

（4）属性参数　选项板下面的参数列表框显示了当前图元的各种限制条件，比如定位、高度等。用户可以方便地通过修改参数值来改变当前选择图元的外观尺寸等。

说明：属性选项板关闭后，有以下三种办法可以重新开启。

1）功能区：【修改】\【属性】\

2）功能区：【视图】\【窗口】\【用户界面】\【属性】

3）绘图区域：右击，在快捷菜单中选择“属性”。

7.1.5 导航栏和 ViewCube

Revit 视图导航工具位于绘图区的右侧，它可以对视图进行平移和缩放等操作。视图导航栏默认为50%透明，包括“控制盘”和“控制缩放”两大工具，如图7-15所示。

“控制盘”是一组跟随光标的功能按钮，它将多个常用的导航工具结合到一个界面，便于快速导航视图。在三维视图中，单击控制盘按钮下方的三角形，会出现如图7-16所示的控制盘选项。选择“全导航控制盘”，将打开如图7-17所示的面板，移动鼠标，该控制盘面板会跟着移动。该面板中各按钮的含义如下：

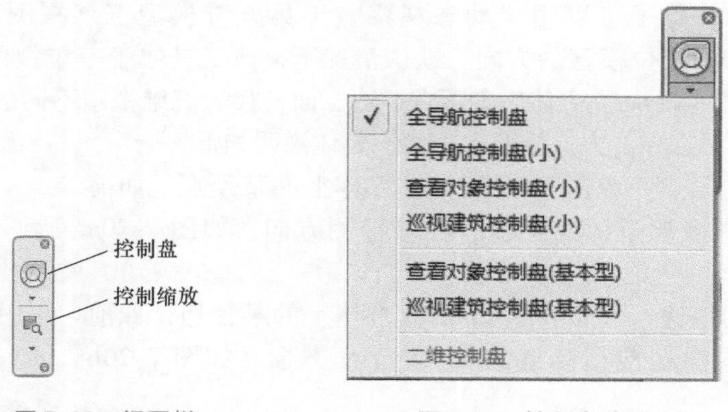

图7-15　视图栏　　　　图7-16　控制盘选项

（1）平移　移动鼠标到视图中的合适位置，然后用单击“平移”按钮并按住左键不放。此时，拖动鼠标即可平移视图。

（2）缩放　移动鼠标到视图中的合适位置，然后用单击“缩放”按钮并按住左键不放，系统将在模型的中心位置显示绿色轴心球体。此时，拖动鼠标即以绿球为轴心缩放视图。

（3）动态观察　单击“动态观察”按钮，并按住鼠标左键不放，系统将在模型的中心位置显示绿色轴心球体。此时，拖动鼠标即可围绕轴心点旋转模型。

（4）回放　利用该工具可以从导航历史记录中检索以前的视图，并能快速恢复到以前的视图，还可以滚动浏览所有保存的视图。单击“回放”按钮并按住鼠标左键不放，此时向左侧移动鼠标即可滚动浏览以前的导航历史记录，如图7-18所示。若要恢复到以前的视图，只要在该视图记录上松开鼠标左键即可。

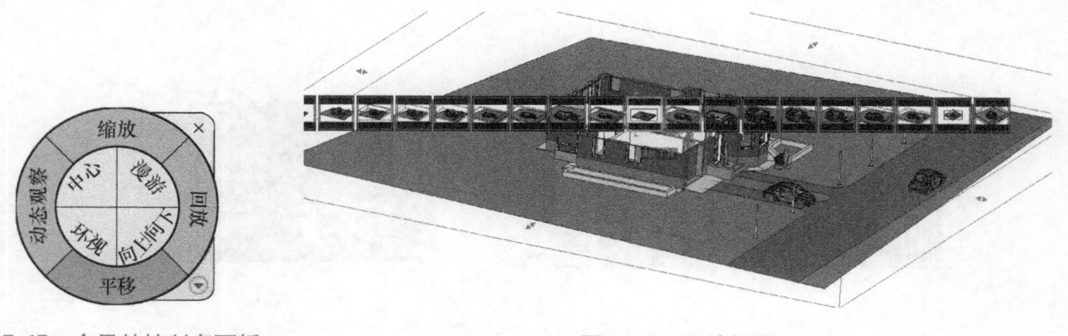

图7-17　全导航控制盘面板　　　　图7-18　回放视图

（5）中心　单击“中心”按钮并按住鼠标左键不放，光标将变成一个球体，此时拖动鼠标到某构件模型上松开鼠标放置球体，即可将该球体作为模型的中心位置。在视图的操作“缩放”和“动态观察”中，都将用到该中心位置。

（6）环视　利用该工具可以沿垂直和水平方向旋转当前视图，且旋转视图时，人的视线将围绕当前视点旋转。单击“环视”按钮并按住鼠标左键不放，此时拖动鼠标。模型将围绕当前视图的位置旋转。

说明：在平面图和立面图中控制盘为二维控制盘，只有缩放、平移、回放导航功能。其操作方法与全导航控制盘中的方法一样。

在三维视图中，除了可以用“动态观察”工具查看模型三维视图外，还可以使用ViewCube工具，快速定位模型的方向。默认情况下，该工具位于三维视图窗口的右上角，如图7-19所示。ViewCube立方体中各顶点、边、面，代表三维视图不同的视点方向，单击立方体的各部位，可以在各方向视图中切换，具体说明如下：

（1）立方体的顶点　单击ViewCube立方体上的某顶点，如前右上的顶点，可以将视图切换至模型的等轴测方向，如图7-20a所示。

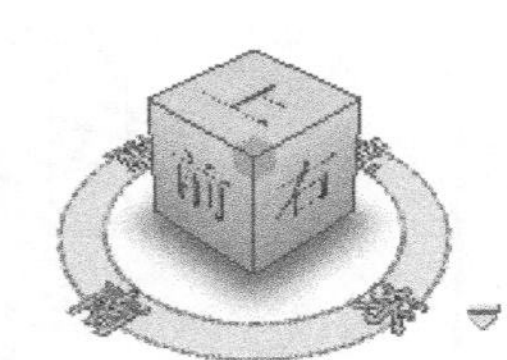

图7-19　ViewCube

（2）立方体的棱边　单击ViewCube立方体上的某棱边，如前右棱线，可以将视图切换至模型的45°侧立面方向，如图7-20b所示。

（3）立方体的面　单击ViewCube立方体上的某面，如前面，可以将视图切换至模型的正立面方向，如图7-20c所示。此时若要单击ViewCube右上角的逆时针或顺时针弧形箭头，即可按指定的方向旋转视图，若单击正方形外的4个小箭头，即可快速切换到其他立面、顶面或底面视图。

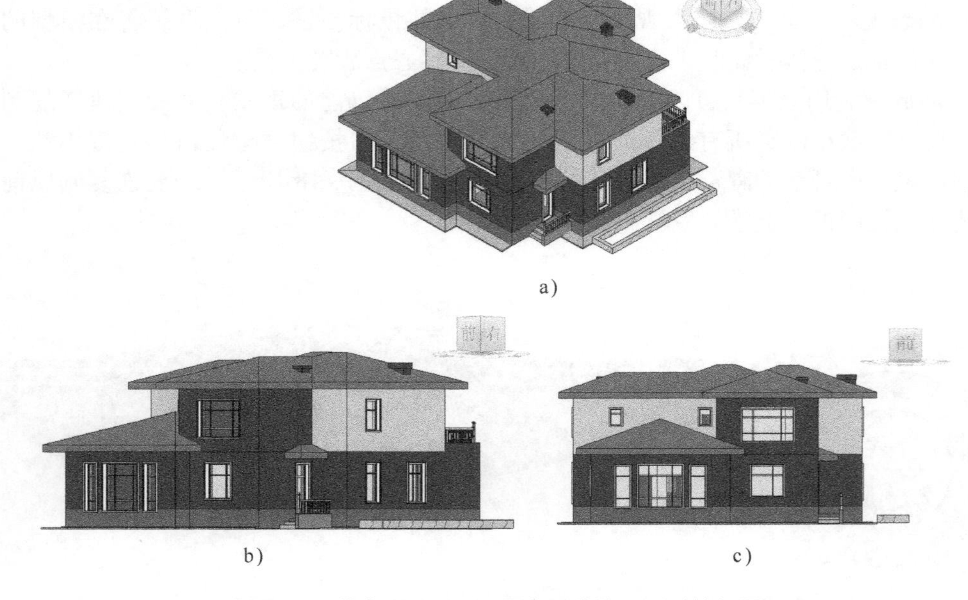

图7-20　单击ViewCube顶点、棱线、面时的视图
a）等轴测图　b）45°侧立面　c）某立面

（4）主视图　单击ViewCube左上角的小房子“主视图”按钮，可以将视图切换至主视图方向。用户也可以自行设置相应的主视图。

用户还可以通过 ViewCube 立方体下带方向文字的圆盘来控制视图的方向。单击相应的方向文字，如“南”，即可切换到南立面视图；单击拖拽圆盘，可以旋转模型。

7.1.6 视图控制栏

视图控制栏主要功能为控制当前视图显示样式，如图 7-21 所示。

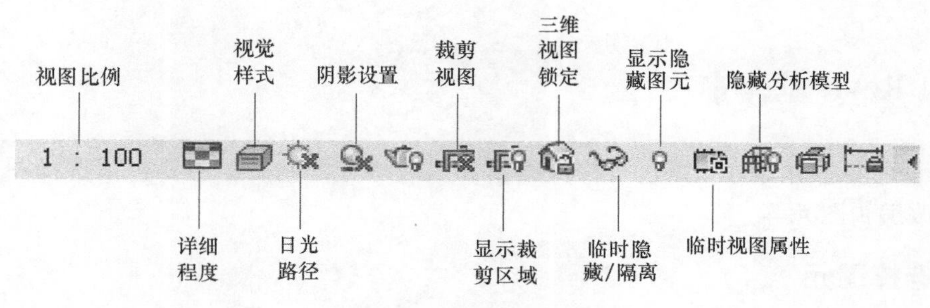

图 7-21 视图控制栏

1）视图比例：指定视图的不同比例。

2）详细程度：Revit 系统设置“粗略”“中等”“精细”三种详细程度，通过指定详细程度，可控制视图显示内容的详细级别。

3）视觉样式：Revit 提供了“线框”“隐藏线”“着色”“一致的颜色”“真实”“光线追踪”六种不同的视觉样式。显示效果越强，消耗的计算资源就越多。用户可以根据计算机的性能和所需的视觉表现形式来选择相应的视觉样式类型。

4）日光路径：开启日光路径将显示当前太阳位置，配合阴影设置可对项目进行日光研究。

5）阴影设置：通过日光路径和阴影的设置，可以对项目进行日光影响研究。

6）裁剪视图：开启视图裁剪功能，可以控制视图显示区域。

7）显示裁剪区域：主要控制该裁剪区域边界的可见性。

8）三维视图锁定：三维视图锁定功能只有在三维视图状态下才可使用，三维视图锁定后，三维视图只可以缩放大小，不能随意旋转改变方向。

9）临时隐藏/隔离：当建筑模型比较复杂，为了防止意外选择图元导致误操作，可以利用该工具进行图元的显示控制操作。如果选择“隐藏图元”选项，系统将在当前视图中隐藏所选择的构件图元；如果选择“隐藏类别”选项，系统将在当前视图中隐藏与所选构件属于同一类别的所有图元；如果选择“隔离图元”，系统将单独显示所列图元，并隐藏未选择的其他所有图元；如果选择“隔离类别”，系统将单独显示与所选图元属于同类别的所有图元，并隐藏未选择的其他所有类别图元。隐藏或隔离图元之后，再次单击“临时隐藏/隔离”按钮，选择“重设临时隐藏/隔离”选项，系统即可重新显示所有被临时隐藏的图元。

10）显示隐藏图元：开启该功能可以显示所有被隐藏图元，被隐藏图元用蓝色显示。

11）临时视图属性：开启临时视图模式，可以使用临时视图样板控制当前视图，在选择清除或“恢复视图属性”前，视图样式均为临时视图样板样式。

12）隐藏分析模型：通过隐藏分析模型可隐藏当前视图中的结构分析模型，不影响其他视图显示。

7.1.7 选项栏和状态栏

状态栏会提供有关要执行的操作的提示。高亮显示图元或构件时，状态栏会显示族和类型的名称。

选项栏位于功能区下方，根据当前工具或选定的图元显示条件工具，后续应用中会进行具体说明。

7.2 Revit 基本命令

Revit 的常见操作命令，是进行构件编辑和修改操作的基础，主要包括选择图元、过滤图元、修改编辑图元等。

7.2.1 选择图元

和 AutoCAD 类似，Revit 也提供单选、窗选、Tab 键选择等方式。

（1）单选 在图元上单击进行选择，这是最常见的图元选择方式。此外，当按住 Ctrl 键，且光标箭头右上角出现“+”符号时，即可连续单击向选择集中添加多个图元；当按住 Shift 键，且光标箭头右上角出现“-”符号时，即可连续单击从选择集中取消多个图元。

（2）窗选 窗选分为从左往右框选和从右往左框选。从左向右拖出的矩形框是实线框，此时只有完全被实线框包围的图元才能被选择；从右向左拖出的矩形框是虚线框，此时图元只要有一部分在虚线框内就能被选择。

（3）Tab 键选择 将光标移至某区域，如果区域中出现重叠的图元，连续按下 Tab 键，系统即可在多个图元之间循环切换以供选择。另外，移动鼠标到墙的位置，按下 Tab 键选择某墙时，所有与该墙首尾相连的墙都会被选择。

7.2.2 过滤图元

选择多个图元之后，特别容易将一些不需要的图元选中，此时，Revit 提供过滤器工具供用户选择出自己需要的图元。

1. 功能

将选择的多个图元按照类别过滤。

2. 执行方式

- 功能区：【修改 | 选择多个】\【选择】\

选择多个图元后，输入上述命令，系统将打开“过滤器”对话框如图 7-22 所示，该对话框中显示了当前选择的图元类别及数量，用户可以通过勾选对号来过滤选择集里面已选择的图元。

7.2.3 修改编辑图元

选中图元之后，系统触发的上下文选项卡中，包含如图 7-23 所示的修改功能区面板，该功能区提供常见的修改编辑工具对选择的图元进行对齐、移动、复制、镜像、旋转等操作如表 7-1 所示。Revit 的修改编辑命令与 AutoCAD 类似，这里不再赘述。如果想详细了解某

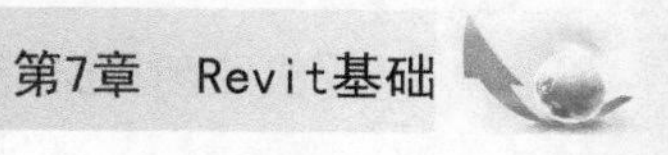

一命令的操作，可以移动鼠标至对应的工具图标上，并长时间停留，系统将以动画的形式演示该命令的操作方式。

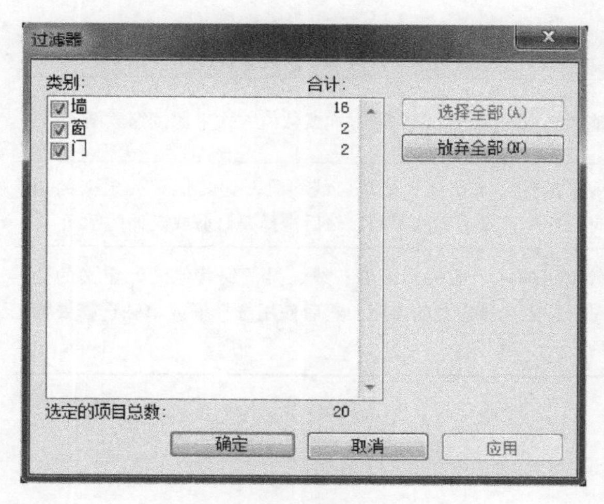

图 7-22 “过滤器”对话框

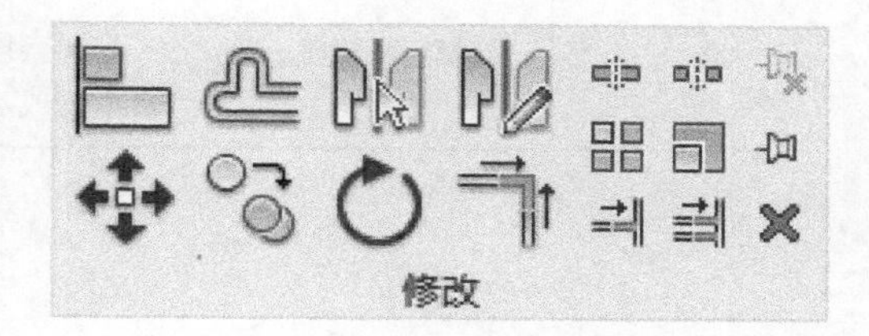

图 7-23 修改功能区面板

表 7-1 各修改编辑命令

图　　标	名　　称	作　　用
	对齐	可以将一个图元或者多个图元与选定的图元对齐
	偏移	将选定的图元（例如线、墙或梁）在与其平行的方向上复制或移动一段指定距离
	镜像—拾取轴	可以使用现有线或边作为镜像轴，来反转选定图元的位置
	镜像—绘制轴	绘制一条临时线作为镜像轴，来反转选定图元的位置
	移动	将选定图元精确移动到当前视图中指定的位置
	复制	用于复制选定图元并将它们放置在当前视图中指定的位置
	旋转	可以绕轴旋转选定图元
	修剪延伸为角	修剪或延伸图元，例如墙或者梁，以形成一个角。选择要修剪的图元时，请单击要保留的图元部分
	拆分图元	在选定点剪切图元，例如墙或线，或删除两点之间的线段
	用间隙拆分	将墙拆分成之间已定义间隙的两面单独的墙

（续）

图　标	名　称	作　用
	阵列	可以创建选定图元的线性阵列或半径阵列
	缩放	可以调整选定项的大小，以图形方式或数值方式来比例缩放图元
	修剪延伸单个图元	可以修剪或延伸一个图元，如墙、线、梁，到其他图元定义的边界。操作时，首先选择边界的参照，然后选择要修剪或延伸的图元
	修剪延伸多个图元	可以修剪或延伸多个图元，如墙、线、梁，到其他图元定义的边界。操作时，首先选择边界的参照，然后使用选择框或单独选择要修剪或延伸的图元

第 8 章　建筑三维建模

■8.1　标高与轴网

标高与轴网是一幢房屋平面图、立面图、剖面图定位的重要基准，标高显示建筑物垂直高度的尺寸及定位信息，轴网显示建筑物某一给定高度水平面的尺寸及定位信息。标高、轴网、参照平面称为 Revit 中的基准图元。

在应用 Revit 软件建立房屋三维模型的第一步应建立项目的标高、轴网。这个顺序可以完整地显示楼层平面。

8.1.1　标高的创建

标高的创建

1. 功能

使用“标高”工具，可定义垂直高度或建筑内的楼层标高。

2. 执行方式

- 功能区：【建筑】\【基准】\ 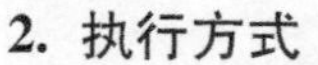
- 快捷方式：LL

选择任一立面，输入命令可进入标高绘制界面。功能区显示标高修改选项卡，用户可以创建标高。

（1）直接绘制标高

1）展开如图 8-1 所示项目浏览器下的“立面”分支或创建过的剖面视图，选择任一视图双击进入，绘图区域可见 Revit 样板默认提供建筑物的相对标高零点“标高 1”，以及 4 米高位置的标高“标高 2”，如图 8-2 所示。

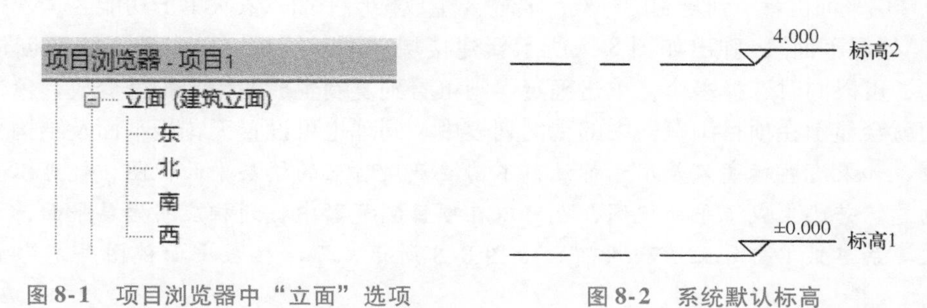

图 8-1　项目浏览器中“立面”选项　　　　图 8-2　系统默认标高

2）在功能区中，点击绘制标高图标可直接绘制标高；也可以选择拾取线图标，根据现有的墙体，线或边生成标高。

3）当选定绘制标高后，光标移至已有标高线端点处会出现一临时尺寸，默认单位为毫米，选定尺寸或输入尺寸数字，单击鼠标左键并移动到另一端后再次单击鼠标即可生成新的标高，点选标高尺寸进行修改，如图 8-3 所示。

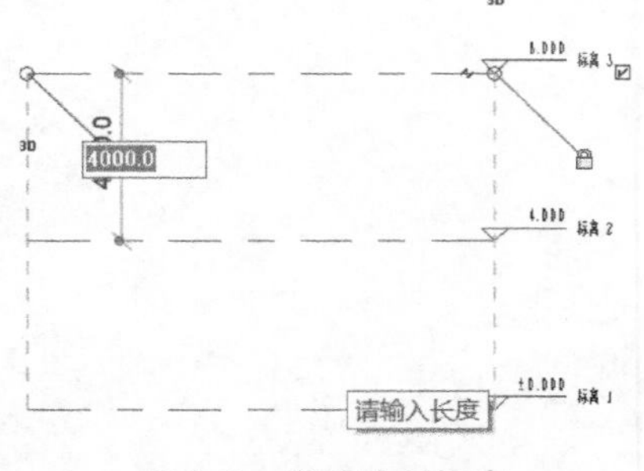

图 8-3　直接绘制标高

在如图 8-4 所示的选项栏中勾选创建平面视图可同时创建一平面，如单击“平面视图类型”按钮，弹出如图 8-5 所示“平面视图类型”对话框，可根据实际情况选择创建的平面视图类型，也可全部选择。

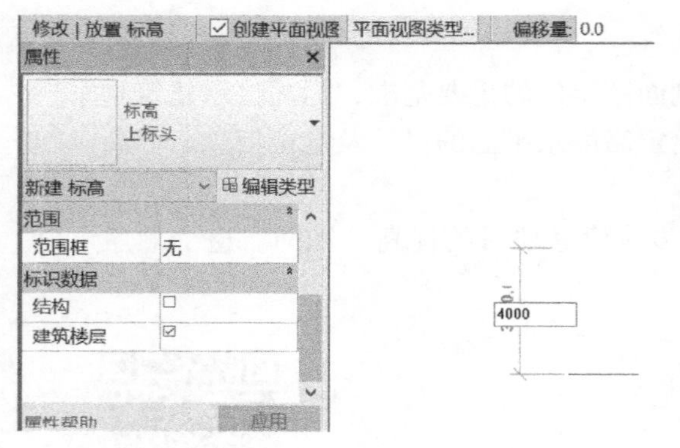

图 8-4　创建平面视图

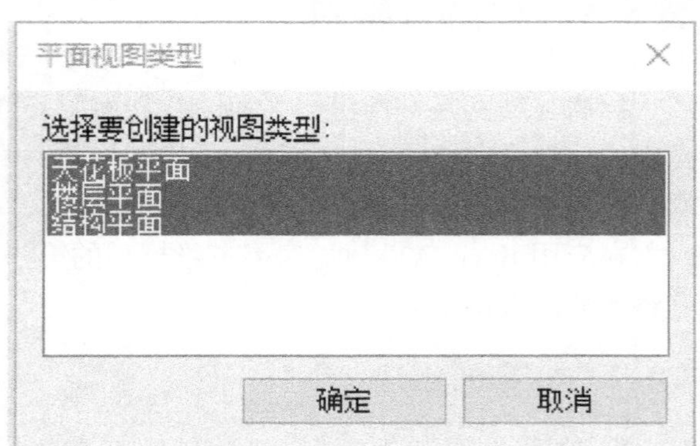

图 8-5　“平面视图类型”对话框

说明：偏移量是指可以对绘制的标高设计偏移量。如果偏移量为正则所绘制标高在输入尺寸基础上向上偏移，反之负数表示向下偏移。由于绘制标高的同时已经进行了赋值，因此该偏移量一般默认设置为 0。

（2）复制标高　Revit 中也可以采用复制命令实现标高创建。选中所要复制的标高，单击复制按钮，沿复制方向移动鼠标，根据临时尺寸找到位置，或者直接键入尺寸数字，即可生成新标高，如在选项栏中单击“多个”则可连续复制标高，如图 8-6 所示。选项栏中如果单击“约束”则只能在垂直和水平位置复制标高。

通过复制方法创建的标高不能直接生成楼层平面，复制得到的标高其符号为黑色，在项目选项卡里楼层平面也看不到复制的标高。若需要生成楼层平面，依次单击功能区“视图\创建\平面视图\楼层平面”，弹出如图 8-7 所示新建楼层平面对话框，单击选择需要创建平面视图的标高，可以同时选择多个，单击确定，则可看到复制生成的标高符号变成蓝色，相应的楼层平面就会显示在项目浏览器中的视图列表中。同理也可设置天花板平面及结构平面。

说明：如果有些标高只是用于标注，不需要产生对应的楼层平面视图，就可以直接用复制方式创建。若已生成了平面视图，也可以在项目浏览器中找到相应的楼层平面，右击，在弹出的快捷菜单里单击“删除”即可，如图 8-8 所示，删除楼层平面视图并不影响所绘制的标高。

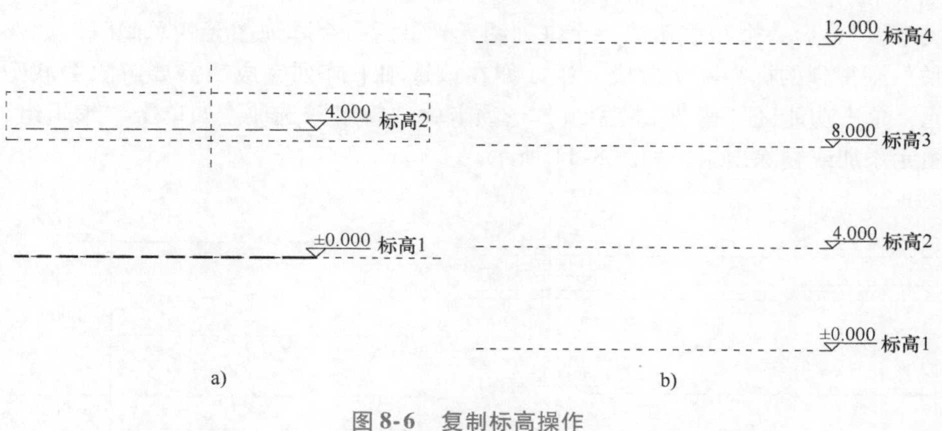

图 8-6　复制标高操作

a）复制前　b）复制后

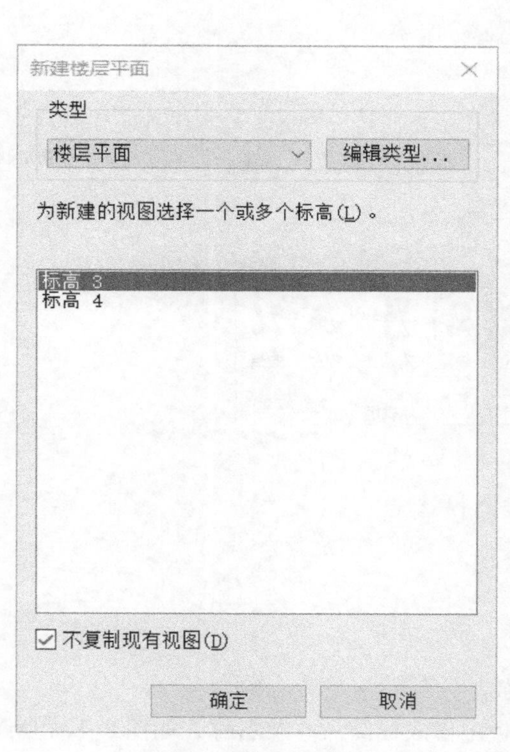

图 8-7　增加平面视图

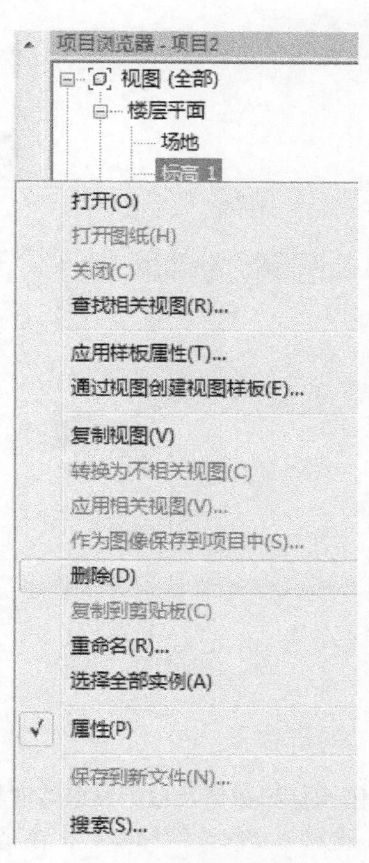

图 8-8　删除平面视图

（3）阵列标高　Revit 中也可通过阵列的方式来实现标高的创建。选择需要阵列的标高，依次单击功能区“修改 | 放置标高\阵列”执行阵列操作。单击所要阵列的标高图元，拖动鼠标，在出现临时尺寸时输入尺寸数值后随即提示输入阵列项目数，可在此输入阵列标高的数量，完成操作，如图 8-9a、b 所示。

阵列选项栏如图 8-10 所示，项目数包含原始阵列图元，“第二个”表示每个图元之间

的间隔尺寸，“最后一个”表示第一个阵列图元到最后一个阵列图元的总间隔。如选择“成组并关联”则得到的标高默认形成一组，如在该选项下阵列完成后需要解除关联则可选中标高图元，单击功能区“修改|模型组”选项卡中“解组”选项。如单击“编辑组”，则可将某一图元添加或删除出组，如图8-11所示。

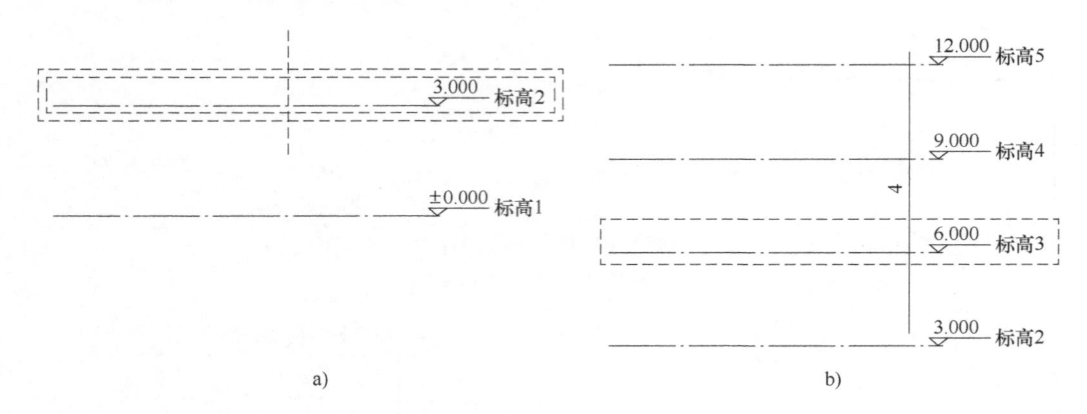

图8-9　线性阵列标高

a）阵列前　b）阵列后

修改|标高　☑成组并关联　项目数：4　移动到：◉第二个　○最后一个　☐约束　激活尺寸标注

图8-10　线性阵列标高状态栏

图8-11　修改|模型组

a）“成组”面板　b）“编辑组”工具

8.1.2　编辑标高

1. 修改标高数值及根据要求修改楼层名称。

1）选定需要修改的标高后，在属性选项板中修改标高尺寸及名称，如图8-12a所示。

2）或者单击需要修改的尺寸或名称直接修改，如图8-12b所示。在修改名称时弹出“是否希望重命名相应视图”单击“yes”即可同时将相应的视图进行重新命名。

2. 调整标记及标头位置。

1）单击某一条标高，没有标头的一端出现小方框，勾选该方框可在此端显示标高及名称，如图8-13a所示。单击某一标高标头出现对齐虚线，可同时拖动标高标头位置，若只想拖动某一条标高线上的长度，可单击长度对齐控制锁头标记解锁至状态，然后再进行拖

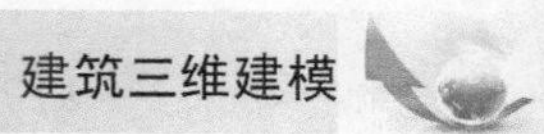

拽即可，如图 8-13b 所示。

2）若两标高距离过近导致名称出现干涉，可以单击标头附近以及拖动节点调整至合适位置，如图 8-14 所示。

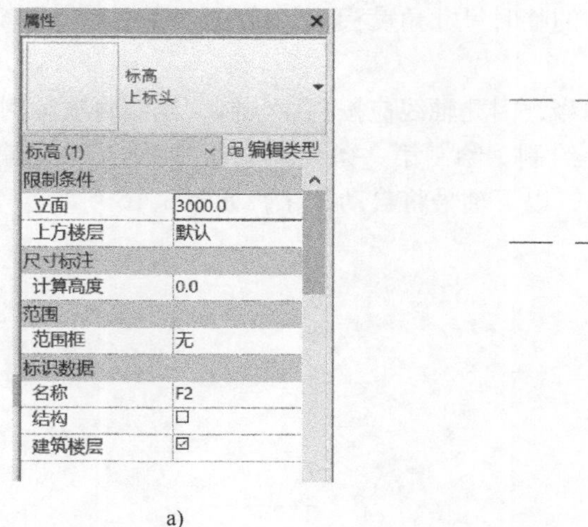

a)

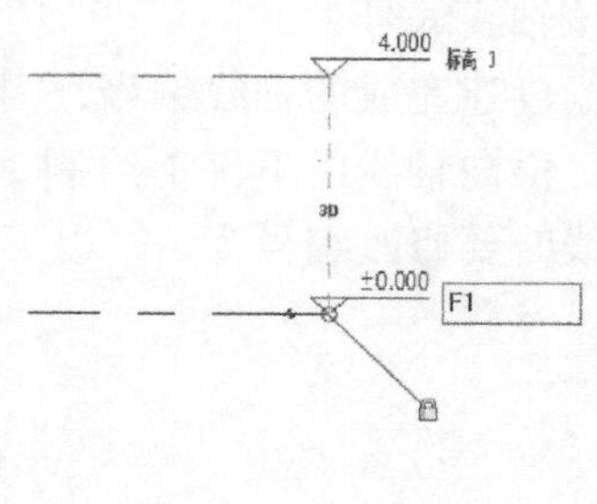

b)

图 8-12　修改标高属性

a）在属性选项板中修改　b）直接修改

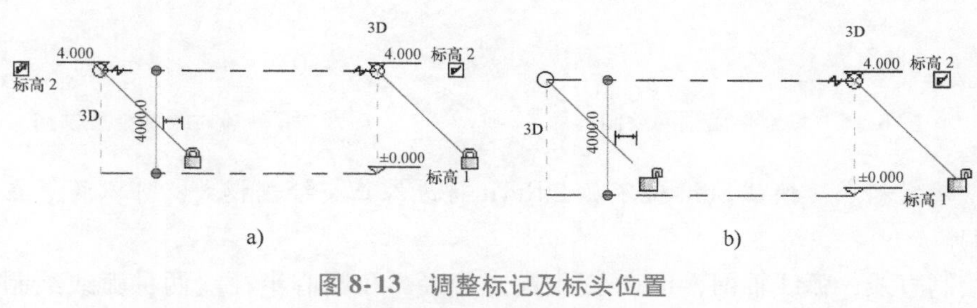

a)　　b)

图 8-13　调整标记及标头位置

a）增加标记　b）拖动标头位置

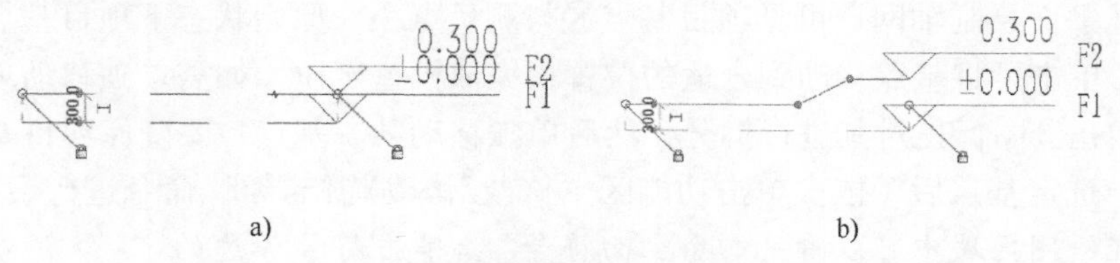

a)　　b)

图 8-14　调整干涉标高

a）标高干涉　b）调整后

8.1.3　轴网的创建

轴网的创建

1. 功能

使用“轴网”工具，可以在建筑设计中放置轴网线。

2. 执行方式

- 功能区：【建筑】\【基准】\

- 快捷方式：GR

选择平面视图后，输入命令即可进入轴网创建界面，如图 8-15 所示场地平面轴网绘制界面中，在空白处单击，作为轴线起点，移动鼠标指针，Revit 将在指针位置与起点之间显示轴线预览，并给出当前轴线方向的临时尺寸角度标注，单击鼠标左键完成第一条轴线的绘制，并自动为该轴线编号为 1。

系统自动为创建完成的轴线编号，因此轴线应按顺序绘制。绘制直线轴网时，纵向轴线由左至右绘制，横向轴线由下至上绘制。绘制第一条纵向轴线时 Revit 自动编号为 1，绘制第一条横向轴线时要修改编号为 A，以下轴号将自动排序，如图 8-16 所示。

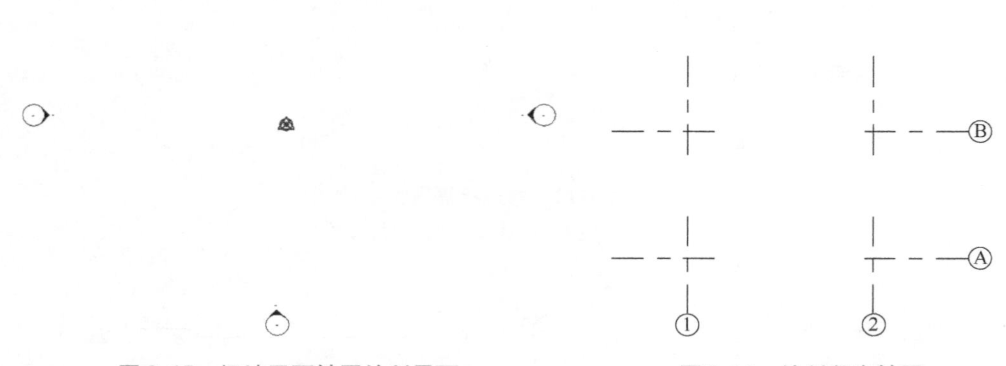

图 8-15　场地平面轴网绘制界面　　　图 8-16　绘制竖直轴网

说明：确定起点后按住 Shift 键不放，Revit 将进入正交绘制模式，可以约束在水平或垂直方向绘制。

可以绘制直线，弧线轴网，Revit 提供端点半径和圆心半径两种弧线绘制模式。也可以选择参照模型线或墙体，采用拾取线或墙来创建轴网。

如在场地平面绘制轴网，可见项目基点⊗与测量点△。原始状态下项目基点与测量点在同一位置。单击可将基点移动到合适的位置，完成模型定位。如需单独移动项目基点或测量基点，可单击图标先对其进行拆分，然后单独移动某一基点。要确保项目基点不会在无意中被移动，选定基点后，依次单击功能区“修改\修改\锁定”命令进行锁定。

说明：在绘图区域中可以看见四个立面符号，单击符号旁边的“-”符号则显示出一条剖切线。轴网应绘制在这四个立面符号的剖切线之间，否则无法显示完整的立面视图。单击立面符号，出现移动标记时可移动立面调整建模区域。

8.1.4　轴网的编辑

选择要编辑的轴线，单击属性选项板“编辑类型”按钮，弹出“类型属性”对话框，如图 8-17 所示。在对话框中可对轴线类型属性进行修改，此更改将应用于项目中的所有实例。

说明：在类型属性对话框中，轴线中段若选择连续可使轴线连续显示，点选平面视图轴号端点 1（默认）可使轴线两端均显示轴号。

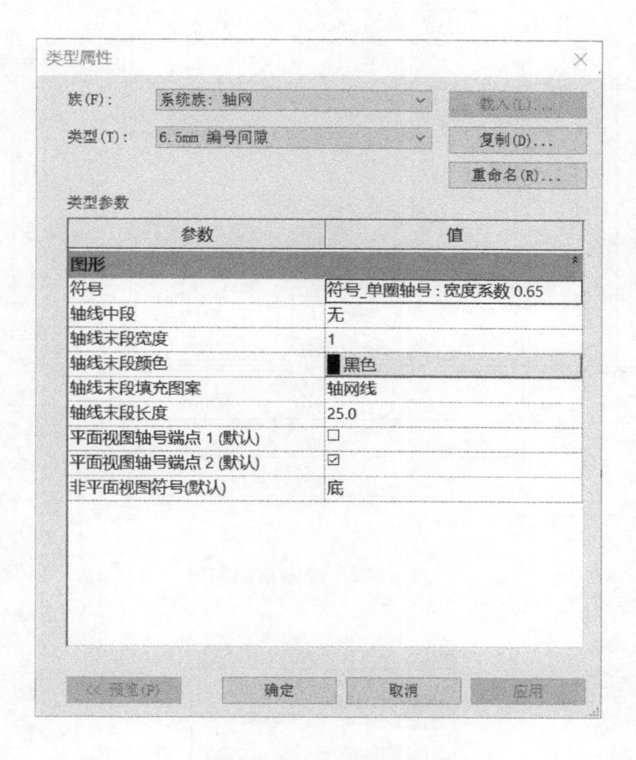

图 8-17　轴网编辑

8.2　墙的创建

8.2.1　墙体的创建

墙体的创建

1. 功能

创建建筑墙体实例。

2. 执行方式

- 功能区：【建筑】\【构建】\【墙】\墙：建筑
- 快捷方式：WA

选定标高平面，输入命令后，功能区显示墙选项卡，在属性选项板确定“墙体类型”，“底部约束条件”，“顶部约束条件”等属性参数，然后创建墙体。

【例 8-1】　绘制如图 8-18 所示房屋平面图墙体，墙体高度 3000mm。

墙体创建例题

步骤 1：建立标高 1，标高 2，分别为 0 及 3000mm，并在标高 1 平面绘制轴网。

步骤 2：输入命令，按图 8-19a 选择墙体类型并设置墙体属性参数。

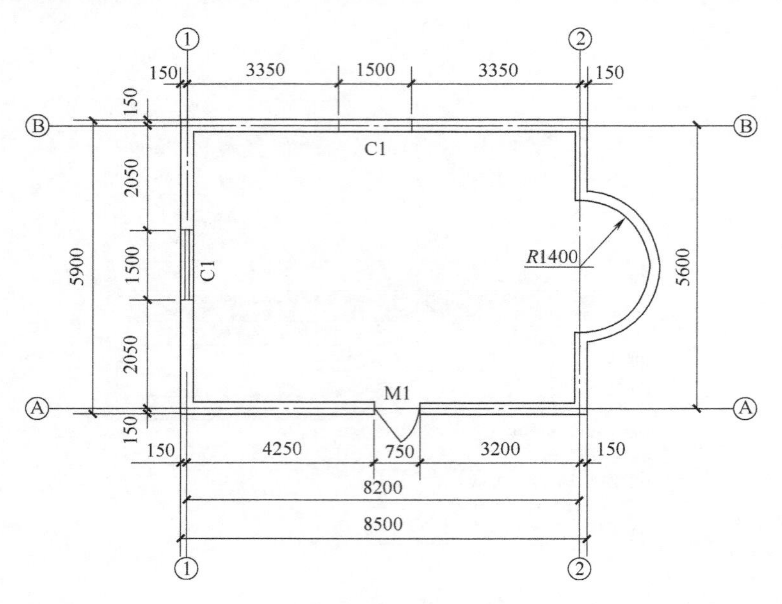

图 8-18　房屋平面图

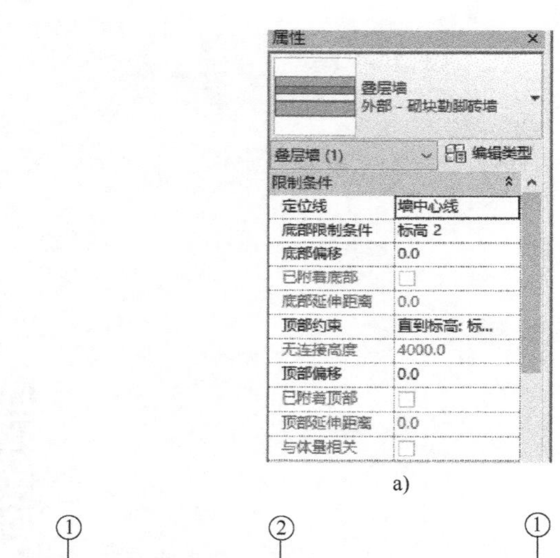

a)

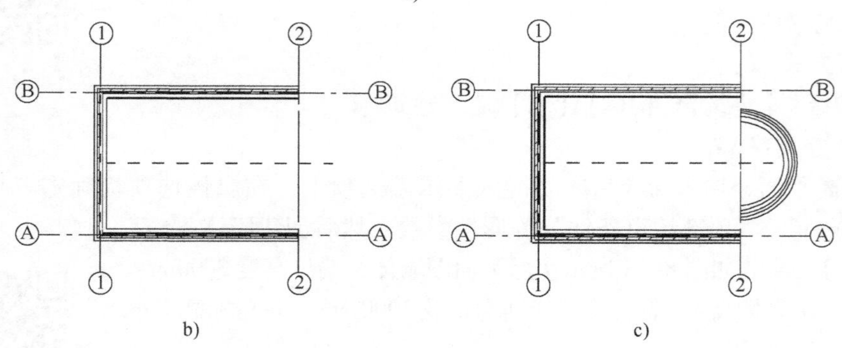

b)　　c)

图 8-19　绘制墙体

a）设置墙体参数　b）绘制直墙　c）绘制圆弧墙体

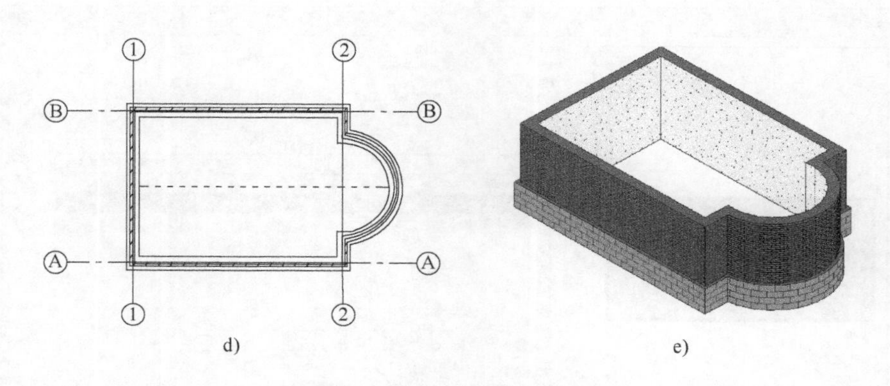

图 8-19　绘制墙体（续）

d）墙体连接　e）墙体三维效果

步骤 3：依次单击功能区“修改｜放置墙\绘图\ ”；轴网上捕捉轴网交点顺时针方向绘制直墙，如图 8-19b 所示。

步骤 4：依次单击功能区“建筑\工作平面\参照平面 ”确定圆弧墙圆心，单击功能区“修改｜放置墙\绘图\弧 ”，捕捉圆心，设置半径，绘制圆弧墙。如图 8-19c 所示。

步骤 5：绘制剩余直墙体，如墙体连接不光滑，可依次单击功能区“修改｜放置墙\修改\ ”进行墙体修剪。完成墙体绘制，如图 8-19d 所示。

步骤 6：在平面视图中结束绘制墙体，可在项目浏览器中单击“三维视图\三维”中查看三维效果，如图 8-19e 所示。

墙体也可在平面视图及三维视图中创建，一般情况下，墙体应根据绘制好的标高轴网绘制，可捕捉选取轴网上的两点创建墙体。

在 Revit 中墙体实例具有内墙面和外墙面的区别，Revit 默认外墙面在绘制方向的左侧。

说明：选项栏中定位线选项用于调整墙体定位基准；如果偏移量为正值，表示墙体定位基准向外墙面方向偏移。

8.2.2　墙体的编辑

墙体的编辑

如采用样板文件中没有的墙体结构，可根据实际结构自行定义。单击属性选项板上“编辑类型”按钮，在弹出对话框中单击“构造”对应的“编辑”按钮，弹出“编辑部件”对话框，如图 8-20 所示。编辑墙体构造层材料及厚度，可利用“向上”“向下”按钮调整位置关系。

如需要特殊轮廓的墙体，可以选择编辑轮廓。在立面视图，三维视图或剖面视图中选择需要编辑的墙体，依次单击“修改｜墙\编辑轮廓”，选择绘制工具根据实际墙体轮廓结构进行编辑，如图 8-21a 所示。单击确定“✔”完成编辑，三维视图如图 8-21b 所示。

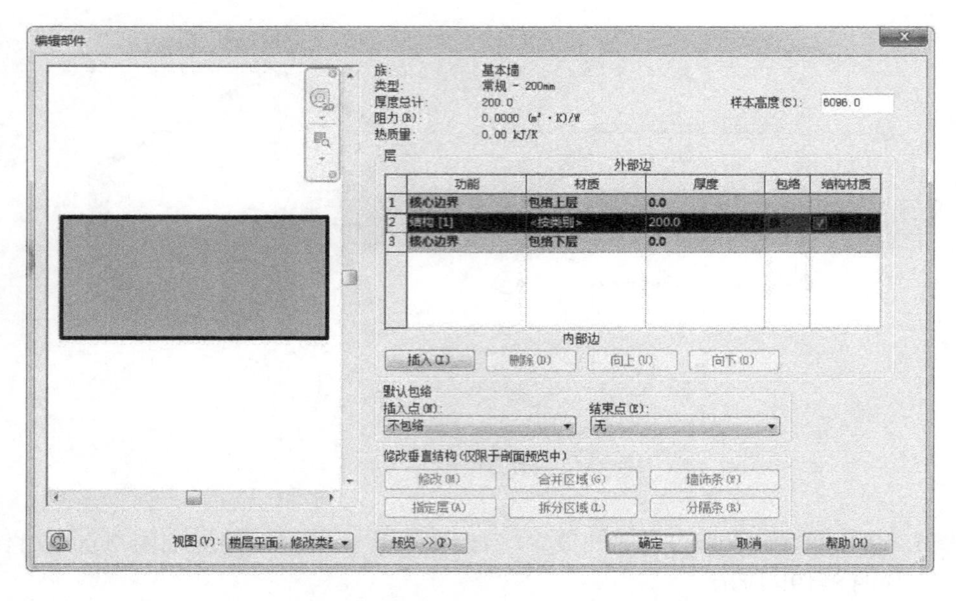

图 8-20 “编辑部件”对话框自定义墙体

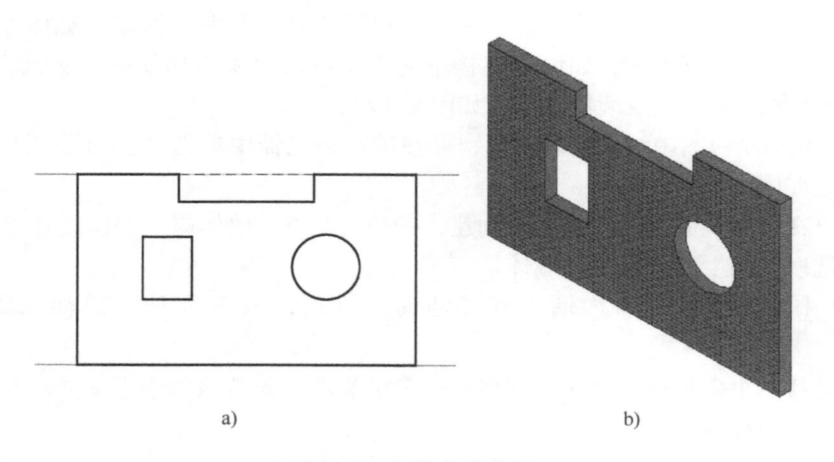

图 8-21 墙体轮廓编辑

a）编辑轮廓 b）完成编辑

■ 8.3 门、窗的插入

8.3.1 门的插入

门的插入及编辑

1. 功能

使用“门”工具在墙中放置门。门是基于主体的构件，可以在平面、剖面、立面或三维视图中添加到任何类型的墙内。

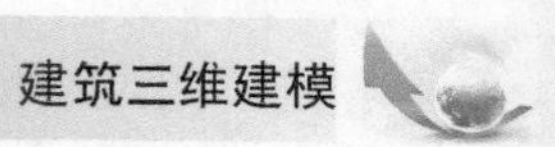

2. 命令格式

- 功能区：【建筑】\【构建】\
- 快捷方式：DR

打开一个平面，输入命令，功能区出现“修改 | 放置门”选项卡，首先在门属性管理器中设置门的类型与参数，移动鼠标将门插入合适位置即可。

【例 8-2】　完成图 8-18 中门的插入。

步骤 1：选择标高 1 楼层平面，输入插入门命令。

步骤 2：在属性选项板中设置门的形式及参数，如图 8-22a 所示。

步骤 3：移动鼠标指定门放置位置，确定位置后，洞口将自动剪切进墙以容纳门，如图 8-22b所示；同时在状态栏中如选择“在放置时进行标记”，则会对门进行标记，也可以不对门进行标记。如图 8-22b 所示。

步骤 4：如需调整门位置，可以单击门图元在尺寸信息中修改。完成门插入，进入三维视图看效果，如图 8-22c 所示。

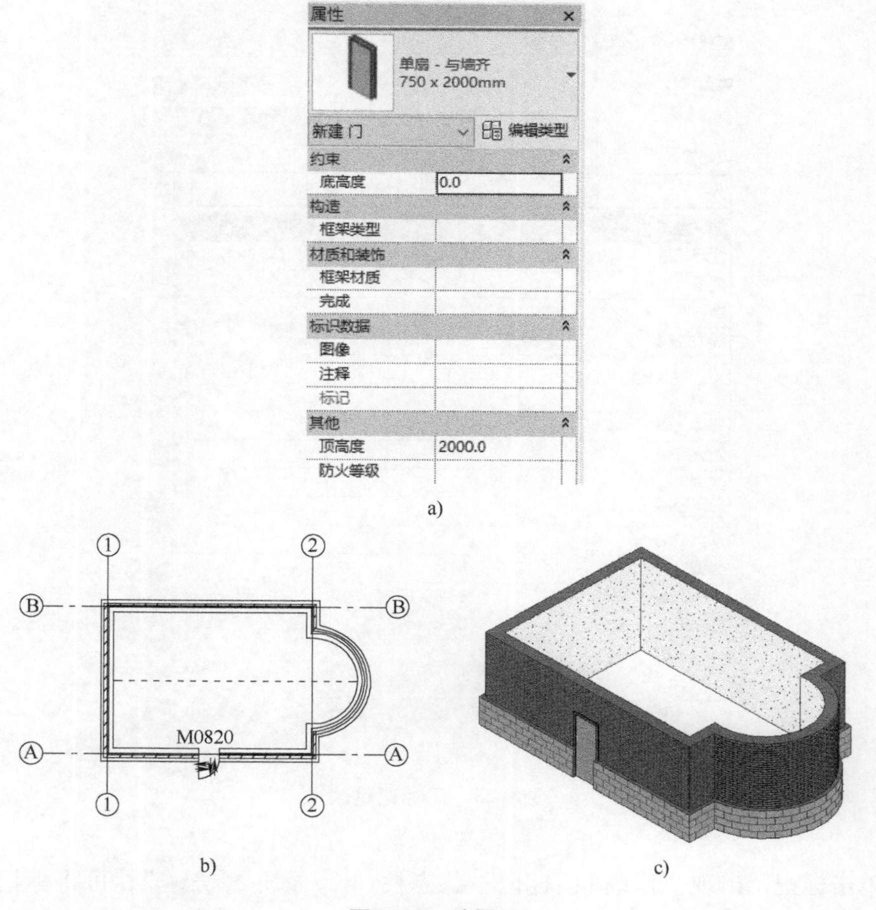

图 8-22　放置门

a）设置门参数　b）放置门　c）门三维效果

说明：一般情况下，在平面图中插入门比较方便控制门图元的水平方向位置。选择需要编辑的门图元，出现翻转控制柄，单击翻转控制柄中的横向箭头可以更改门的门轴位置；单击翻转控制柄中的竖向箭头可更改门的打开方向。在平面视图中选择门图元，右击，在快捷菜单中可选择相应操作，单击“翻转开门方向（H）”操作可更改门轴位置；单击“翻转面（F）”操作可更改门的打开方向。

8.3.2 门的编辑

1. 更改门的标记

在放置门时的标记为 Revit 提供的默认标记，若想更改为其他标记则在属性通过“门属性\编辑类型\类型属性\类型参数\类型标记”进行更改，例如将放置门时标记变为“M1”，如图 8-23 所示。

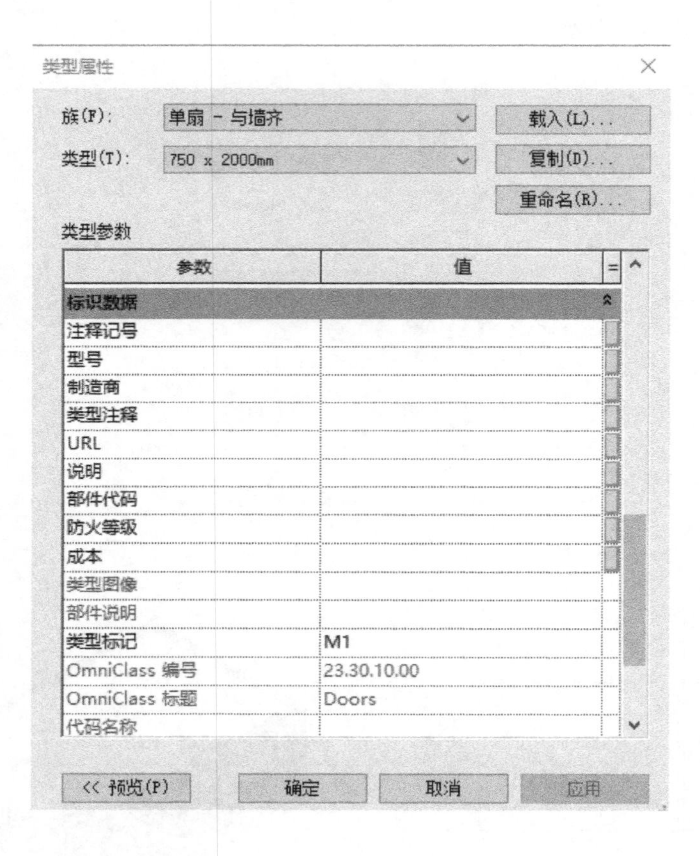

图 8-23　门标记更改

鼠标单击标记，出现“修改|门标记”状态栏“水平”，可将标记符号调节为水平，垂直两种位置，也可单击标记旁控制句柄移动“”标记位置。

2. 添加门类型

若所需的门类型与 Revit 已有的门类型结构相似，只是尺寸不同，可在“门属性\编辑类型\类型属性”中单击“复制”按钮，弹出名称对话框，对新门的类型进行命名，如图 8-24a 所示。单击确定后弹出类型属性对话框进行类型属性编辑，可更改材质，尺寸等参数，设置后单击“确定”按钮即可实现新门类型设定，如图 8-24b 所示。

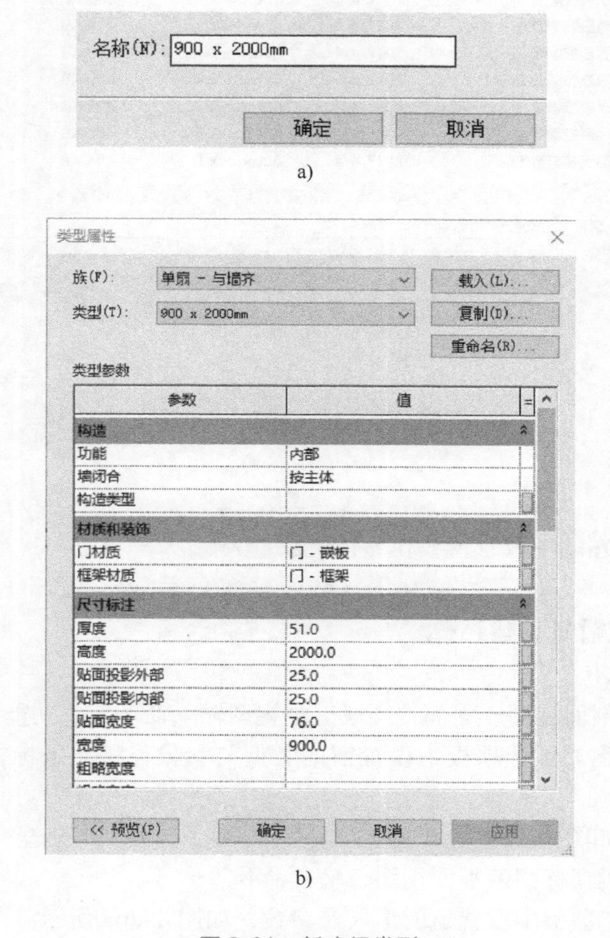

图 8-24　新建门类型

a）复制门　b）编辑新门类型属性

若样板中没有与所需门类型相似或相同的类型族，可以载入门族。单击选项卡“插入\载入族”命令，或在“门属性\编辑类型\类型属性”中单击“载入”按钮均可实现。选择门载入后弹出载入族对话框，在相应文件夹中选择所需要的门即可，例如模型中需要双扇平开门，则可依次单击“China\建筑\门\普通门\平开门\双扇”，再选择具体门类型，如图 8-25 所示。

图 8-25　载入门族

8.3.3　窗的插入

窗的插入

1. 功能

使用“窗”工具在墙中放置窗或在屋顶上放置天窗。

2. 执行方式

- 功能区：【建筑】\【构建】\
- 快捷方式：WN

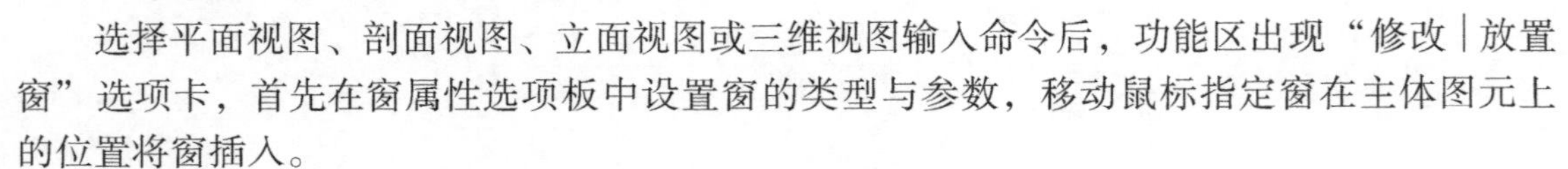

选择平面视图、剖面视图、立面视图或三维视图输入命令后，功能区出现“修改 | 放置窗”选项卡，首先在窗属性选项板中设置窗的类型与参数，移动鼠标指定窗在主体图元上的位置将窗插入。

【例 8-3】　绘制如图 8-18 所示的窗。

步骤 1：选择窗所在标高的平面视图，输入命令。

步骤 2：在属性选项板中设置窗的形式及参数，如图 8-26a 所示。

步骤 3：移动鼠标指定窗放置位置，洞口将自动剪切进墙以容纳窗；在状态栏中如选择“在放置时进行标记”，则会对窗进行标记，如图 8-26b 所示。

步骤 4：若需调整窗的位置尺寸，可单击窗在尺寸信息中修改。完成窗插入，进入三维视图看效果，如图 8-26c 所示。

窗是基于主体的构件，可以添加到任何类型的墙内（对于天窗，可以添加到内建屋顶）。在“窗”选项卡中可选择“在放置时进行标记”，也可以稍后再选择逐个附着或一次全部附着。

说明：选择需要编辑的窗图元，出现翻转控制柄⇅，单击横向箭头可以更改窗的方向。

单击鼠标右键，在快捷菜单中可选择翻转面操作。单击窗标记可在修改窗标记选项栏中修改垂直或水平标记，也可选择引线。

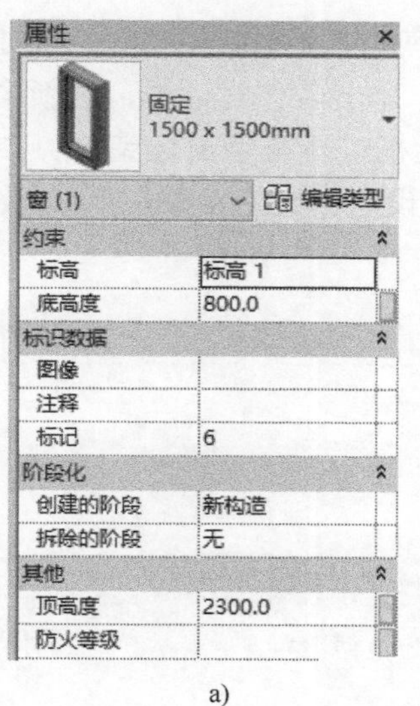

a)

b)

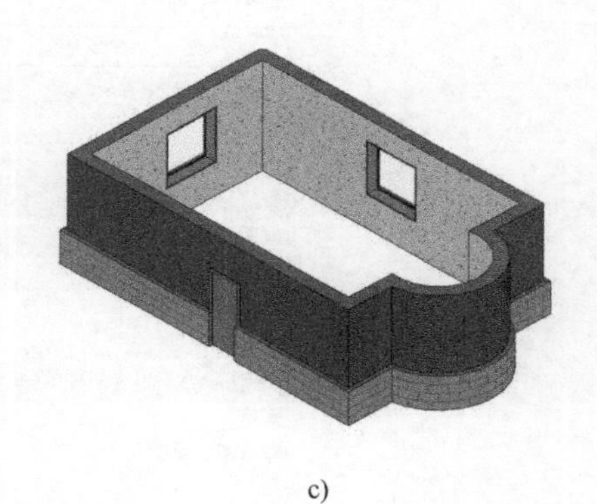

c)

图 8-26　插入窗

a）设置窗参数　b）插入窗　c）窗三维效果

8.3.4　窗的编辑

1. 更改窗的标记

在放置窗时的标记为 Revit 提供的默认标记，若想更改为其他标记则在属性选项卡依次单击“窗属性\编辑类型\类型属性\类型参数\类型标记”命令进行更改，标记结果如 8-27 所示。

鼠标单击标记，出现“修改｜窗标记”状态栏“ 水平 ”，可将标记符号调节为水平、垂直两种位置，也可单击标

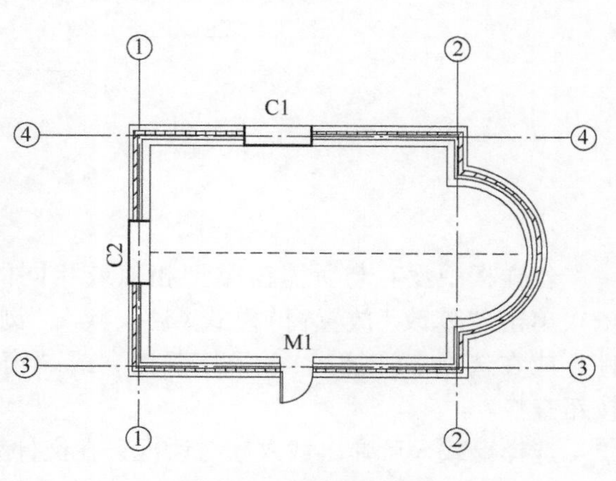

图 8-27　窗标记更改

记旁的控制句柄✥移动标记位置。

2. 更改窗类型属性

若所需的窗类型与 Revit 已有的窗类型结构相似，尺寸不同，可在“窗属性\编辑类型\类型属性”单击“复制”按钮，弹出名称对话框，对新窗进行命名，如图 8-28a 所示。单击“确定”后弹出类型属性对话框进行类型属性编辑，如更改材质，尺寸等参数，设置后单击确定按钮即可实现新窗类型设定，如图 8-28b 所示。

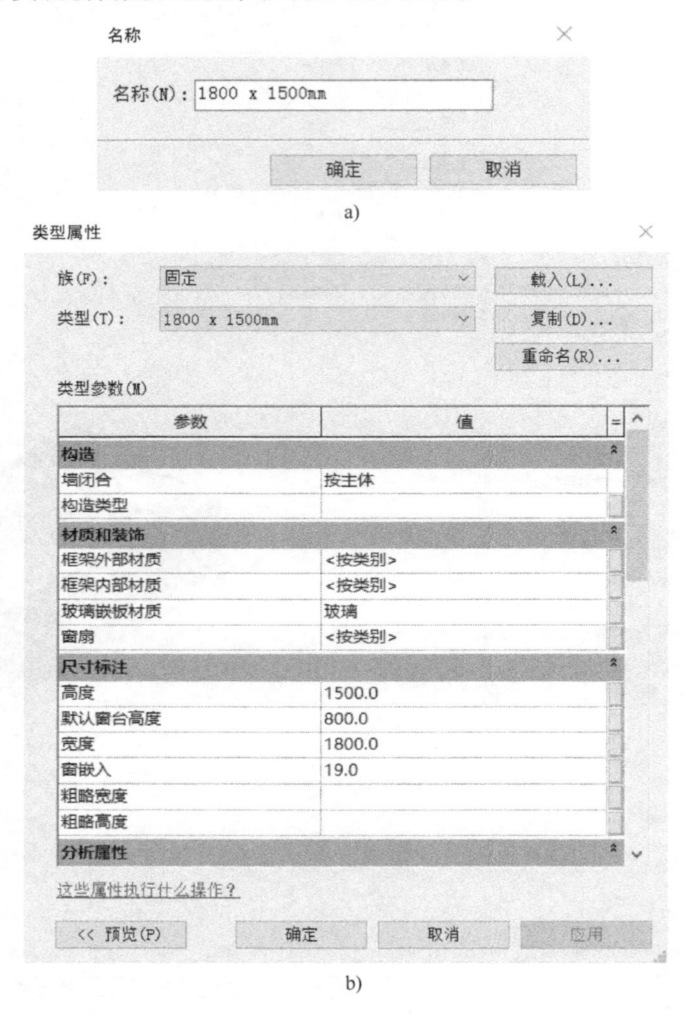

图 8-28　新建窗

a）复制窗　b）编辑新窗类型属性

若样板中没有与所需窗类型相似或相同的类型族，需要从库载入其他类型的窗，可依次单击“修改 | 放置窗\模式\载入族”，浏览到“窗”文件夹，然后打开所需的族文件；或在选项卡“插入\载入族”中，或“窗属性\编辑类型\类型属性”中单击“载入”按钮查找。

选择窗载入后弹出载入族对话框，在文件夹中依次查找，例如模型中需要立转窗，则可依次单击“China\建筑\窗\普通窗\立转窗”，如图 8-29 所示。

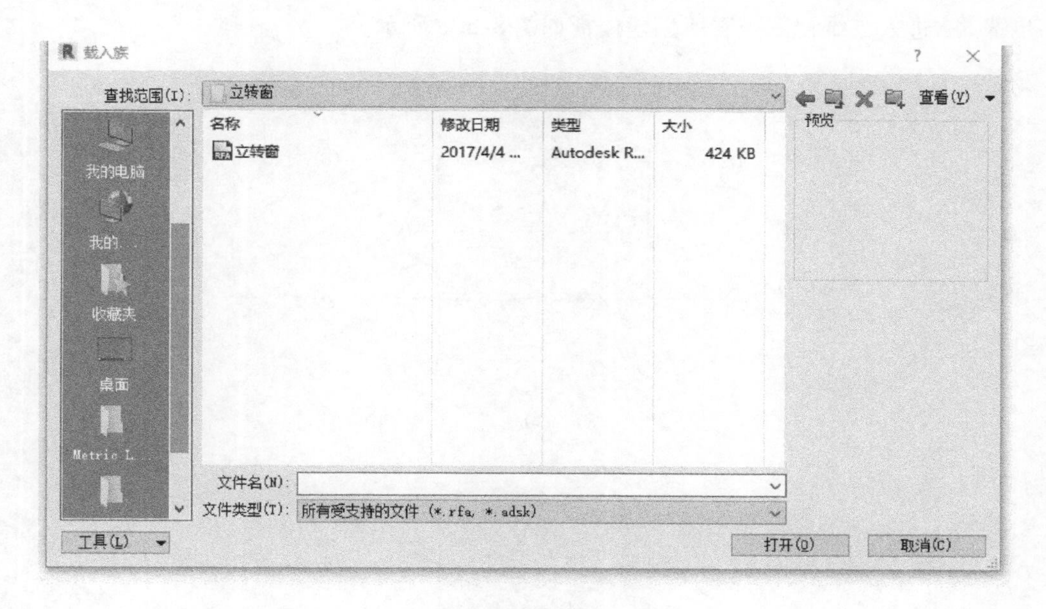

图 8-29　载入窗族

说明：插入门窗时输入“SM”，自动捕捉到中点插入。插入门窗时在墙内外移动鼠标可改变内外开启方向，按空格键改变左右开启方向。

■ 8.4　楼板

楼板的创建

8.4.1　楼板的创建

1. 功能

使用“楼板”工具创建标高、坡度或多层楼板，可通过拾取墙或使用绘制工具定义楼板的边界来创建楼板。

2. 执行方式

- 功能区：【建筑】\【构建】\【楼板】\楼板：建筑

【例 8-4】　在【例 8-1】标高 2 高度处创建楼板。

步骤 1：利用执行方式，进入绘制轮廓草图模式。

步骤 2：在“创建楼层边界”选项卡中，单击“拾取墙”命令，指定楼板边缘的偏移量，同时勾选“延伸到墙中（至核心层）”。此时，将拾取到有涂层和构造层的复合墙的核心边界位置，如图 8-30a。

步骤 3：若楼板轮廓不封闭，使用“修剪”命令编辑成封闭楼板轮廓。

步骤 4：草图完成后，单击“完成楼板”，在弹出“是否将高达此楼层标高的墙附着到此楼层的底部”对话框，单击“否”，继续弹出对话框“楼板\屋顶与高亮显示的强重叠。是否希望连接几何图形并从墙中剪切重叠的体积”，选“是”。完成楼板创建如图 8-30b 所示。

步骤5：进入三维视图查看所创建楼板如图8-30c所示。

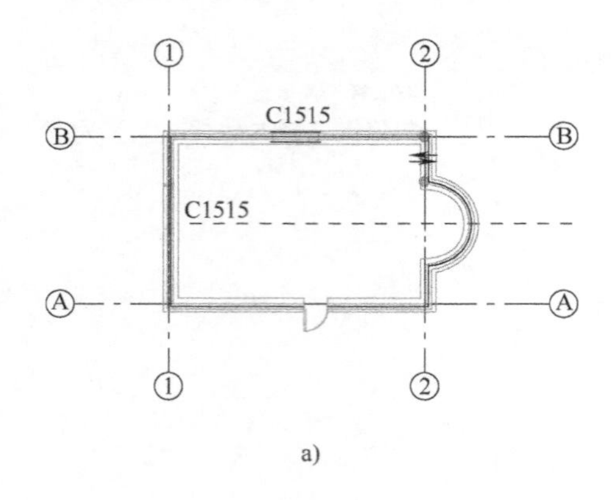

a)

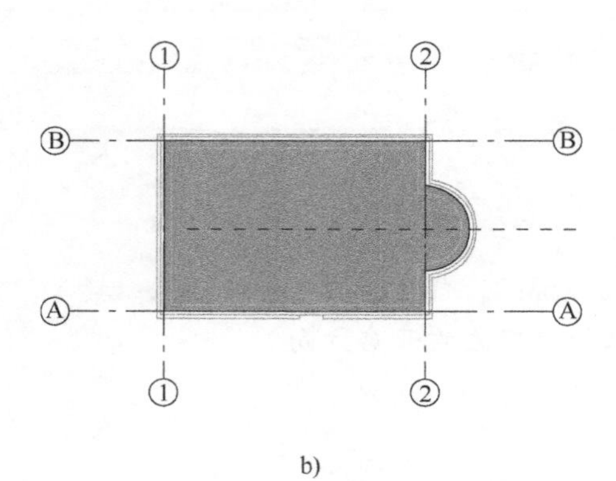

b)

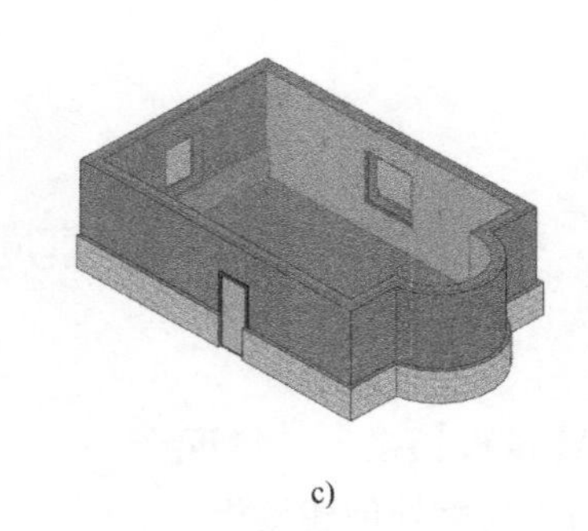

c)

图8-30　楼板的生成

a）编辑楼板轮廓线　b）生成楼板　c）楼板三维效果

3. 楼板的编辑

如楼板形状需要编辑，选择楼板，依次单击“修改|楼板\编辑边界”，进入绘制轮廓草图模式，可修改轮廓。

选择楼板后，自动激活“修改楼板”选项卡，在属性选项板对话框中单击“编辑类型”，选择左下角“预览”图标，可修改类型属性，如图8-31a所示。单击“结构编辑”按钮后，可根据实际结构进行编辑，如图8-31b所示。

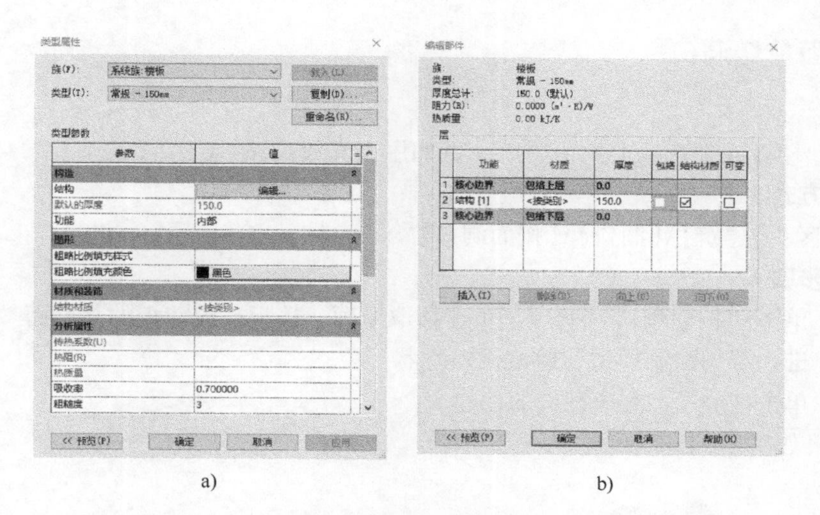

a)　　　　　　b)

图 8-31　楼板结构编辑

a）楼板类型属性　b）编辑楼板结构

■8.5　洞口与竖井

8.5.1　创建墙洞口

1. 功能

使用“墙洞口”工具在直墙或弯曲墙上剪切矩形洞口。

2. 执行方式

- 功能区：【建筑】\【洞口】\【墙】

步骤 1：在立面图，剖面视图或三维视图中，单击“墙洞口”按钮。

步骤 2：单击选择想要创建洞口的墙体，在墙体上确定位置按照尺寸绘制洞口形状。

步骤 3：单击“✔”完成洞口的创建，三维视图如图 8-32 所示。

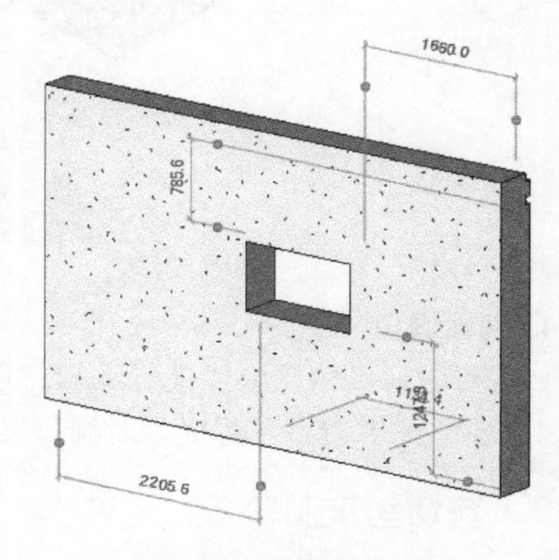

图 8-32　墙洞口的创建

3. 编辑洞口

如需修改洞口尺寸及位置，单击“修改”，然后选择洞口，也可先选择洞口，进入修改上下文选项卡。可以使用拖曳控制柄“►”修改洞口的尺寸和位置。也可以将洞口拖曳到同一面墙上的新位置，然后为洞口添加尺寸，如图 8-33 所示。

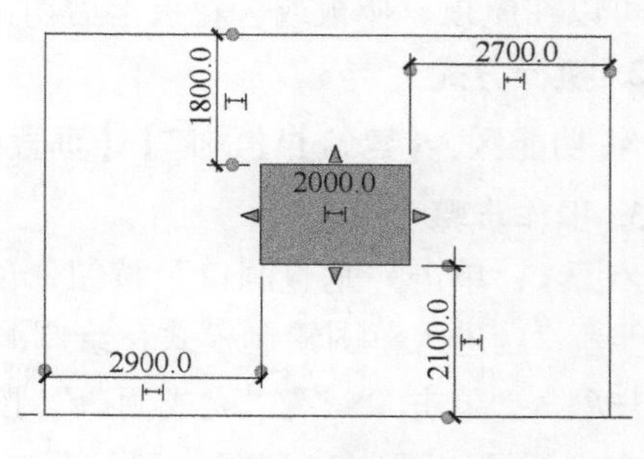

图 8-33　编辑洞口

8.5.2　按面剪切洞口

1. 功能

在屋顶、楼板或天花板上剪切洞口（例如用于安放烟囱）。

2. 执行方式

- 功能区:【建筑】\【洞口】\【按面洞口】

3. 操作步骤

步骤1：单击“按面洞口”选项，单击拾取屋顶、楼板或天花板的某一面。

步骤2：进入草图绘制模式，绘制洞口形状。

步骤3：单击“✔”，完成洞口的创建。

完成效果如图8-34所示。

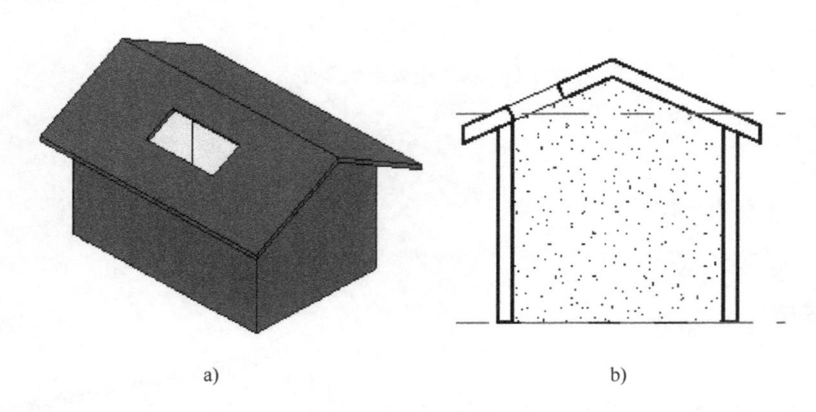

图8-34　按面剪切洞口

a）按面剪切洞口　b）按面剪切洞口剖面

4. 编辑洞口

如需对洞口尺寸及位置进行编辑，可以点选洞口，单击“修改\屋顶剪切洞口\编辑边界”，出现“编辑边界”界面。对洞口尺寸，定位尺寸进行重新编辑，单击“确定”完成。

8.5.3　剪切垂直洞口

1. 功能

可以在屋顶、楼板或天花板上剪切洞口（例如用于安放烟囱）。

2. 执行方式

- 功能区:【建筑】\【洞口】\【垂直洞口】

3. 操作步骤

步骤1：单击“垂直洞口”按钮，单击拾取屋顶、楼板或天花板的某一面。

步骤2：进入草图绘制模式，绘制洞口形状。

步骤3：单击“✔”“完成洞口”按钮，完成洞口的创建。

完成效果如图8-35所示屋顶处洞口。

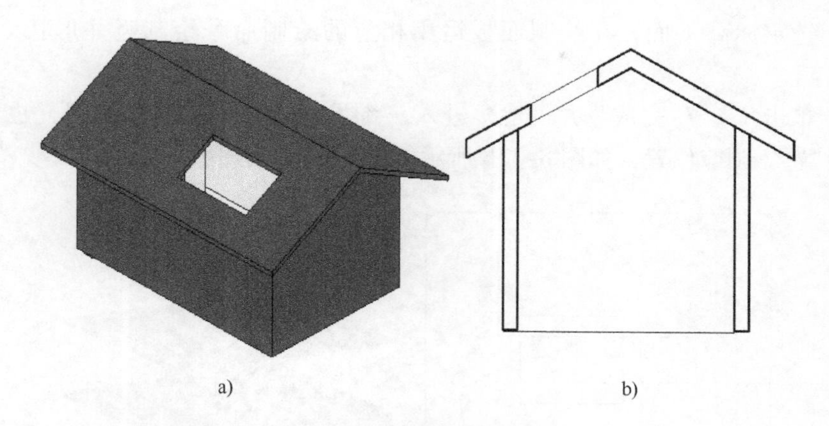

a)　　　　　　b)

图 8-35　垂直剪切洞口

a）剪切垂直洞口　b）剖面效果

4. 编辑洞口

如需对洞口尺寸及位置进行编辑，可以点选洞口，单击“修改\屋顶剪切洞口\编辑边界”，出现“编辑边界”界面。对洞口尺寸，定位尺寸进行重新编辑，单击“✔”确定完成。

说明：“面洞口”与所选楼板、屋顶、天花板呈垂直状态。“垂直洞口”垂直于某个标高平面，如图 8-34 和图 8-35 所示。

8.5.4　创建竖井

1. 功能

使用“竖井”工具可以放置跨越整个建筑高度（或者跨越选定标高）的洞口，洞口同时贯穿屋顶、楼板或天花板的。

2. 执行方式

- 功能区：【建筑】\【洞口】\【竖井】

3. 操作步骤

步骤 1：输入命令后，进入“修改 | 创建竖井洞口草图”属性选项卡设置“底部约束”，“顶部约束”及“偏移”，如图 8-36 所示。

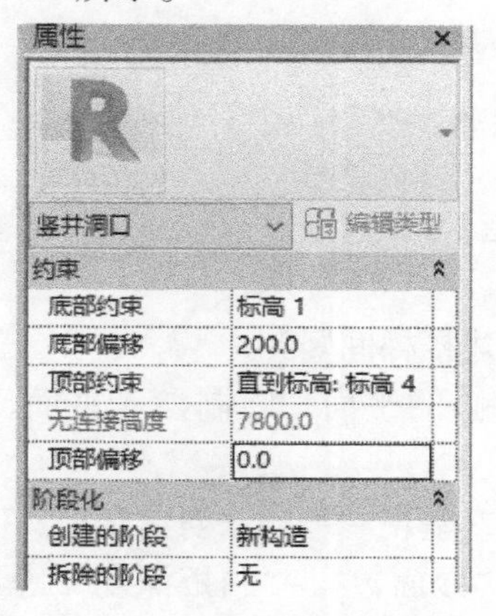

图 8-36　竖井属性选项板

步骤2：选定标高平面，在绘制面板运用相应的绘制命令绘制竖井形状，如图8-37a所示。

步骤3：单击“✔”完成竖井创建，进入三维界面视图可见竖井位置，也可通过竖井拖曳控制柄“►”调节位置，如图8-37b所示，图8-37c所示竖井完成结果。

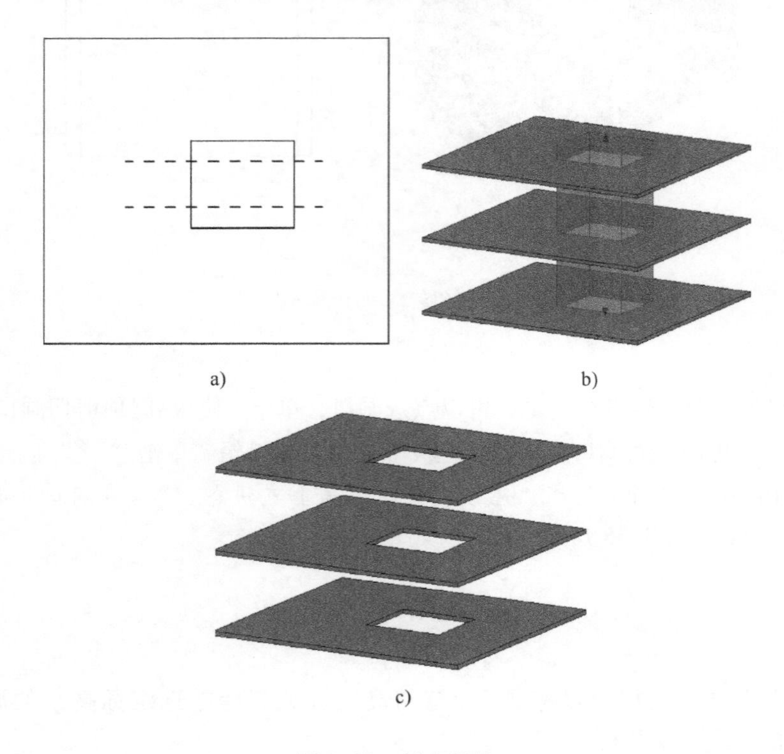

图8-37　创建竖井

a）绘制竖井边界　b）调整竖井　c）完成竖井

8.6　楼梯的创建

1. 功能

通过装配常见梯段、平台和支撑等构件来创建楼梯。

2. 执行方式

功能区：【建筑】\【楼梯坡道】\

3. 操作步骤

步骤1：根据楼梯间尺寸创建楼梯间竖井。

步骤2：选择需创建楼梯标高的平面，绘制参考平面，以确定绘制楼梯梯段起点，如图8-38所示。

步骤3：单击创建楼梯按钮，呈现“修改|创建楼梯”上下文选项卡，在属性选项板确定“底部标高”，“顶部标高”，“踢面数”，“踏板深度”等参数，如图8-39所示。

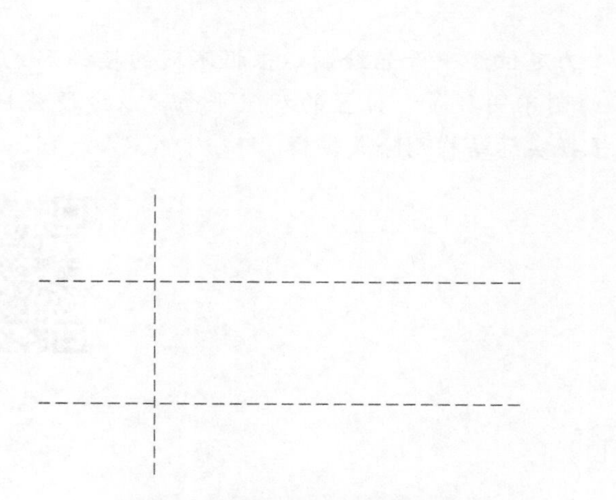

图 8-38 绘制楼梯参考平面

属性	
组合楼梯 190mm 最大踢面 250mm 梯段	
楼梯	编辑类型
约束	
底部标高	标高 1
底部偏移	0.0
顶部标高	标高 2
顶部偏移	0.0
所需的楼梯高度	4000.0
尺寸标注	
所需踢面数	22
实际踢面数	1
实际踢面高度	181.8
实际踏板深度	250.0
踏板/踢面起始...	1
标识数据	
图像	
注释	
标记	
阶段化	
创建的阶段	新构造
拆除的阶段	无

图 8-39 楼梯属性选项板

步骤 4：选择踢段起始位置开始绘制，如图 8-40a 所示；创建完成第一段梯段，鼠标移至第二段踢段起始位置，完成后如图 8-40b 所示。

步骤 5：进入三维视图查看楼梯三维效果如图 8-40c 所示。

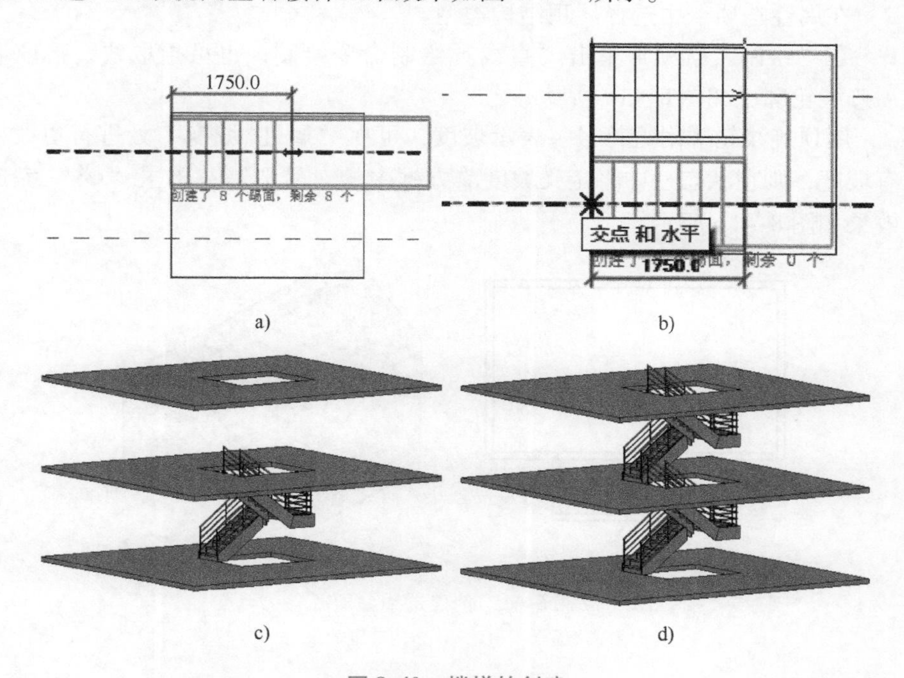

图 8-40 楼梯的创建

a）创建第一跑 b）创建第二跑 c）楼梯三维效果 d）复制到其他标高

步骤6：若需要将标高1的楼梯复制到标高2处，有两种方法。第一种在立面或剖面视图中，选择楼梯并单击“选择标高”单击“连接标高”并选择用于多层楼梯的标高，单击“完成”。第二种在立面或剖面中选择楼梯图元，单击“修改\复制到剪贴板”按钮，再单击“修改\粘贴\与选定的标高对齐”，在弹出的对话框选择想要粘贴到的标高即可，可以多选，如图8-40d所示。

说明：绘制梯段时，是以梯段中心为定位线来开始绘制。根据不同的楼梯形式：单跑、双跑L形、双跑U形、三跑楼梯等，绘制不同数量、位置的参照平面，以方便楼梯精确定位，并绘制相应的梯段。楼梯扶手可根据实际结构删除或编辑。

8.7 屋顶

迹线屋顶的创建

8.7.1 迹线屋顶的创建

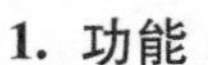

使用建筑迹线定义其边界创建屋顶。

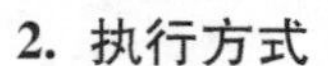

- 功能区：【建筑】\【构建】\【屋顶】

3. 操作步骤

步骤1：在楼层平面视图或天花板投影平面视图下选取标高，单击进入“修改|创建屋顶迹线”上下文选项卡。

步骤2：在属性选项卡中选择屋顶结构类型。

步骤3：在“绘制”选项卡单击“直线”绘制命令绘制；也可拾取线，拾取墙体等命令绘制屋顶迹线轮廓，如图8-41a所示。

步骤4：屋顶迹线轮廓附近符号◺表示坡度，可在“属性\坡度”处进行更改，本例中有两处没有坡度，则在状态栏中将定义坡度前方框中的对号取消；单击“✔”完成屋顶绘制，三维效果如图8-41b所示。

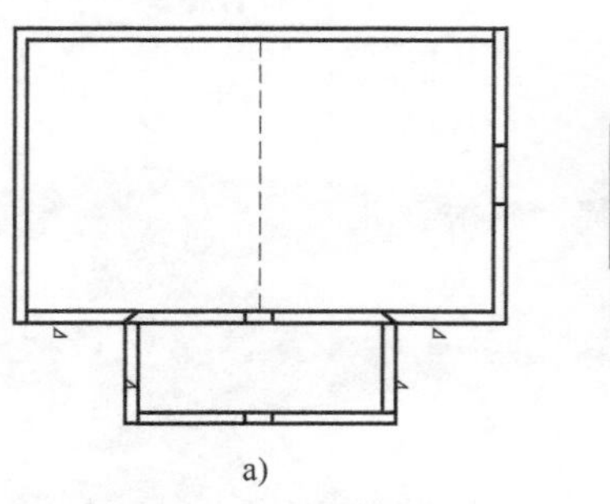

a)

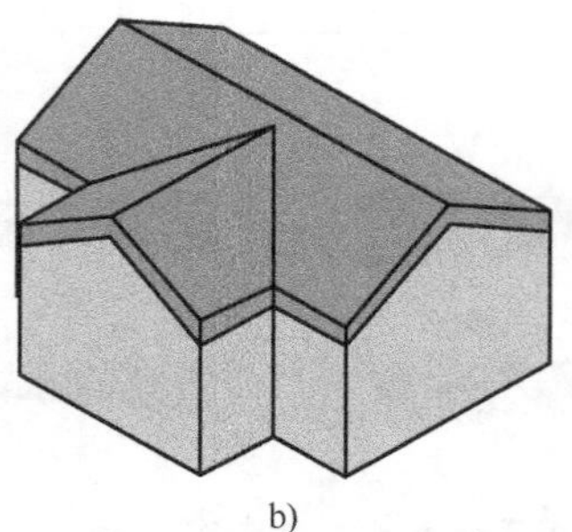

b)

图8-41 创建迹线屋顶

a）编辑屋顶轮廓 b）三维效果

说明：使用“拾取墙”命令可在绘制屋顶之前指定悬挑。在选项栏上，如果希望从墙核心处测量悬挑，请单击“延伸到墙中（至核心层）”，然后为“悬挑”指定一个值。

8.7.2　编辑迹线屋顶

选择迹线屋顶，单击“屋顶”，进入修改模式，单击“编辑迹线”按钮，修改屋顶轮廓草图，完成屋顶设置。

若需更改坡度数值，则可选择相应迹线，在属性选项板中更改尺寸标注。系统默认坡度数值为角度，如输入百分数或分数，则在输入时先输入等号，如1/12，在“尺寸标注\坡度”处输入“ =1/12”，按回车后，Revit自动转换为角度数值，如图8-42所示。

属性修改：“属性”修改所选屋顶的标高、偏移、截断层、椽截面、坡度角等；“编辑类型”可以设置屋顶的构造（如：结构、材质、厚度）、图形（如粗略比例、填充样式），如图8-43所示。

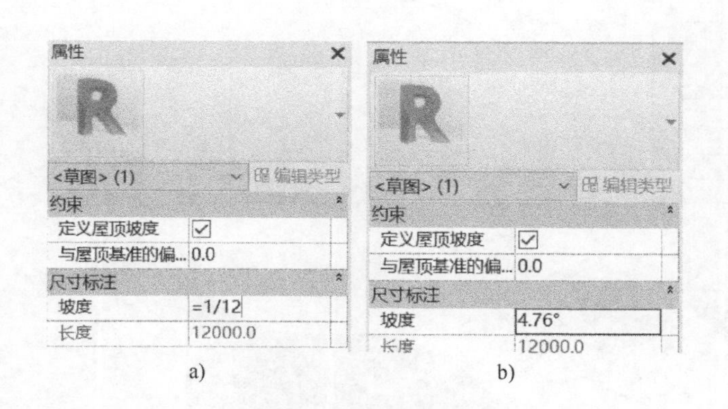

图8-42　修改坡度数值

a）输入坡度数值　b）系统自动换算

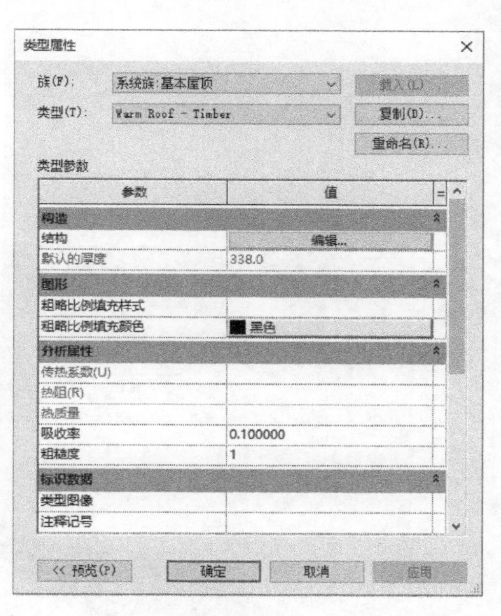

图8-43　“类型属性”对话框

8.7.3　拉伸屋顶的创建

拉伸屋顶的创建

1. 功能

通过拉伸绘制的轮廓来创建屋顶。

2. 执行方式

- 功能区：【建筑】\【构建】\【屋顶】

3. 操作方式

步骤1：在楼层平面视图或天花板投影平面视图下选择标高，输入命令进入拉伸屋顶轮廓草图绘制模式。

步骤2：出现指定“工作平面”对话框，点选“拾取一个平面”，按照拉伸屋顶截面形状所在平面选取，如图8-44a所示。

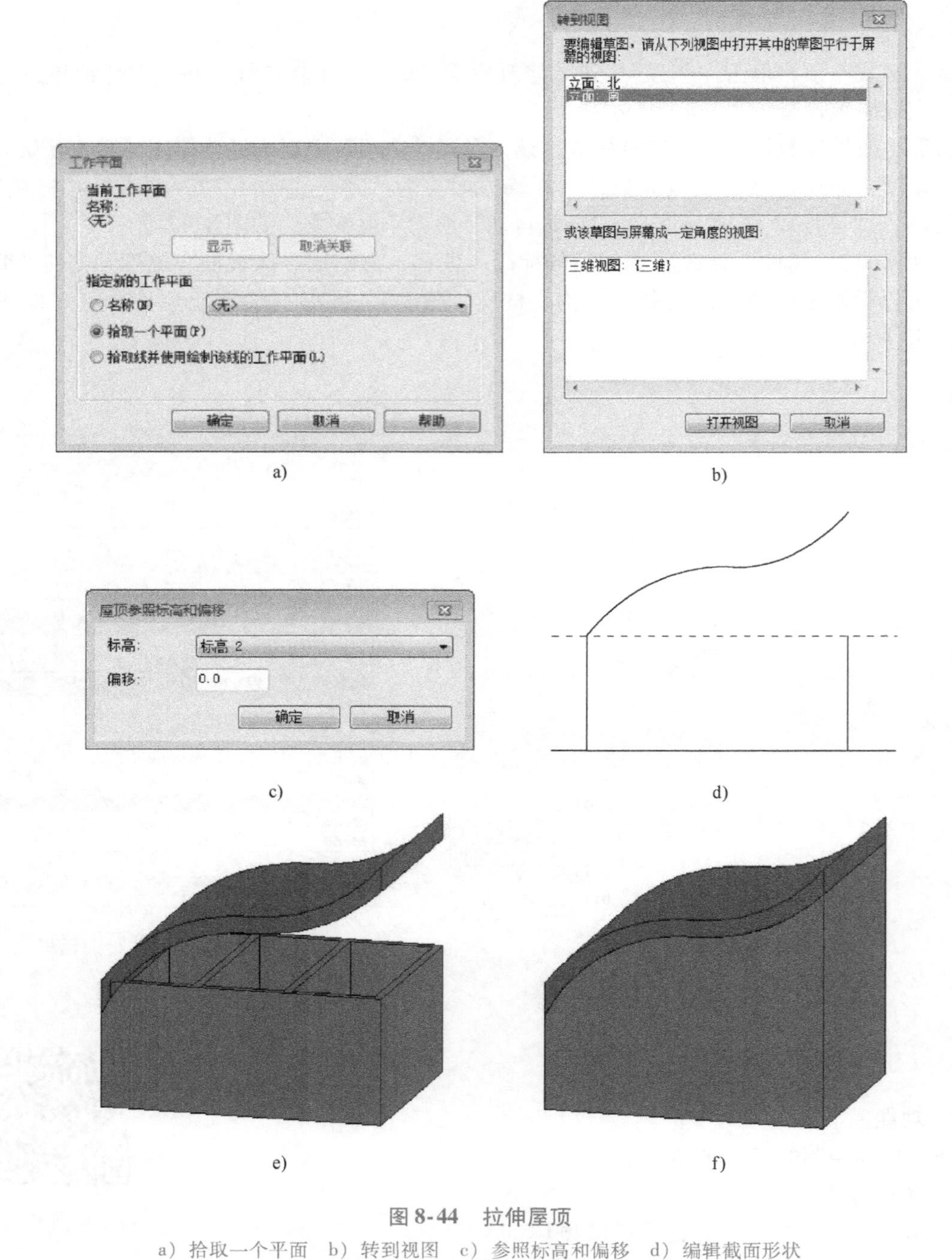

图 8-44　拉伸屋顶

a）拾取一个平面　b）转到视图　c）参照标高和偏移　d）编辑截面形状

e）生成屋顶　f）墙体附着到屋顶

步骤 3：选择绘制截面形状的相应的立面视图，如图 8-44b 所示。

步骤 4：在“屋顶参照标高和偏移”对话框中，为“标高”选择一个值。默认情况下，将选择项目中最高的标高。要相对于参照标高提升或降低屋顶，则需要为“偏移”指定一

个值，如图 8-44c 所示。

步骤 5：用绘图工具绘制屋顶轮廓，不需闭环，如图 8-44d 所示。

步骤 6：单击“✔”完成编辑模式，打开三维视图查看，完成效果见图 8-44e。

步骤 7：单击附着按钮“▥”，依次选墙体和屋顶将墙体附着到屋顶，如图 8-44f 所示。

8.7.4　编辑拉伸屋顶

单击“屋顶”，进入“修改|屋顶”上下文选项卡，单击“编辑轮廓”按钮，修改屋顶轮廓草图，完成屋顶设置。

属性修改：与迹线屋顶编辑方式相同，“属性”修改所选屋顶的标高、偏移、截断层、椽截面、坡度角等；“编辑类型”可以设置屋顶的构造（如结构、材质、厚度）、图形（如粗略比例、填充样式）。

■ 8.8　场地配景渲染

在建筑模型建立之后，使用 Revit 提供的场地工具，可以给已有项目创建场地中添加人、车、植物、停车场、路灯等场地构件，形成完整的场地效果，通过渲染可生成照片级的渲染图片。

这一部分的基本步骤如下：

1）在建筑模型四周创建地形表面。

2）根据需求在场地内划分出道路、水池等不同的场地区域。

3）使用场地构件，添加停车场、树木、人物等场地构件，丰富和完善表达效果。

4）以适当的视角、视高放置相机，创建并调整相机视图，设置参数输出渲染图片。

8.8.1　场地的创建

8.8.1.1　创建地形表面

1. 功能

创建项目的地形表面。

2. 执行方式

- 功能区：【体量和场地】\【场地建模】\▨

输入命令之后，Revit 将自动切换至如图 8-45 所示的“修改|编辑表面”选项卡。单击“放置点”工具，以放置高程点的方式创建地形表面。在如图 8-46 所示的选项栏中，设置放置点的标高，默认单位为 mm。根据要求放置若干个标高相同或者不同的高程点，单击“✔”，完成地形表面的创建。

图 8-45　“修改|编辑表面”选项卡

Revit 默认的场地材质为素土夯实，为了获得更好的视觉效果，可以将场地材质修改为如草地等其他材质。修改过程如下：选中地形后，在如图 8-47 所示的“属性”选项卡中，单击“材质”选项右侧“浏览”按钮，进入如图 8-48 所示的“材质浏览器”对话框，可以设置场地的材质。比如，输入“草”，单击“↑”将材质库中的草载入，并将其指定给地形表面，即完成地形表面的修改。创建好的地形表面如图 8-49 所示。

图 8-46　高程选项栏

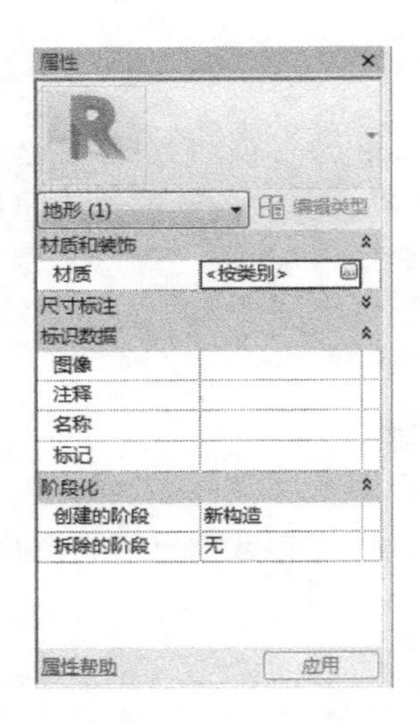

图 8-47　“属性”选项卡——材质

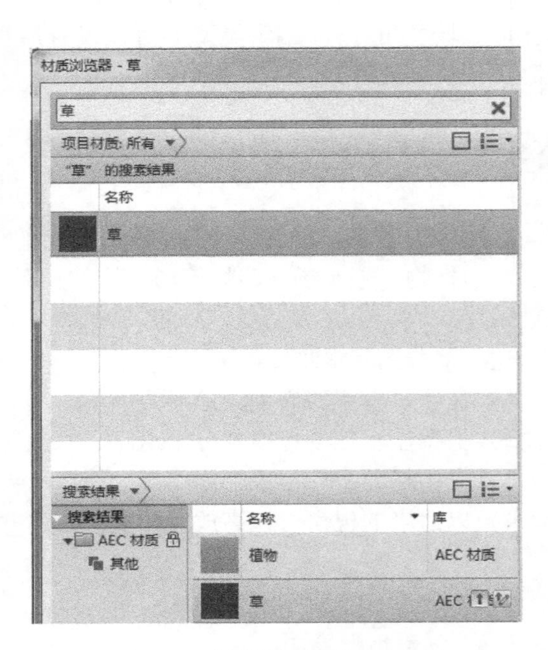

图 8-48　“材质浏览器”对话框

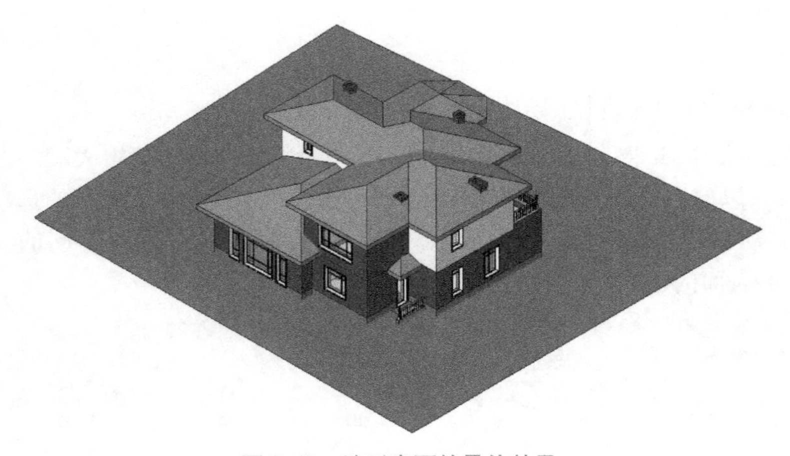

图 8-49　地形表面的最终效果

说明：

1）创建地形表面前，最好在项目浏览器中，切换至“楼层平面\场地”。

2）除了采用“放置点”创建地形表面，还可以“通过导入创建”，前者适合简单、没有高地起伏的场地，后者适合复杂的场地，是通过导入 CAD 测量文件创建的地形表面。

8.8.1.2　创建子面域

1. 功能

在场地内划分出场地道路等不同材质的区域。

2. 执行方式

- 功能区：【体量和场地】\【修改场地】\

输入命令之后，Revit 将自动切换至“修改 | 创建子面域边界”选项卡，在此状态可以编辑修改道路的轮廓形状和材质。综合使用绘制工具，可以大体绘制出所需道路的轮廓边界线如图 8-50a 所示。使用修改工具栏中的命令，修改得到最终的道路轮廓如图 8-50b 所示；在项目浏览器中，打开三维视图，便可看到新建道路的三维效果如图 8-50c 所示。

8.8.2　配景

1. 功能

为场地添加停车场、树木、人物等场地构件，丰富和完善场地效果。

2. 执行方式

- 功能区：【体量和场地】\【场地建模】\【场地构件】\

输入命令之后，即可插入默认的场地族。以下以添加灌木为例，说明添加场地构件的过程。

3. 操作步骤

步骤 1：载入族。如果项目文件没有需要的场地族文件时，需要通过在功能区中单击“模式\载入族”命令，在弹出如图 8-51 所示的“载入族”对话框中，可以选择任意需要的族，比如：若添加某种灌木，就选择路径，“建筑\植物\RPC”中的“RPC 树-秋天 . rfa”。

步骤 2：定义灌木类型。在载入族之后，单击属性选项卡中右侧的“编辑类型”按钮，进入如图 8-52 所示的“类型属性”对话框，单击“类型（T）”下拉按钮，选择任意一种喜欢的灌木，复制并且重命名作为别墅场地的专用族。在高度栏中输入高度值，可以修改默认的树木高度。单击“渲染外观属性”右侧的“编辑”按钮，可以查看渲染效果。单击“渲染外观”按钮，可以修改渲染效果。设置完成后，单击“确定”按钮。

步骤 3：放置灌木构件。关闭“类型属性”对话框后，移动光标至场地适当地方，单击即可放置灌木，如大致等间隔放置，如图 8-53 所示，图中视图样式为“着色”模式，主要用于查看植物在项目中的形状与位置。如果想查看灌木的真实效果，可以将视图样式设置为“真实”。

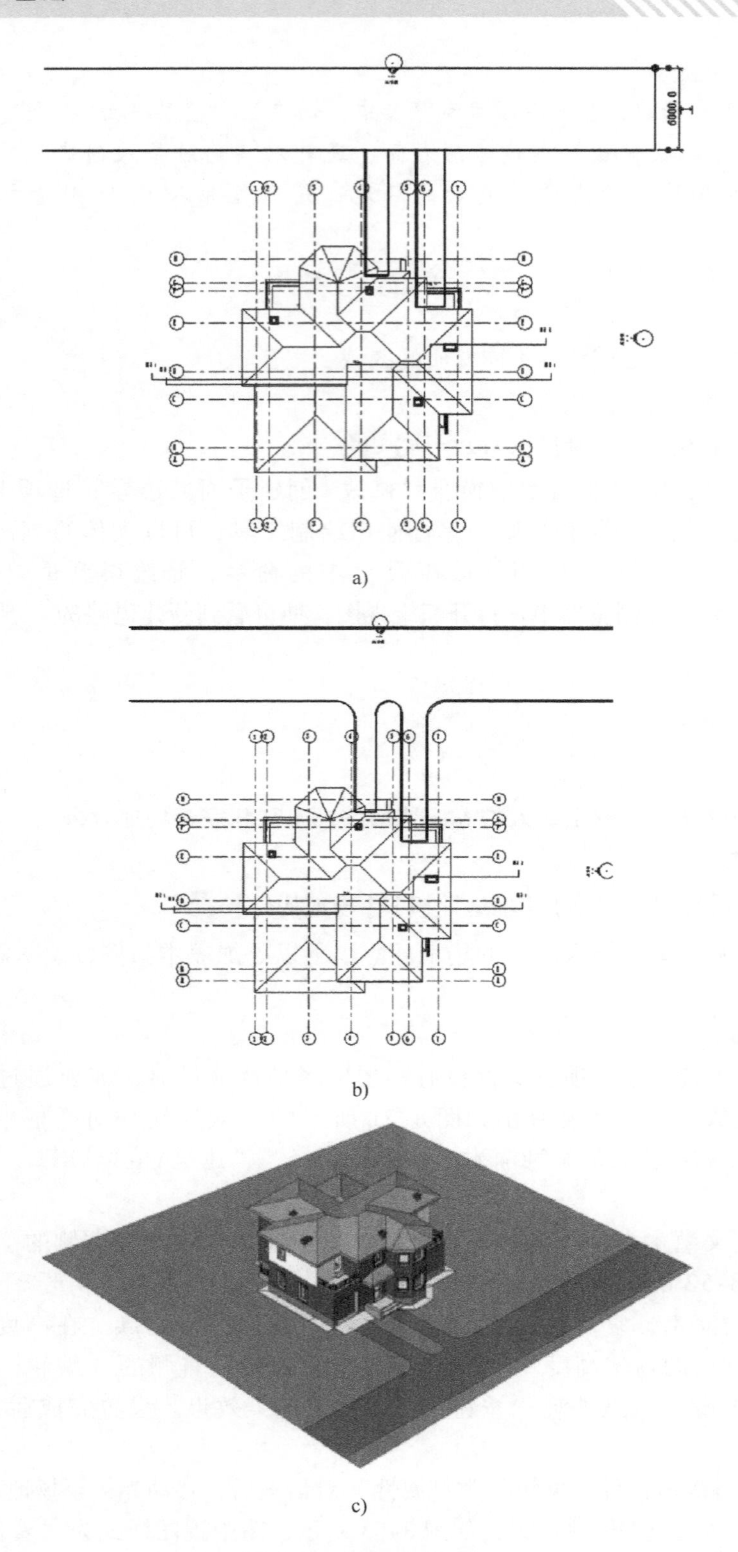

图 8-50　道路绘制过程

a）大体轮廓　b）编辑细节　c）三维效果

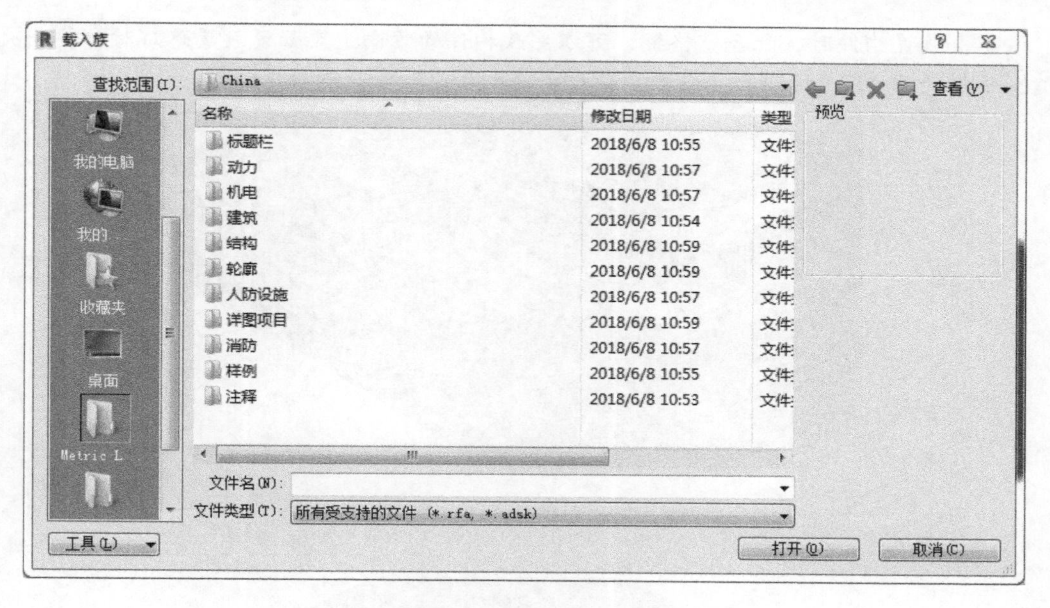

图 8-51 “载入族”对话框

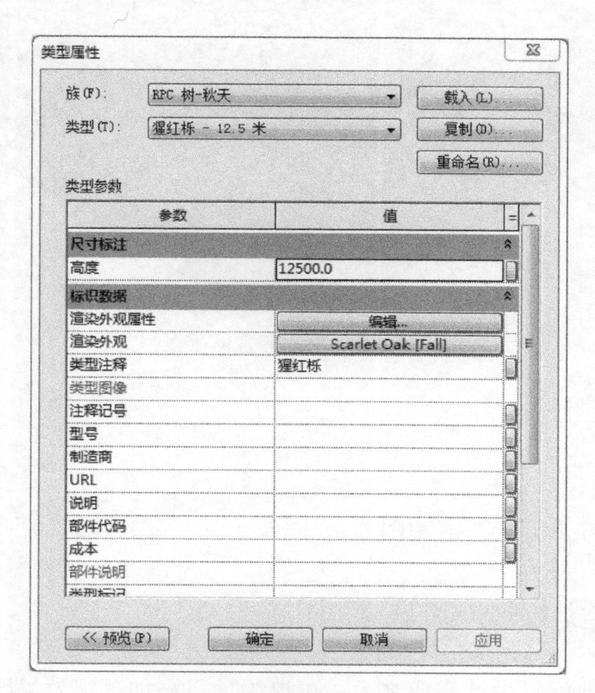

图 8-52 “类型属性”对话框

对于场地中的其他构件，如人物、路灯、交通工具等，同样需要将对应的场地族文件载入当前项目，之后即可按所设计位置进行放置，如图 8-54 所示。其中汽车族位于“建筑\配景\RPC 甲虫.rfa”，路灯族位于“建筑\照明设备\外部照明\室外灯 4.rfa”，人族位于“建筑\配景\RPC 男人.rfa”和“RPC 女人.rfa”，椅子族位于“建筑\场地\附属设施\街道设施\公共座椅\公共座椅.rfa”。

说明：放置构件时，配合空格键，可以更改构件的方向。比如说放置路灯时，按一次空格键，路灯旋转90°；按两次空格键，路灯旋转180度，依此类推。

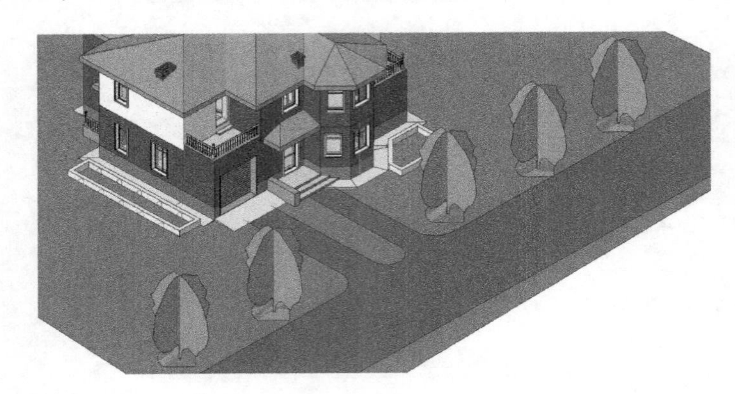

图8-53　路边灌木的三维效果

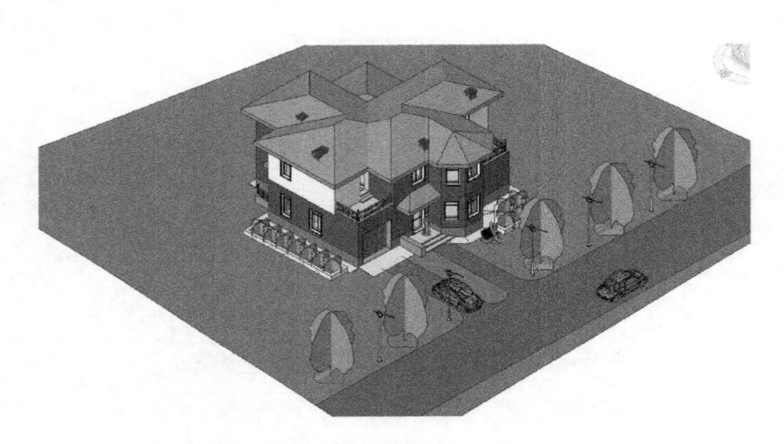

图8-54　别墅的整体配景

8.8.3　渲染

1. 功能

生成建筑模型照片级的真实渲染图片。

2. 执行方式

● 功能区：【视图】\【演示视图】\

3. 操作步骤

在项目建模和场地配景设计完成之后，可以为项目添加透视效果图，以下以添加白天的室外透视渲染图为例，说明渲染的过程。

步骤1：放置相机。相机工具位于功能区：【视图】\【创建】\【三维视图】\。使用相机工具可以在项目中添加任意位置的透视图。执行命令后，在如图8-55的选项卡中，可以设置相机的参数，默认勾选“透视图”选项，如果去掉勾选，则以轴测图显示效果；“偏移：”的右侧数值是相机相对于室外地坪的高度，也为透视图中视点的高度值，默认相机高度偏移“1750”为1.75m，与普通人的高度相当。用户可以根据所需的表达效果，抬高或

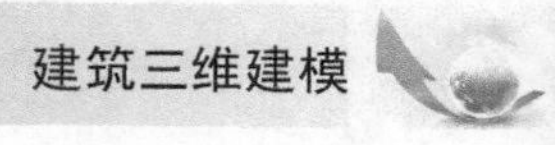

者拉低相机高度。

设置好参数后，移动光标至绘图区域中，单击鼠标放置相机视点，被相机三角形包围的区域就是视觉范围，如图 8-56 所示。

☑透视图　比例: 1 : 100　偏移: 1750.0　自 室外地坪

图 8-55　相机参数设置

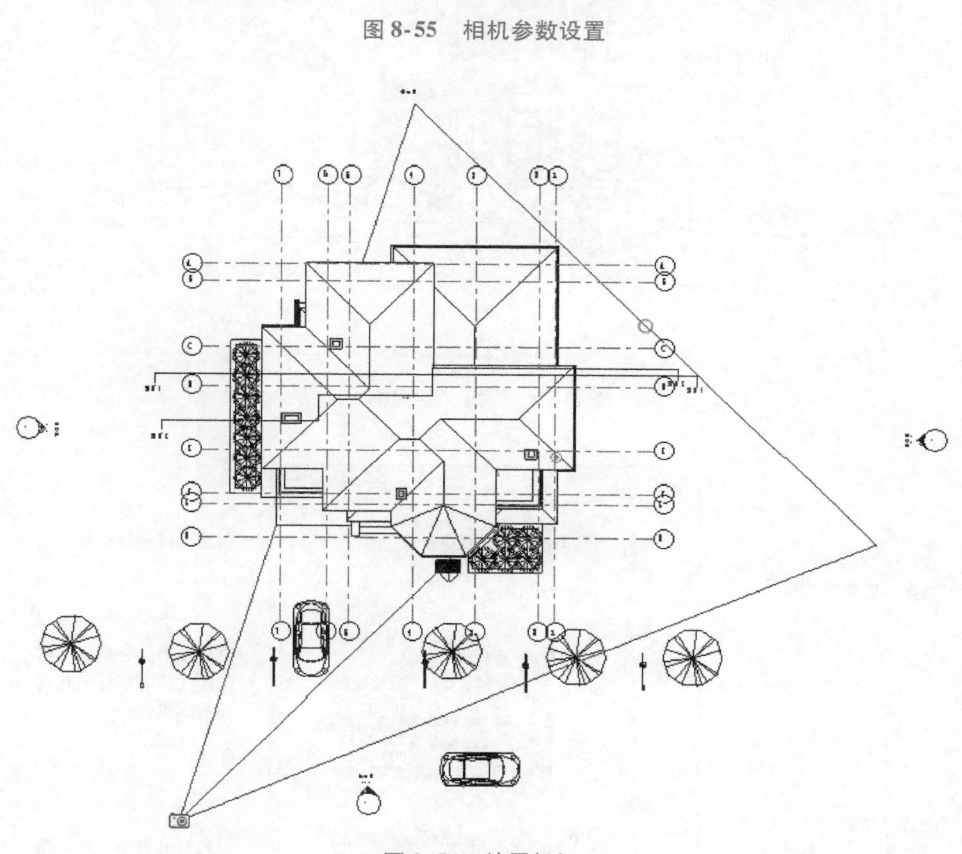

图 8-56　放置相机

相机放置之后，还可以进行调整，单击相机三角形上的蓝点，可以增大或者缩小三角形；单击三角形之中线上的红点，可以以相机为圆心旋转三角形；选中整个三角形，还可以对整个三角形进行平移。

步骤 2：创建相机视图。放置好相机之后，在项目浏览器的三维视图下就会出现刚创建的相机视图三维视图如图 8-57 所示，该图四周为视图范围裁剪框，按住并拖动视图范围框的四个蓝色圆点可以修改视图范围。

说明：如果相机在平面、立面等视图中消失，可以在“项目浏览器”中相机对应的三维视图上右击，从弹出的菜单中选择“显示相机”命令，即可在视图中重新显示相机。

步骤 3：渲染设置及图像输出。创建好相机视图之后，可以启动渲染器对三维视图进行渲染。单击渲染按钮，打开图 8-58 所示的“渲染”对话框，渲染对话框中各参数功能和用途说明，如图 8-58 所示。为了得到更好的渲染效果，需要根据不同的情况调整渲染设置，比如调整分辨率、照明、太阳光和天空等。

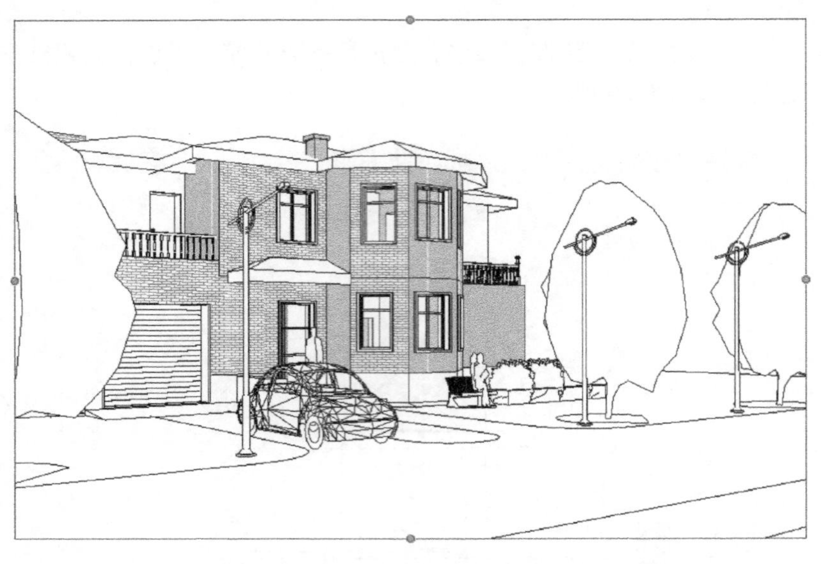

图 8-57　相机三维视图

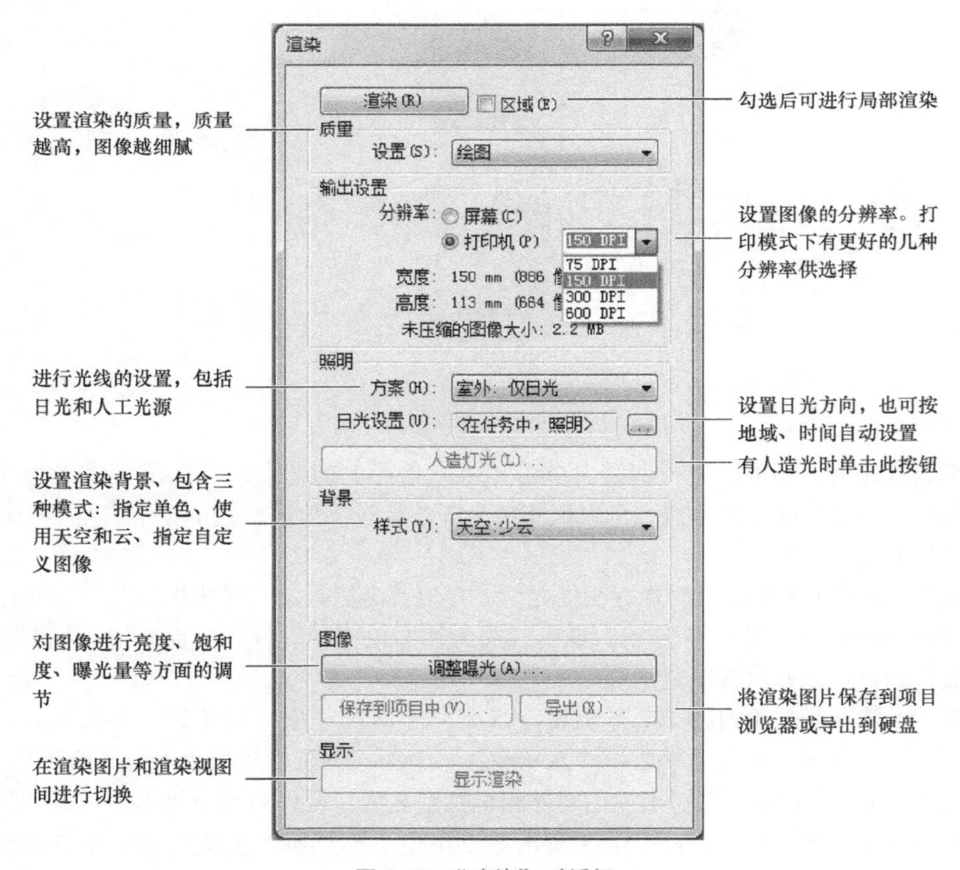

图 8-58　“渲染”对话框

设置好参数后，单击渲染按钮开始渲染，渲染将会持续一定的时间。当渲染完成后，系统将在绘图区域中显示渲染图像，如图 8-59 所示。用户可以通过以下两种方式来保存渲染图片：

1）将渲染图像保存到项目中，通过依次单击“渲染对话框\图像\保存到项目中（V）”按钮来实现，此时，渲染图片保存在“项目浏览器\视图\渲染”中。

2）导出图像文件到项目之外，通过依次单击“渲染对话框\图像\导出（X）”按钮来实现，此时可以将渲染图像导出至指定路径，并选择保存的文件类型和名称。

说明：渲染可以是建筑物的透视图，也可以是轴测图、剖面图。

图 8-59　渲染效果图

■8.9　建模实例

通过之前的详细讲解，用户对 Revit 软件的建模方法已经有了一定的了解。本节以某别墅为实例，详细说明房屋的建模全过程。具体的流程为：绘制标高轴网→创建场地与建筑地坪→创建墙（F1）→插入门窗（F1）→搭建楼板→二层→插入楼梯→添加屋顶→完成其余构件。

步骤 1：绘制标高轴网。启动 Revit 软件之后，依次单击“文件\新建\项目”，系统将打开“新建项目”对话框，选择样板文件为“建筑样板”，单击“确认”，即进入建模界面。

1）绘制标高。在“项目浏览器”中选择“东”立面，或者北、南、西任何一个立面，绘制标高如图 8-60 所示。

2）绘制轴网。在默认的“标高 1”楼层平面中，按如图 8-61 所示的尺寸，绘制轴网①—⑦和Ⓐ—Ⓙ，确保代表东、南、西、北立面的标志位于轴网之外。

步骤 2：创建场地与建筑地坪。

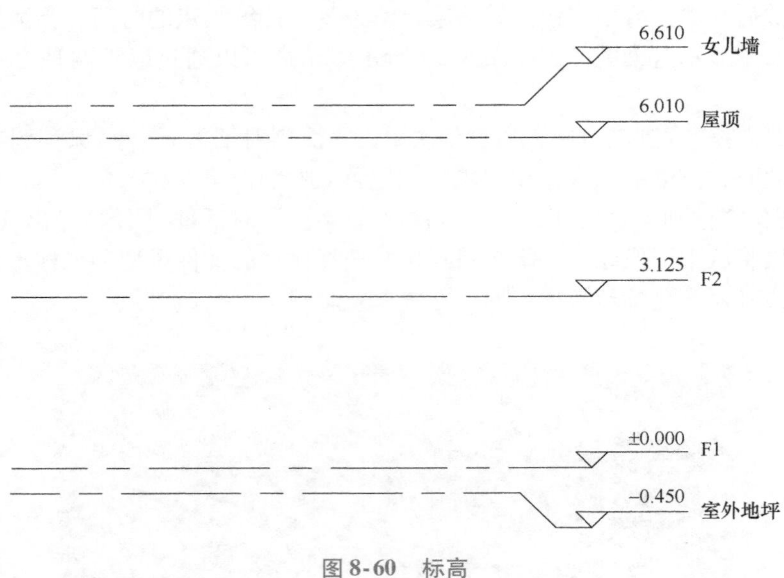

图 8-60　标高

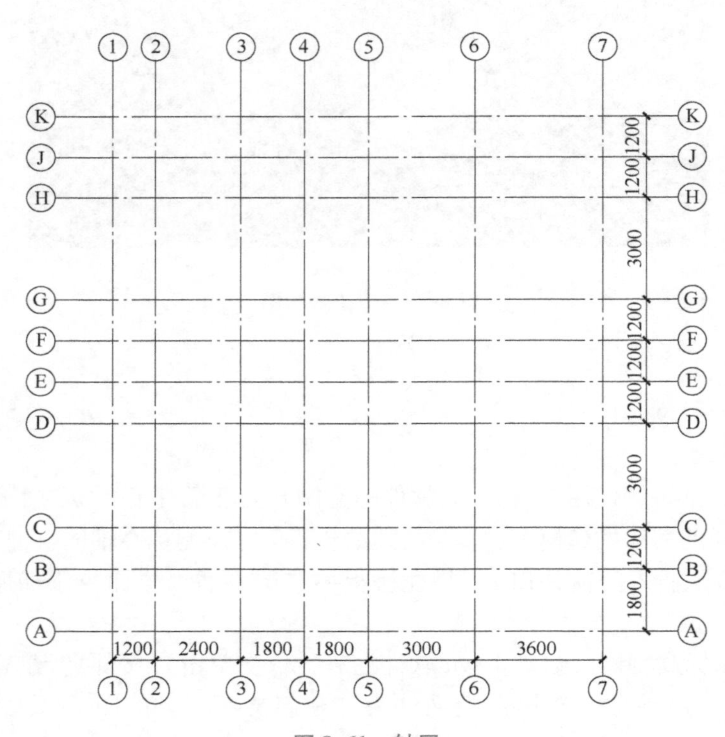

图 8-61　轴网

1）创建场地。在“项目浏览器”选择进入“场地”平面，在功能区中单击“体量和场地\地形表面\放置点”命令，将高程设置为“－450”，与室外地坪标高－0.450m 高度一致。在轴网边缘放置点如图 8-62 所示，单击“✔”，完成场地地形的创建。依次单击“项目浏览\三维视图\三维”，得到场地的三维效果如图 8-63 所示。

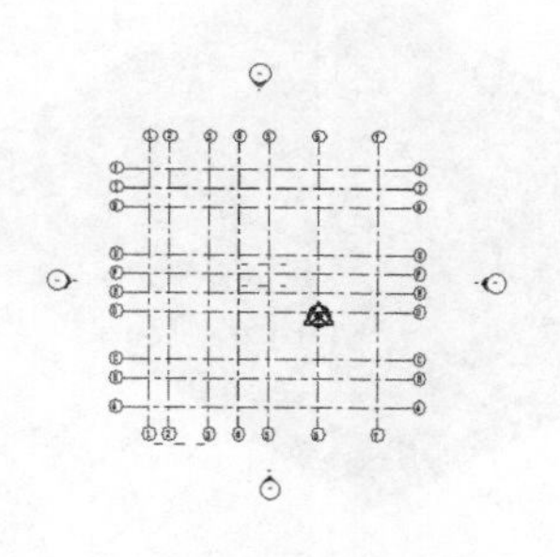

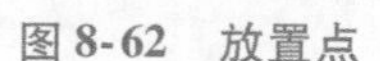

图 8-62 放置点

图 8-63 场地的三维效果

2）创建建筑地坪。依次单击“项目浏览器\楼层平面\F1”，在功能区中单击“体量和场地\建筑地坪”命令，使用默认的系统建筑地坪族，设置偏移量“120”，绘制建筑地坪的边界轮廓线如图 8-64 所示。偏移量设置为 120，是考虑到外墙厚 240 且定位轴线居中，所以外墙面距离轴线 120。单击“✔”，完成建筑地坪边界绘制，依次单击“项目浏览器\三维视图\三维”，得到建筑地坪的三维效果如图 8-65 所示。

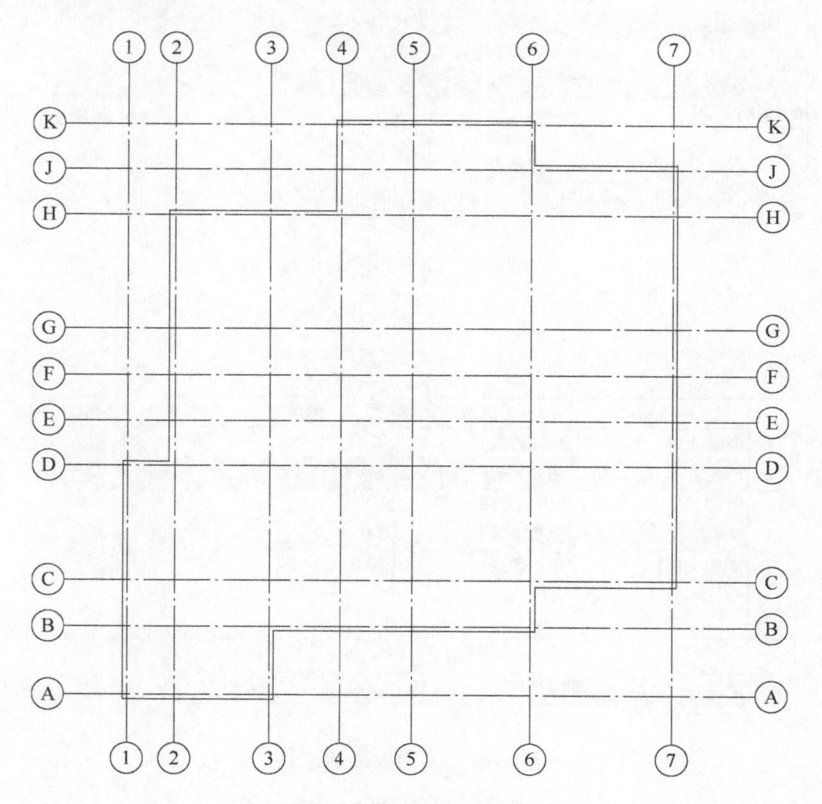

图 8-64 建筑地坪的轮廓

步骤 3：创建墙（F1）。

1）定义墙的类型。在 Revit 中创建墙体，首先需要定义好墙体的类型。通常情况下，建筑物的墙至少有外墙和内墙两种类型，它们在墙厚、做法、材质等方面可能有所区别。本实例中的墙分为外墙、内墙两种，这两种墙的厚度相等均为240，但是做法有所区别。首先需要设置内墙和外墙的类型：在功能区中依次单击“建筑\墙\墙：建筑”后，属性选项板自动切换到墙族，单击“编辑类型”，在“类型属性”对话框中选择“类型：常规240mm2”，并复制为“外墙240mm”，单击结构后的“编辑”按钮，编辑外墙的结构如图8-66所示，完成外墙类型的编辑。同样的，可以获得“内墙240mm”的类型，编辑内墙的结构如图8-67所示。

图8-65　建筑地坪的三维效果

层

外部边

	功能	材质	厚度	包络	结构材质
1	面层 1 [4]	砖，普通，褐色	20.0	☑	☐
2	涂膜层	防湿	0.0	☑	☐
3	**核心边界**	**包络上层**	**0.0**		
4	结构 [1]	EIFS，外部隔热层	200.0	☐	☑
5	**核心边界**	**包络下层**	**0.0**		
6	面层 2 [5]	水泥砂浆	20.0	☑	☐

内部边

插入(I)　删除(D)　向上(U)　向下(O)

图8-66　编辑外墙的结构

层

外部边

	功能	材质	厚度	包络	结构材质
1	面层 1 [4]	水泥砂浆	20.0	☑	☐
2	**核心边界**	**包络上层**	**0.0**		
3	结构 [1]	EIFS，外部隔热	200.0	☐	☑
4	**核心边界**	**包络下层**	**0.0**		
5	面层 2 [5]	水泥砂浆	20.0	☑	☐

内部边

插入(I)　删除(D)　向上(U)　向下(O)

图8-67　编辑内墙的结构

2）绘制外墙。在“F1”层，选择墙的类型为“外墙240mm”，设置墙的约束参数设置如图8-68所示。依据定位轴线，绘制外墙如图8-69所示。进入“项目浏览器\三维视图\三维”，得到一层外墙的三维效果，如图8-70所示。

图 8-68　外墙的约束参数设置

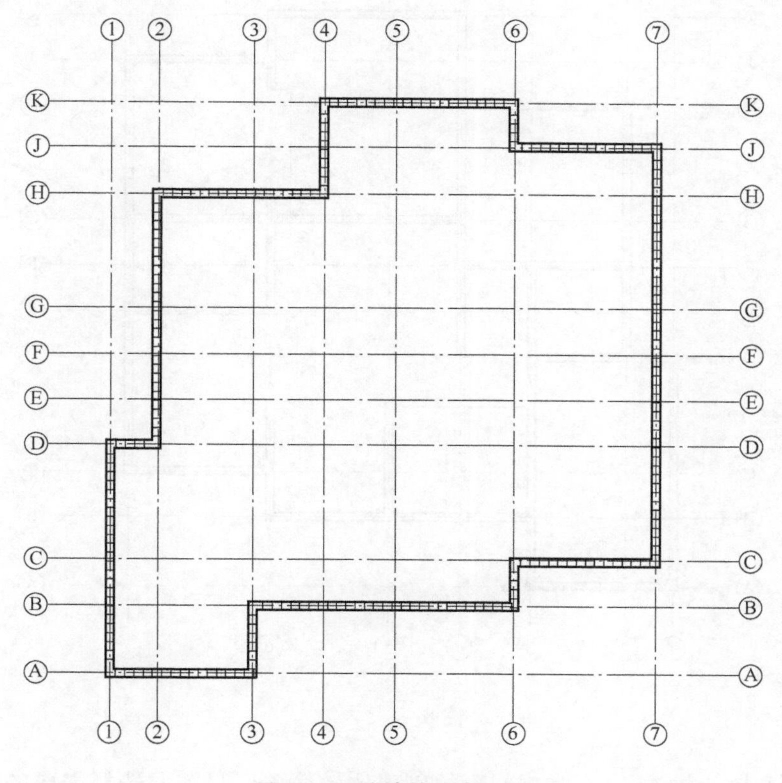

图 8-69　外墙的约束设置

图 8-70　外墙的三维效果

3）绘制内墙。类似地，在“F1”层选择墙类型为“内墙 240mm”，采用默认的墙约束参数如图 8-68 所示。依据如图 8-71 所示的定位尺寸和定位轴线，绘制外墙。依次单击“项目浏览器\三维视图\三维”，得到一层内外墙的三维效果，如图 8-72 所示。

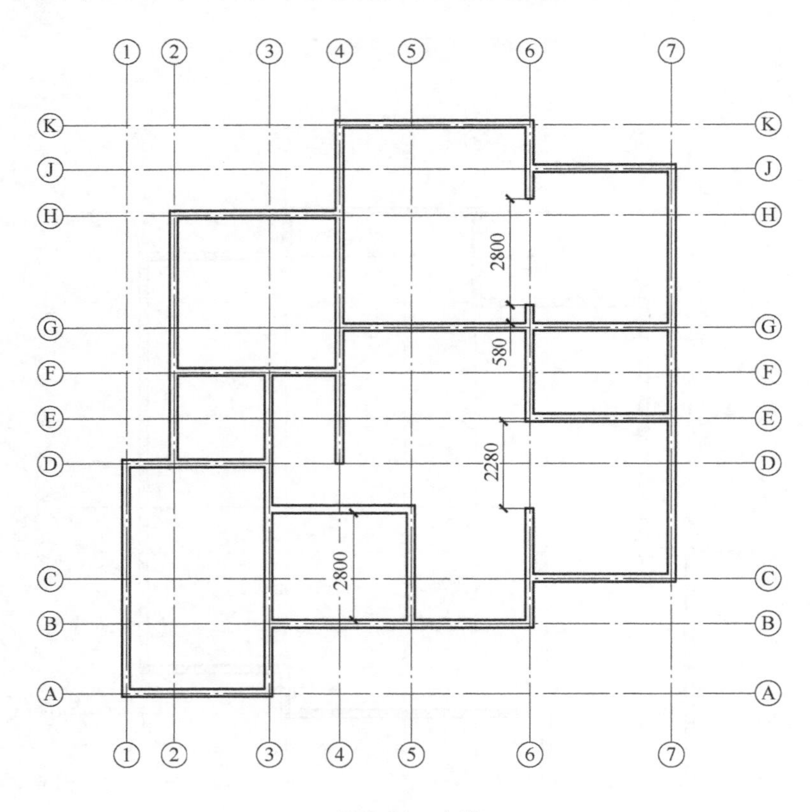

图 8-71　内墙

步骤 4：插入门窗（F1）。常规门窗的创建比较简单，只需要选择需要的门窗类型，然后在墙上单击捕捉插入点位置即可放置。别墅一楼需要放置的门窗，如图 8-73 所示。

图 8-72　内外墙的三维效果

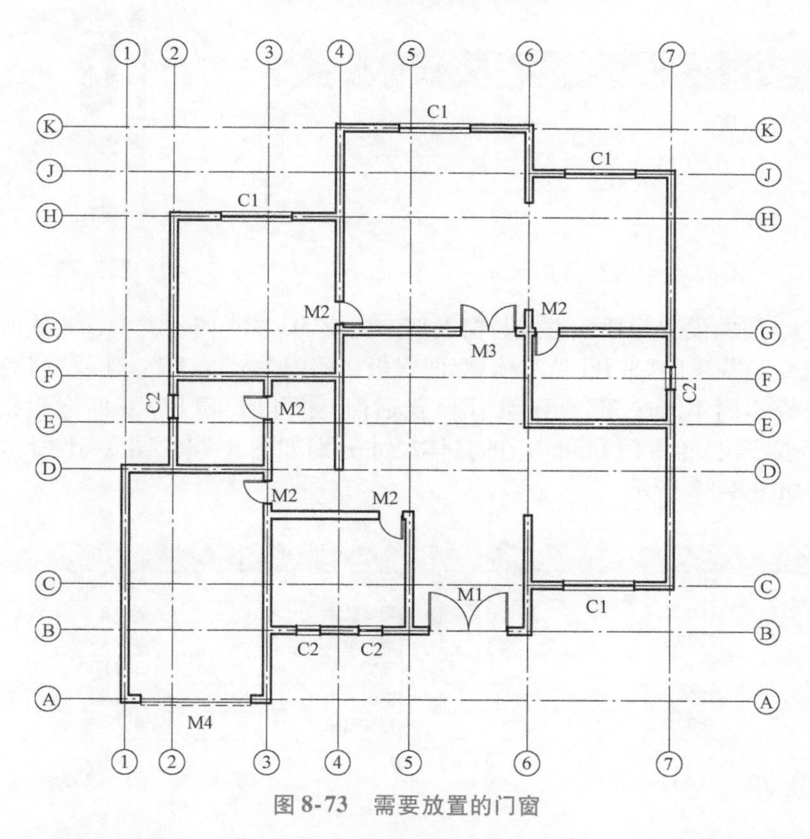

图 8-73　需要放置的门窗

1）插入窗。其中的窗户一共有 C1 和 C2 两种规格。窗户 C1 的设置过程如下：在功能区中单击“建筑\窗”之后，属性选项板自动切换到窗族，单击“编辑类型”，在弹出的“类型属性”对话框中单击“载入”按钮，选择路径“建筑\窗\普通窗\推拉窗\推拉窗6. rfa”，复制并重命名为“窗户 - 1800 × 1500mm2”；在类型属性对话框中，修改窗户尺寸如图 8-74 所示。单击确定按钮，返回属性选项板，设置窗户的约束尺寸，如图 8-75 所示。之后，即可切换至“F1”层，在墙体内插入窗户，一般情况下，窗户都居中布置于房间的墙面，也可以根据需求移动。

尺寸标注	
粗略宽度	1800.0
粗略高度	1500.0
框架宽度	25.0
高度	1500.0
宽度	1800.0

图 8-74　窗户 C1 的尺寸

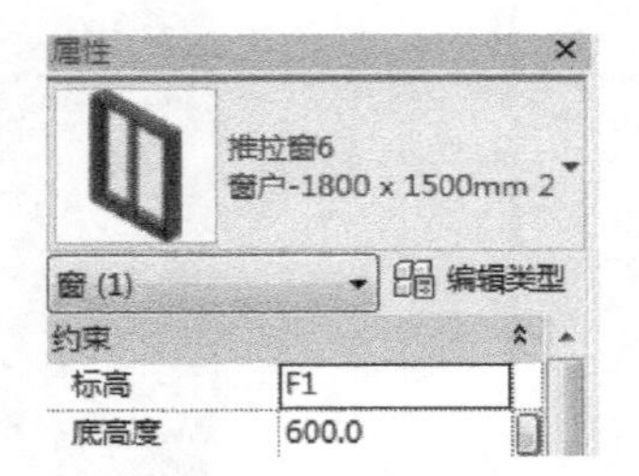

图 8-75　窗户 C1 的约束

类似地，我们可以设置窗户 C2，其族所在的路径为：建筑\窗\普通窗\固定\固定窗.rfa。在类型属性对话框中，需要修改尺寸如图 8-76 所示。插入窗户前，需要在属性选项板中设置窗户的约束尺寸如图 8-77 所示。

尺寸标注	
粗略宽度	600.0
粗略高度	1400.0
高度	1400.0
宽度	600.0

图 8-76　窗户 C2 的尺寸

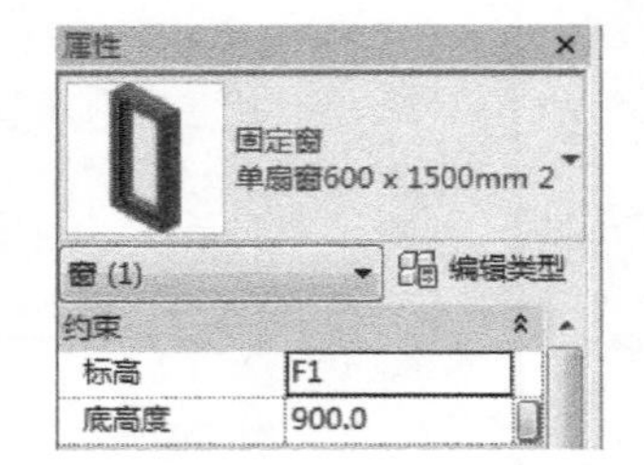

图 8-77　窗户 C2 的约束

2）插入门。门的设置和插入方式与窗类似。门有 M1-M4 四种类型，其族所在路径分别为，M1：建筑\门\普通门\平开门\双扇\双面嵌板格栅门 1.rfa；M2：建筑\门\普通门\平开门\单扇\单嵌板木门 1.rfa；M3：建筑\门\普通门\平开门\双扇\双面嵌板格栅门 2.rfa；M4：建筑\门\卷帘门\卷帘门.rfa。门的具体尺寸分别如图 8-78 ~ 图 8-81 所示，门的约束尺寸相同，均如图 8-82 所示。

尺寸标注	
厚度	50.0
粗略宽度	1800.0
粗略高度	2200.0
框架宽度	45.0
高度	2200.0
宽度	1800.0

图 8-78　门 M1 的尺寸

尺寸标注	
厚度	50.0
粗略宽度	600.0
粗略高度	2000.0
高度	2000.0
宽度	600.0
框架宽度	45.0

图 8-79　门 M2 的尺寸

尺寸标注	
厚度	45.0
粗略宽度	1500.0
粗略高度	2100.0
框架宽度	45.0
高度	2100.0
宽度	1400.0

图 8-80　门 M3 的尺寸

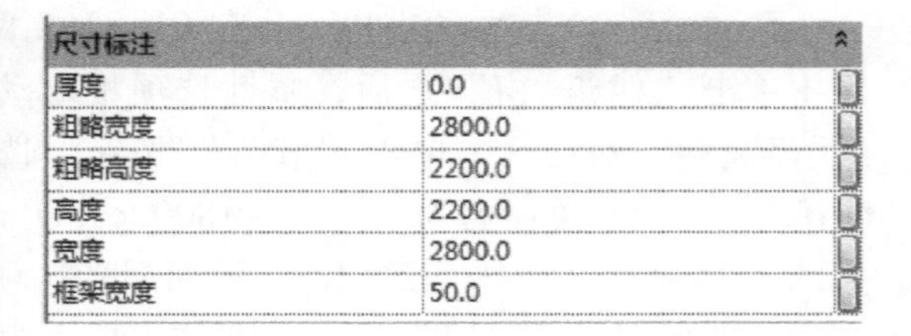

尺寸标注	
厚度	0.0
粗略宽度	2800.0
粗略高度	2200.0
高度	2200.0
宽度	2800.0
框架宽度	50.0

图 8-81　门 M4 的尺寸

完成一层门窗的插入之后，依次单击"项目浏览器\三维视图\三维"，得到一层三维效果如图 8-83 所示。

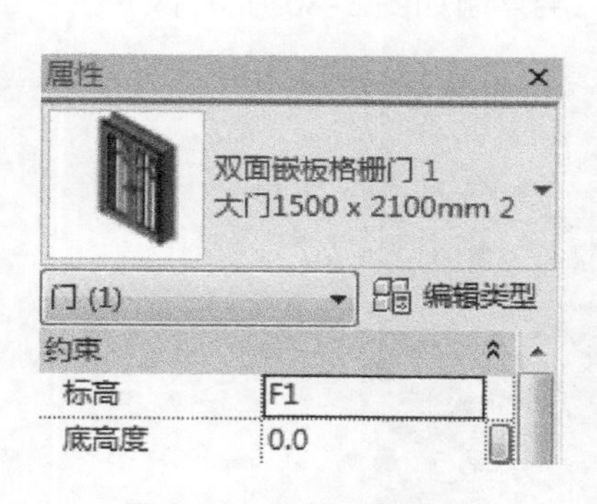

图 8-82　门的约束尺寸

图 8-83　一层的三维效果

说明：

1）以上涉及的窗户 C1 和 C2，门 M1 ~ M4，可以采用以上选择的族，也可以自行选择族，但是窗户和门的形状尺寸和约束尺寸需要符合设计要求。

2）如果在插好门窗后，还需要调整尺寸或类型，可以选中门窗后，利用属性选项板修改。

步骤 5：搭建楼板。依次单击"项目浏览器\楼层平面\F2"，在功能区中单击"建筑\楼板\楼板：建筑"，在属性选项板中选择类型"常规-150mm"，如图 8-84 所示，绘制楼板边缘轮廓。绘制完成之后，单击"✔"确认，得到三维效果如图 8-85 所示。

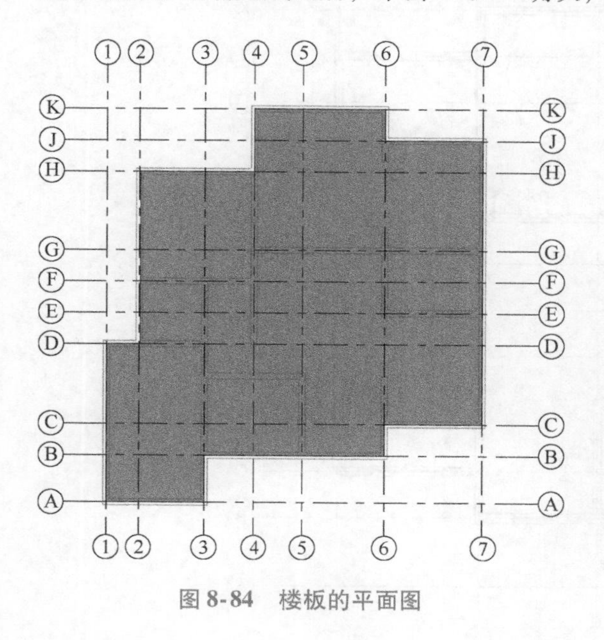

图 8-84　楼板的平面图

图 8-85　楼板的三维效果

步骤 6：二层。当楼层和楼层完全相同时，可以复制得到其余楼层。本实例别墅的二楼和一楼有相似之处，可以采用复制调整得到二楼的墙和门窗。具体的操作如下所示：

1）复制一层到二层。在三维视图中，选择所有的建筑构件，用“过滤器”过滤出门、窗、墙并单击确定，单击“复制”后再选择“粘贴：与指定的标高对齐”，在弹出的“选择标高”对话框中，选择“F2”并确认。完成复制一层到二层复制如图 8-86 所示。

图 8-86　复制的 F2

2）调整修改二层。依次单击“项目浏览器\楼层平面\F2”，按照图 8-87 调整修改二层平面图，最终得到如图 8-88 所示的三维效果。

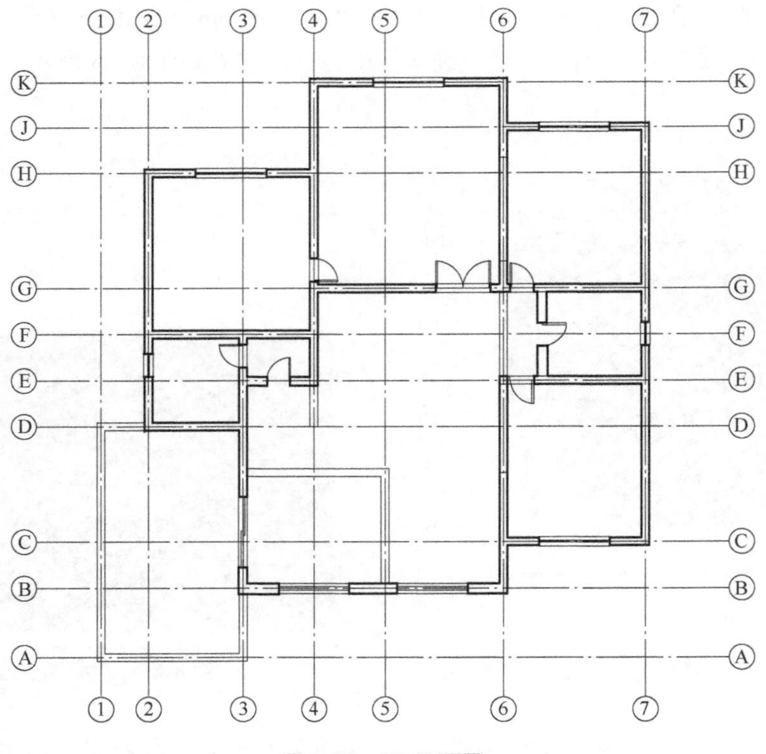

图 8-87　F2 平面图

图 8-88　调整后的 F2

步骤 7：插入楼梯。

1）创建竖井洞口。当建筑物高度为两层或两层以上时，就需要楼梯连接垂直交通。添加楼梯之前需要创建楼梯间竖井。在项目浏览器中，切换至“F2”平面楼层，在功能区中单击“建筑\洞口\竖井”命令，绘制竖井轮廓如图 8-89 所示，洞口的长度为 2700，宽度为 2400。绘制完成之后，单击“✔”确认，得到洞口的三维效果如图 8-90 所示。

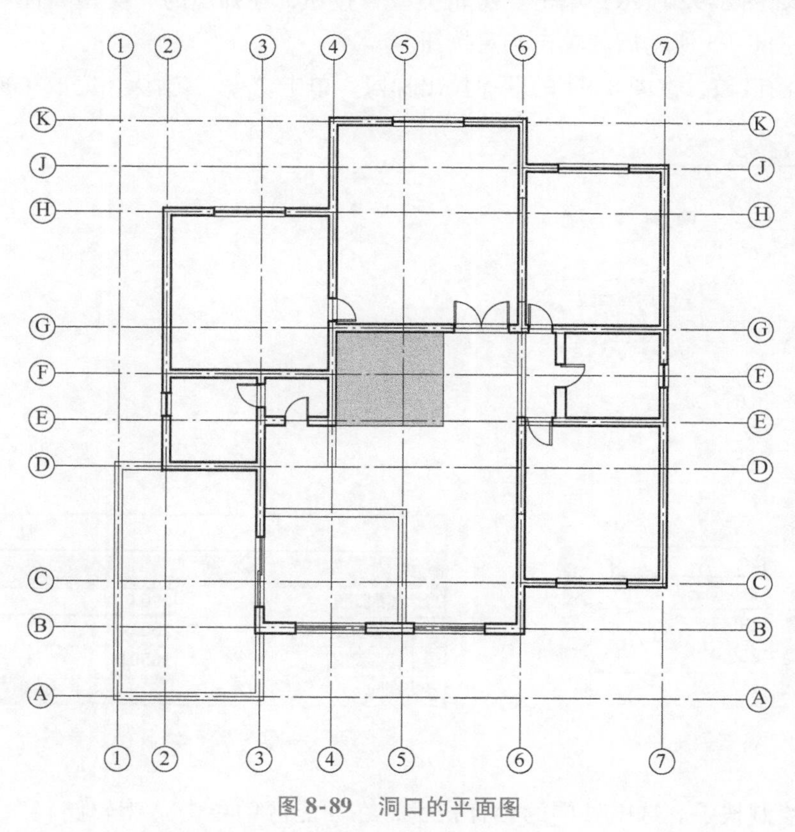

图 8-89　洞口的平面图

2）插入楼梯。楼梯采用的是普通二跑楼梯，从一层到二层一共 16 级，楼梯宽度为 1100。为了方便添加梯段，在二层平面上绘制如图 8-91 所示的参考平面，代表两个参考平面的虚线，距离洞口上下边线均为550。

图8-90　洞口的三维效果

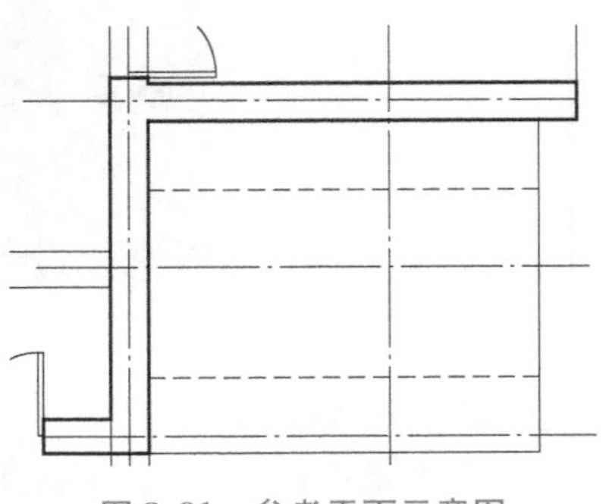

图8-91　参考平面示意图

在功能区中单击“建筑\楼梯坡道\楼梯”命令，属性选项板自动切换到组合楼梯族，设置楼梯参数如图8-92所示；单击“编辑类型”按钮，在弹出的“类型属性”对话框中修改楼梯参数如图8-93所示后，单击确定按钮。

返回至绘图区域，按图8-94的顺序拉出梯段，单击“✔”确认，完成楼梯的绘制。

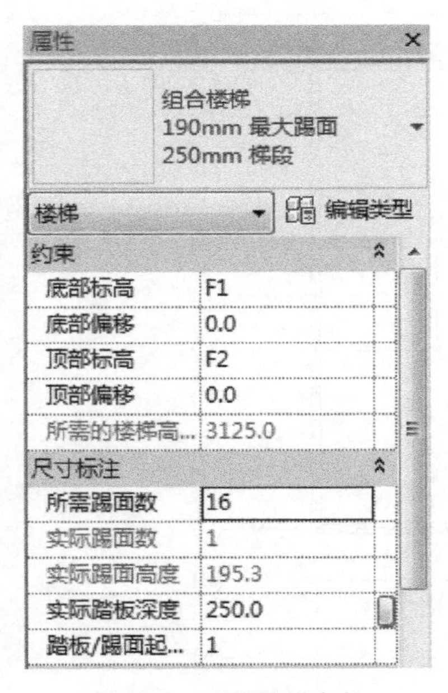

图8-92　设置楼梯参数

参数	值
计算规则	
最大踢面高度	190.0
最小踏板深度	250.0
最小梯段宽度	1050.0
计算规则	编辑...

图8-93　修改楼梯参数

3）编辑绘制扶手。选中外围的楼梯扶手，在功能区中单击“编辑路径”，绘图区域变得如图8-95所示，删除最上段和最左段的扶手，也就是与已有墙体重合的扶手，如图8-96所示，单击“✔”确认，完成楼梯扶手的编辑，得到三维效果，如图8-97所示。

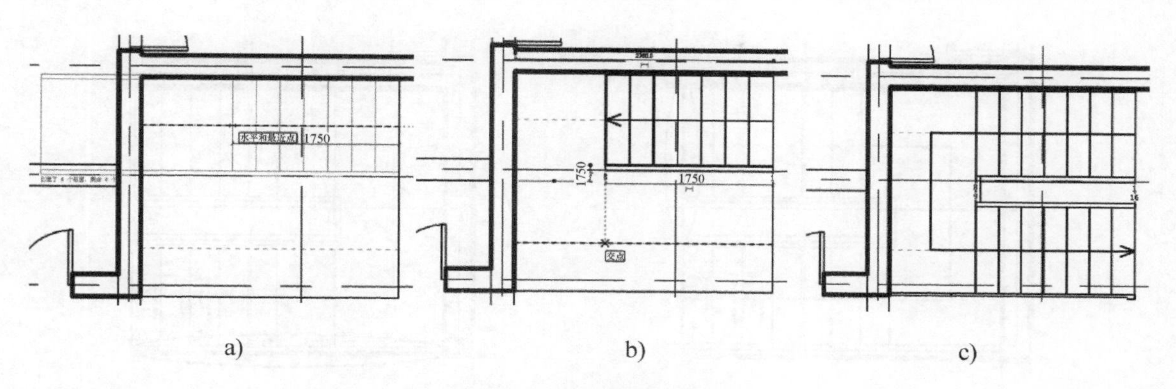

图 8-94　楼梯的绘制步骤

a）拉出第一段 8 阶台阶　b）完成第一段台阶　c）完成第二段台阶

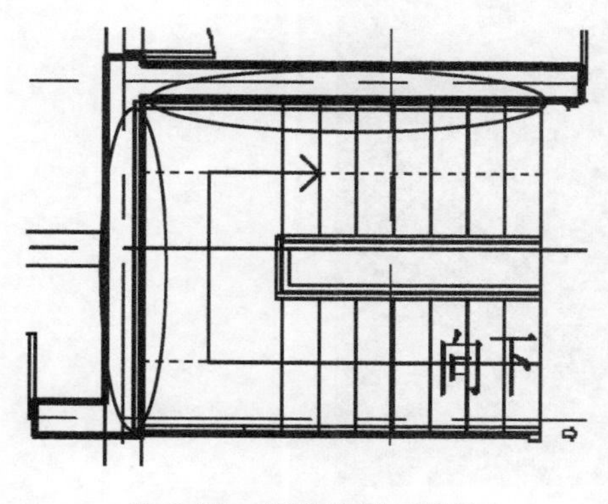

图 8-95　楼梯扶手编辑前

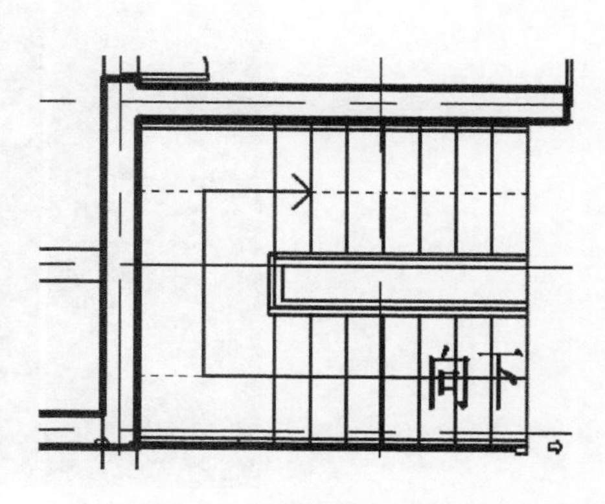

图 8-96　楼梯扶手编辑后

图 8-97　楼梯扶手的三维效果

最后，在二层没有设置栏杆的区域绘制栏杆。依次单击“项目浏览器\楼层平面\F2”，在功能区中单击“建筑”\“栏杆扶手”\“绘制路径”，先后绘制路径如图 8-98、图 8-99 所示，确认后，得到楼梯的最终三维效果如图 8-100 所示。

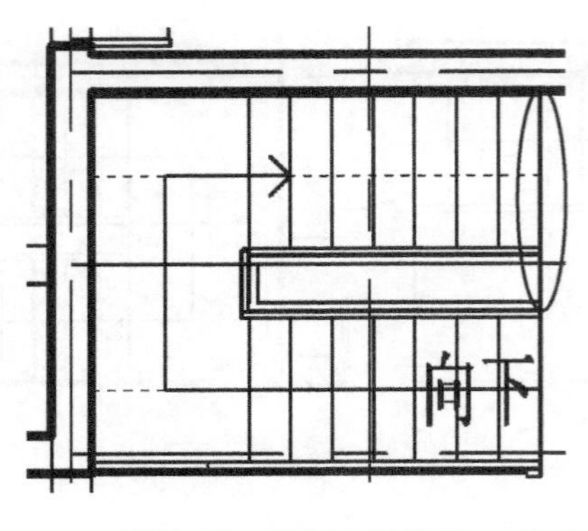

图 8-98　栏杆 1 的路径

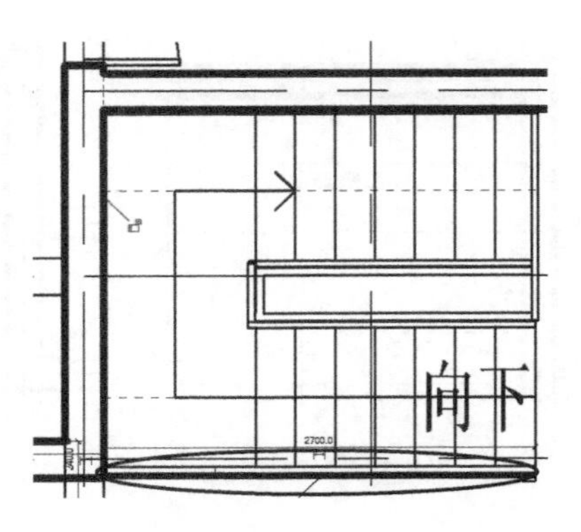

图 8-99　栏杆 2 的路径

图 8-100　楼梯的最终三维效果

步骤 8：添加屋顶。

1）绘制屋顶。切换至“项目浏览器\楼层平面\屋顶”平面，在功能区中单击“建筑\屋顶\迹线屋顶”，属性选项板自动切换到基本屋顶族。在弹出的“类型属性”对话框中，单击“编辑类型”按钮，复制“常规-400mm”的类型并重命名为“常规-150mm”，单击结构后的“编辑”按钮，修改屋顶厚度参数如图 8-101 所示，单击确定按钮。

返回属性选项板，取消屋顶坡度定义，如图 8-102 所示。进入绘图区域，绘制屋顶的轮廓线如图 8-103 所示，单击“✔”确认。完成屋顶的绘制。

层

	功能	材质	厚度	包络	可变
1	核心边界	包络上层	0.0		
2	结构 [1]	<按类别>	150.0	☐	☐
3	核心边界	包络下层	0.0		

图 8-101　屋顶结构的设置

尺寸标注	
坡度	0.00°
厚度	150.0
体积	21.565
面积	143.770

图 8-102　屋顶坡度的设置

2）绘制女儿墙。屋顶上，还需要绘制一圈女儿墙。在功能区中依次单击“建筑\墙\墙：建筑”，属性选项板自动切换到基本墙族，选择墙的类型为“外墙 240mm”，设置女儿墙的

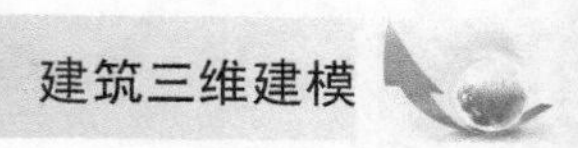

约束尺寸如图 8-104 所示。进入绘图区域，绘制女儿墙的轮廓线如图 8-105 所示，单击“✔”确认，完成女儿墙的绘制。得到屋顶最终的三维效果，如图 8-106 所示。

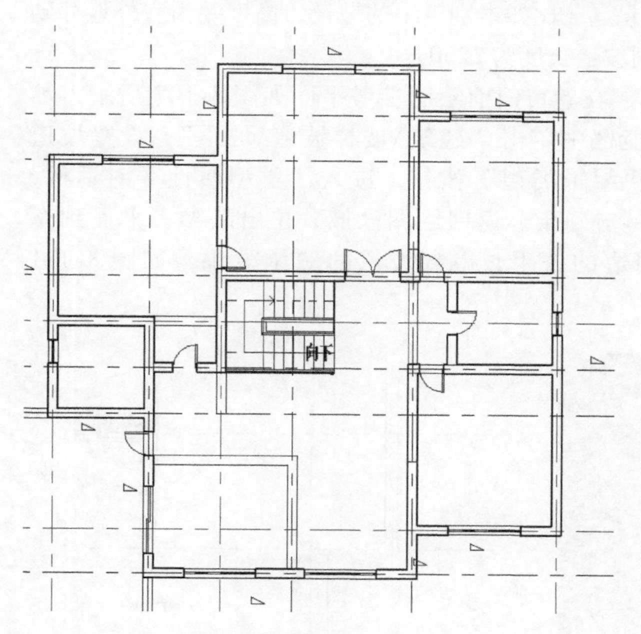

图 8-103 屋顶的轮廓

约束	
定位线	墙中心线
底部约束	屋顶
底部偏移	0.0
已附着底部	☐
底部延伸距离	0.0
顶部约束	直到标高: 女儿墙
无连接高度	600.0
顶部偏移	0.0

图 8-104 女儿墙的约束尺寸设置

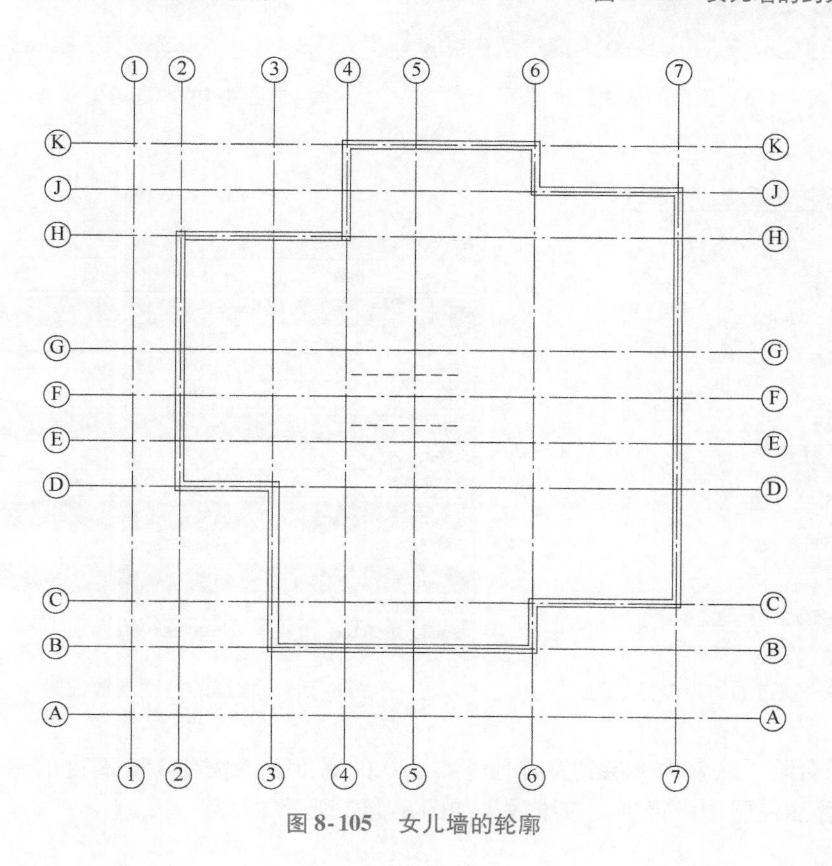

图 8-105 女儿墙的轮廓

步骤9：完成其余构件。

1）坡道。在一楼车库的卷帘门外，应设置坡道，方便进出车库。坡道是从低处往高处画，所以绘制坡道前，需要设计好坡道的起点。比如本别墅中的坡道，高度差为室外地坪到F1，也就是450，如果设计坡道为1∶5，则坡道长度为2250。

切换至“项目浏览器\楼层平面\F1”，在卷帘门前绘制参考平面如图8-107所示，参考平面到卷帘门间的距离为2250。在功能区中单击“建筑\楼梯坡道\坡道”，设置坡道的约束参数设置如图8-108所示。单击“编辑类型”按钮，进入“类型属性”对话框，坡道的类型参数设置如图8-109所示，单击确定。返回绘图区域，拉出从参考平面到车库的坡道如图8-110所示。删除坡道两边的扶手，得到坡道的三维效果，如图8-111所示。

图8-106　屋顶的最终三维效果

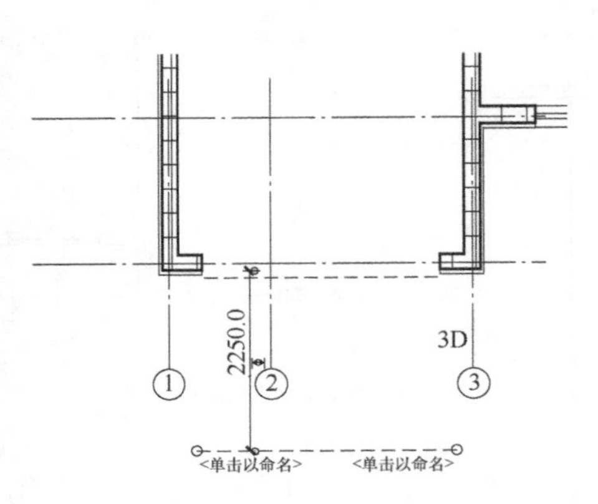

图8-107　坡道的参考平面

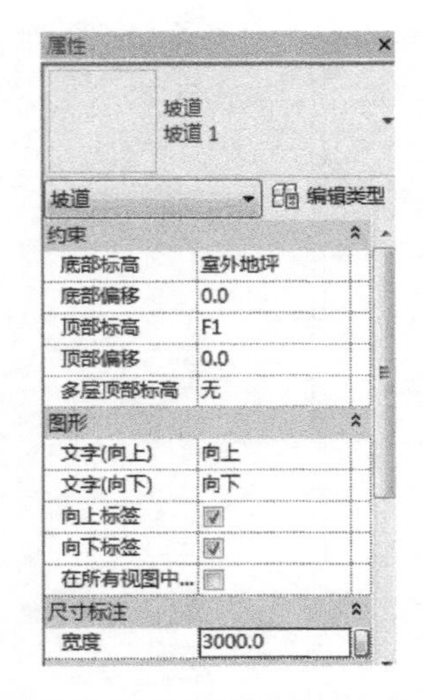

属性

坡道
坡道 1

坡道　编辑类型

约束	
底部标高	室外地坪
底部偏移	0.0
顶部标高	F1
顶部偏移	0.0
多层顶部标高	无
图形	
文字(向上)	向上
文字(向下)	向下
向上标签	☑
向下标签	☑
在所有视图中...	☐
尺寸标注	
宽度	3000.0

图8-108　坡道的约束参数设置

类型参数

参数	值
构造	
造型	实体
厚度	150.0
功能	内部
图形	
文字大小	2.5000 mm
文字字体	Microsoft Sans Serif
材质和装饰	
坡道材质	<按类别>
尺寸标注	
最大斜坡长度	12000.0
坡道最大坡度(1/x)	5.000000

图8-109　坡道的类型参数设置

2）室外台阶。从室内一层到室外地坪共450的高度差，需要150高度的台阶三阶。该台阶可采用叠加三层楼板得到，三维效果如图8-112所示。

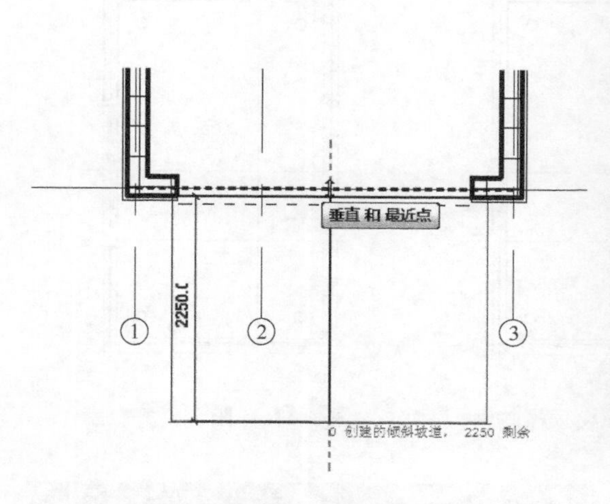

图 8-110　坡道的绘制

图 8-111　坡道的三维效果

3）阳台。阳台包括柱子、屋顶和栏杆。依次单击“项目浏览器\楼层平面\F2”，在功能区中依次单击“建筑\柱\结构柱”。属性选项板自动切换到柱族，单击“编辑类型”，进入“类型属性”对话框，单击载入，选择路径“结构\柱”下的圆柱，确定返回。在属性选项卡设置约束尺寸如图 8-113 所示，确认返回。在绘图区域，均布放置柱子如图 8-114 所示，柱子长度方向间距为 2600，宽度方向间距为 5000。

图 8-112　台阶的三维效果

约束	
柱定位标记	A(500)-1(500)
底部标高	F2
底部偏移	0.0
顶部标高	屋顶
顶部偏移	-150.0

图 8-113　约束尺寸的设置

类似绘制屋顶，绘制阳台顶棚的轮廓线如图 8-115 所示，单击“✔”确认，完成阳台顶棚。

最后，在二层绘制栏杆的轮廓线如图 8-116 所示，单击“✔”确认，完成阳台栏杆。得到阳台的三维效果如图 8-117 所示。

至此，完成了别墅的建模，整体外部效果如图 8-118 所示。

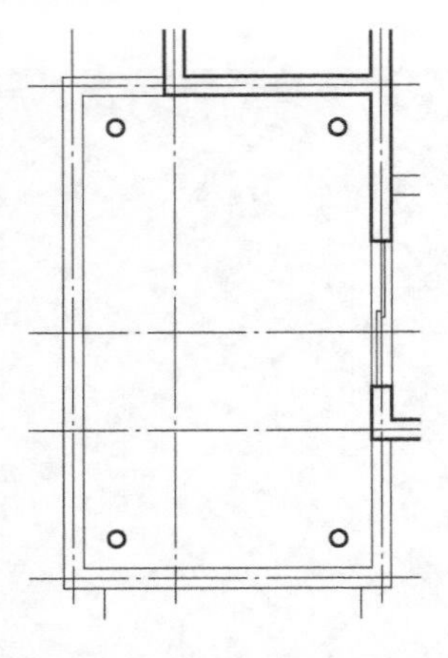

图 8-114　柱的布置

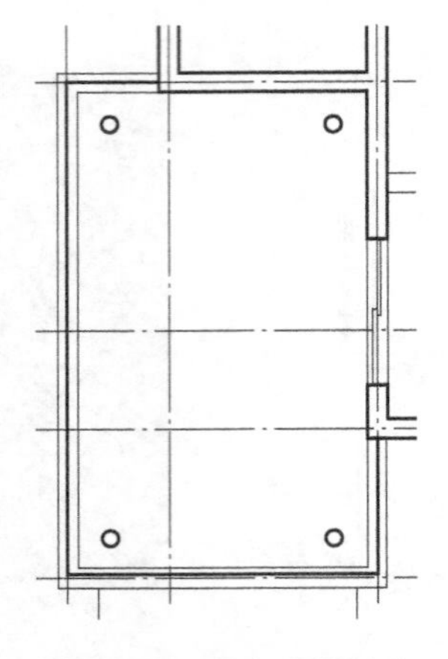

图 8-115　阳台顶棚轮廓

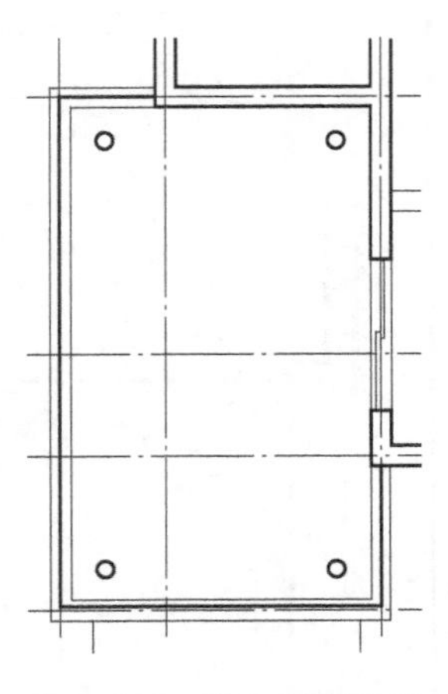

图 8-116　阳台栏杆轮廓

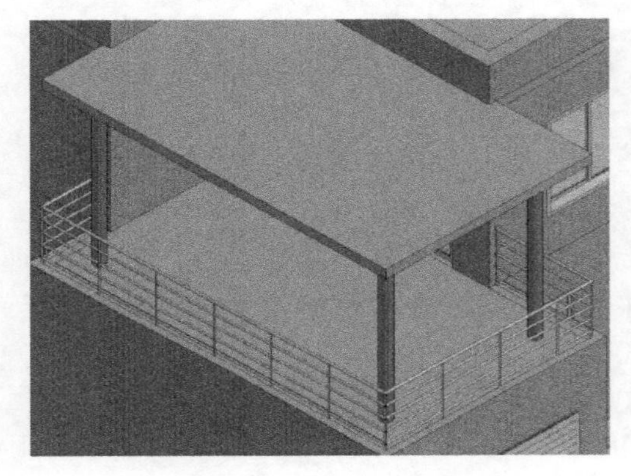

图 8-117　阳台的三维效果

图 8-118　别墅的整体效果

习　题

[8-1]　如图 8-119 所示，用 Revit 软件创建轴网。

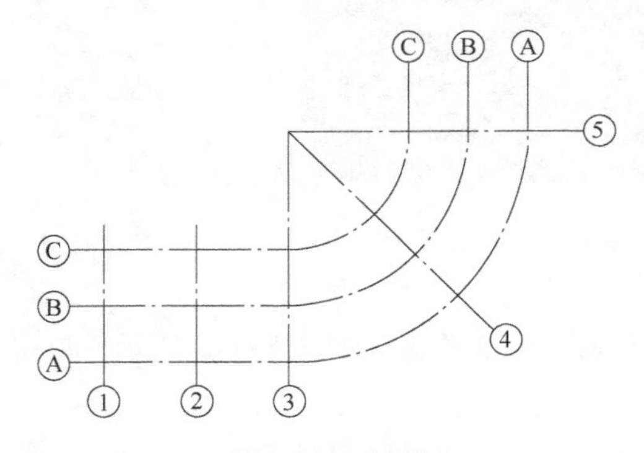

图 8-119　轴网

[8-2]　根据图 8-120 ~ 图 8-127，用 Revit 软件建立房屋模型。

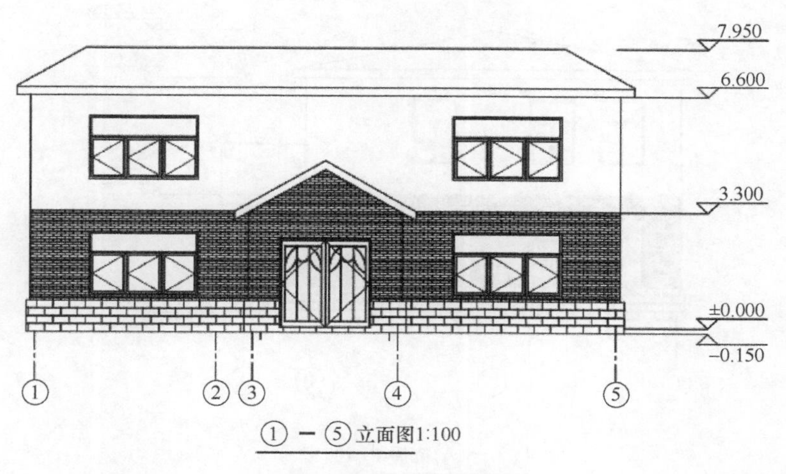

图 8-120　①-⑤立面图

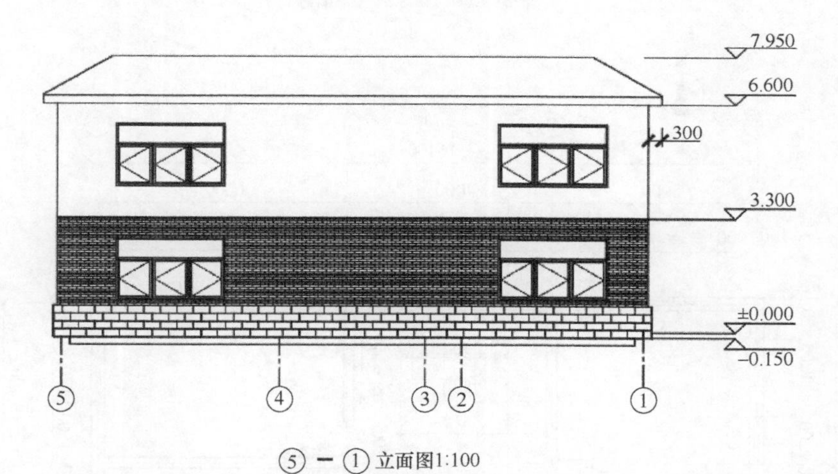

图 8-121　⑤-①立面图

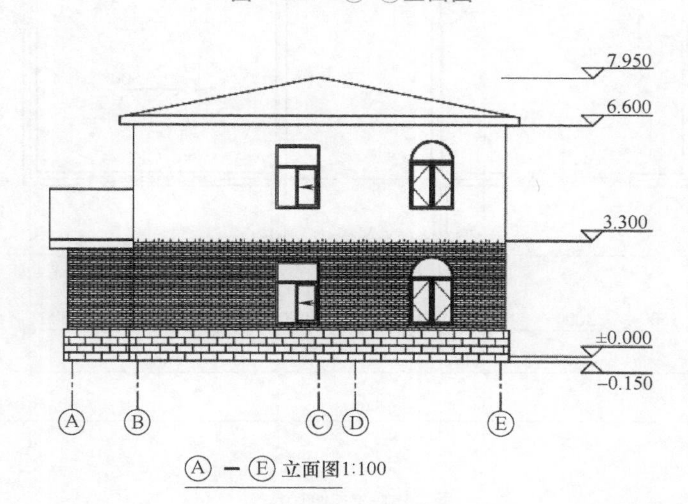

图 8-122　Ⓐ-Ⓔ立面图

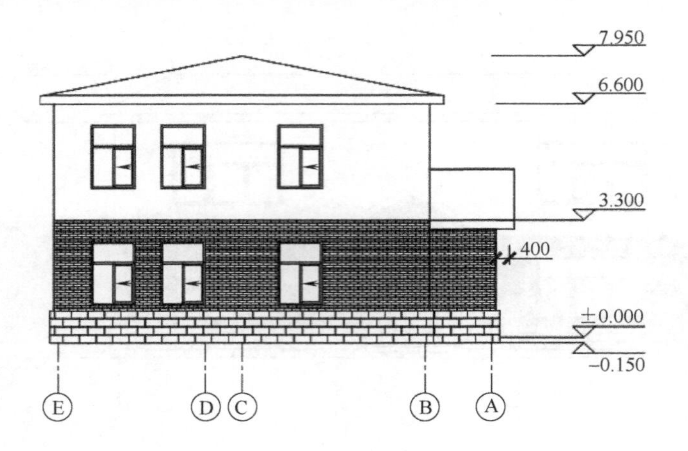

Ⓔ—Ⓐ立面图1:100

图 8-123　Ⓔ-Ⓐ立面图

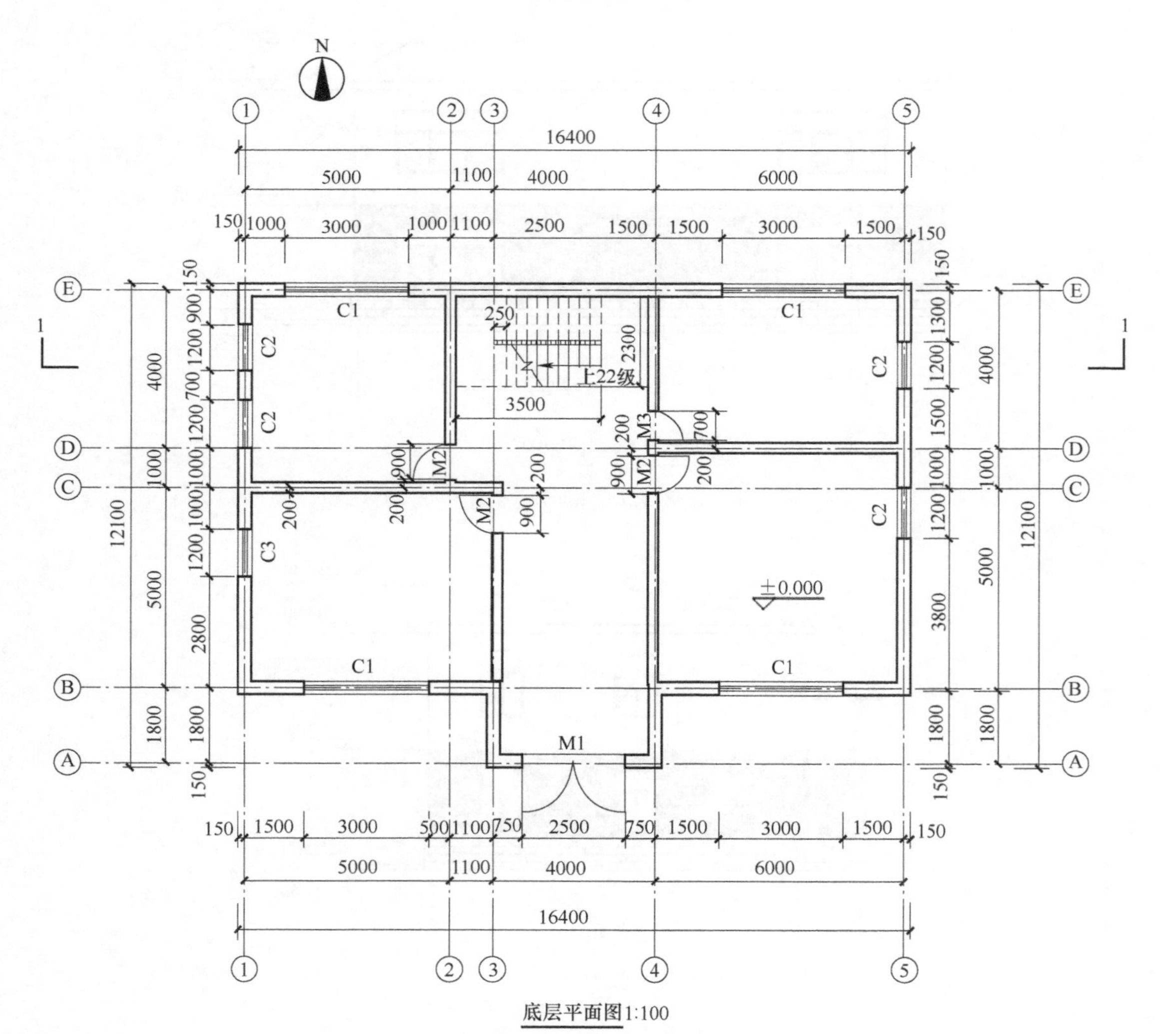

底层平面图1:100

图 8-124　底层平面图

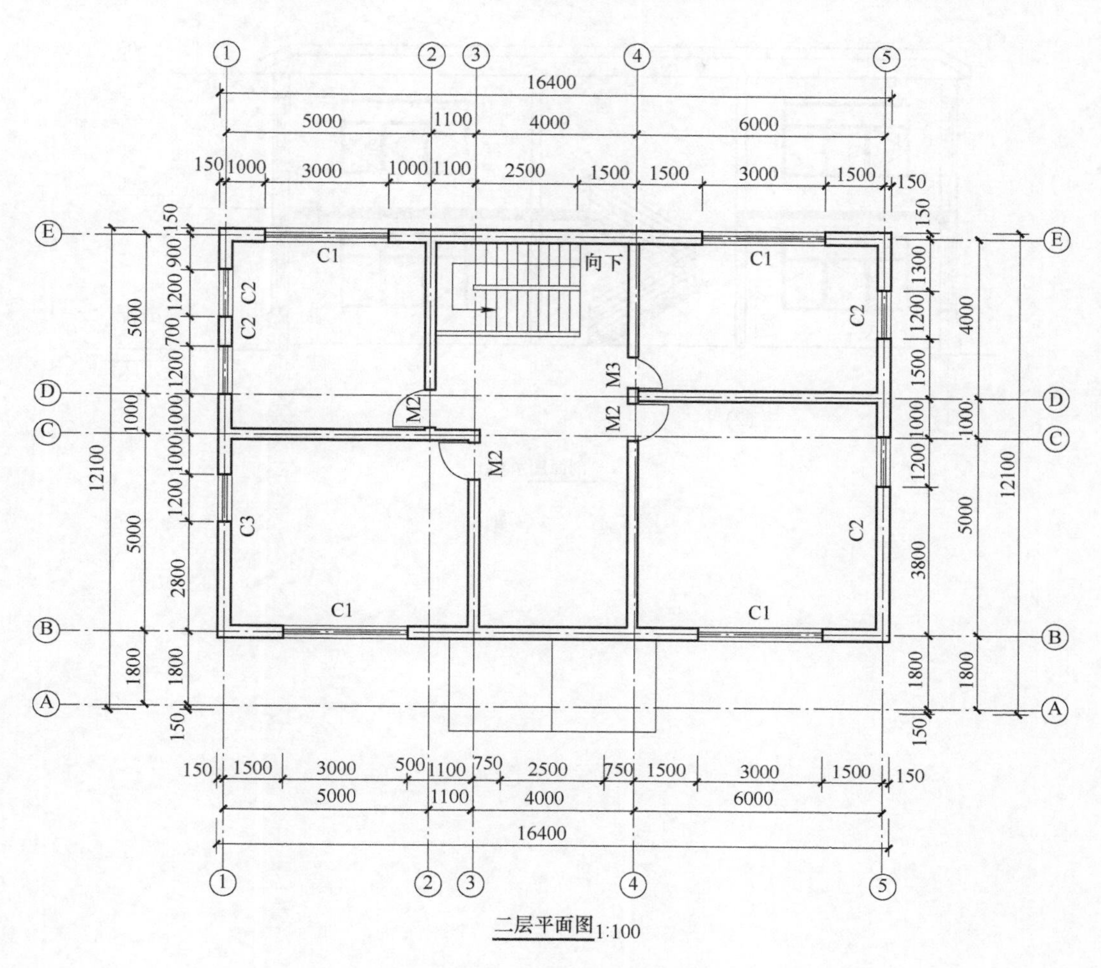

图 8-125 二层平面图

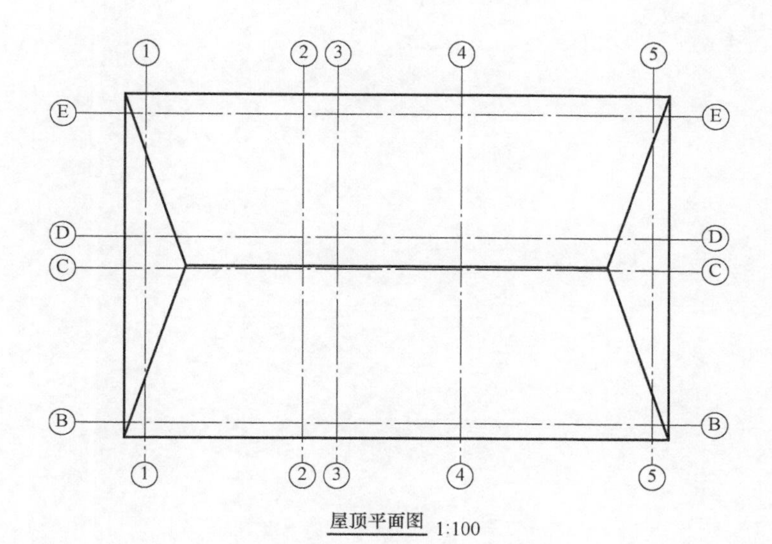

图 8-126 屋顶平面图

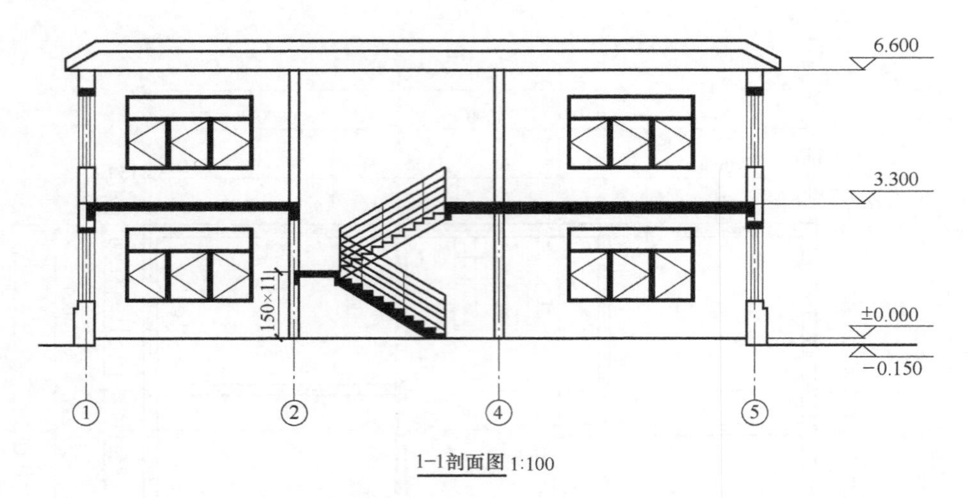

图 8-127　1-1 剖面图

第9章　族与体量

■9.1　参数化设计方法

在建筑工程项目中集成各相关工程数据模型，并构建了彼此元素之间的关联性，这样的设计方法称为参数化设计。参数化设计方法是有别于传统的一种全新的设计方法，是一种可以使用各种工程参数来创建、驱动单位模型，并可以利用模型进行性能分析与模拟优化的设计方法，它是实现BIM全生命期、提升设计质量和效率的重要技术保障。参数化设计的特点为：全新的专业化三维设计工具、实时的三维可视化、更先进的协同设计模式、由模型自动创建施工图纸及明细表、一处修改处处更新、配套的分析及模拟工具等。

作为BIM平台下最具代表性的设计软件之一，Revit在参数化设计、构件关联性设计、参数驱动形体设计和协作设计等方面表现尤为突出。Revit软件在使用时可以说是"处处是参数"。参数化是指Revit模型的所有图元之间的关系，这些关系可实现Revit的协调和管理功能。它可以由软件自动创建，也可以由设计者在项目开发期间创建。参数化建模就是用专业知识和规则来确定几何参数和约束的一套建模方法，它有如下特点：

1）通过定义和附加参数来生成并驱动建筑形体，当改变一个参数，形体可以进行自动更新，从而帮助我们进行形体研究（Revit的参数化不涉及有关算法的设计）。

2）可以在软件中对不同的对象（如：一面墙和一扇窗）之间施加参数化约束。

3）可以通过一个参数推导其他空间上相关对象的参数（如：报告参数）。

4）参数的约束能够系统自动维护。

族（Family）是Revit参数化设计的重要概念，族是构件的组合，Revit中图元都是以构件的形式出现，这些构件之间的不同是通过参数的调整反映出来的，参数保存了图元作为数字化建筑构件的所有信息。构件模型的建立速度是决定整个建模效率的关键。参数化设计方法就是将模型中的定量信息变量化，使之成为可以在合理范围内调整的参数。对于变量化参数赋予不同数值，就可以得到基本结构相同、但尺寸、形状不同的构件模型。除了常见的尺寸变量之外，诸如构件的材质、显隐特性等等均可以成为变量。

9.2 族

9.2.1 族的概念

“族”是Revit中使用的一个功能强大的概念，有助于使用者更轻松地管理数据和进行修改。“族”是参数的载体，它不仅包括建筑部件、几何形状，还可以模拟材料的各类特性以及受力情况等属性。每个族图元能够在其内定义多种类型，根据族创建者的设计，每种类型可以具有不同的尺寸、形状、材质的设置或其他参数变量。

在Revit中，“族”是一个必要的功能，可以帮助使用者更方便地管理和修改所搭建的模型，它在建筑表现的基础上同时包含了关于项目的智能数据。在Revit软件启动界面中，可以看到软件环境分成“项目”与“族”两大部分，这说明“族”在整个软件构架中占有非常重要的地位。

1. 族的类型简介

Autodesk Revit有以下三种族类型：

1）系统族：系统族是在Autodesk Revit中预定义的族，包括基本建筑构件，例如墙、门、窗等。使用者可以复制和修改现有系统族，但不能创建新的系统族。可以通过指定新参数定义新的族类型。

2）标准构件族：在默认情况下，用户可以在项目样板中载入标准构件族，但更多标准构件族存储在构件库中。用户可以使用族编辑器创建和修改构件，可以复制和修改现有构件族，可以根据各种族样板创建新的构件族。族样板可以是基于主体的样板，也可以是独立的样板。基于主体的族包括需要主体的构件。

3）内建族：内建族可以是特定项目中的模型构件，也可以是注释构件。只能在当前项目中创建内建族，因此它们仅可用于该项目特定的对象，例如对自定义墙的处理。创建内建族，在“建筑”选项卡下“构建”面板中的“构件”下拉列表中选择“内建模型”，这时将弹出如图9-1所示“族类别和族参数”对话框，在这里可以选择类别，且使用者所使用的类别将决定构件在项目中的外观和显示控制，单击“确定”按钮后命名并进入创建族模式。

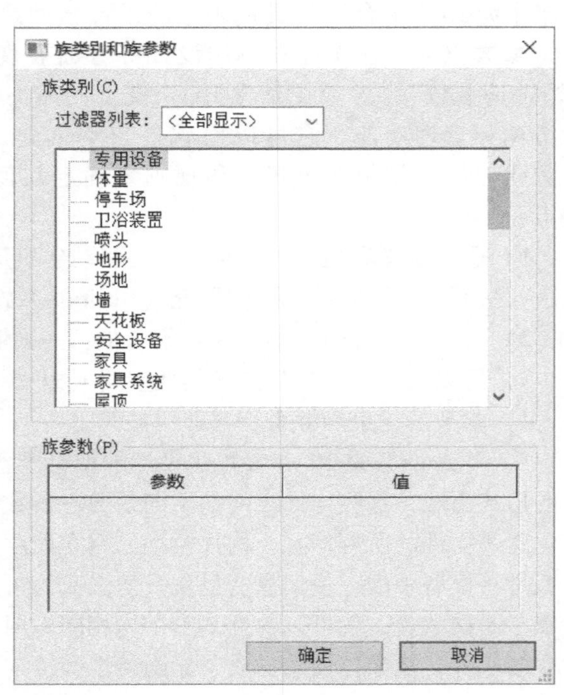

图9-1 “族类别和族参数”对话框

2. 族参数简介

族参数有以下三种类别：

1）固定参数：不能在类型或者实例中修改的参数，即族的定量。

2）类型参数：可以在类型中修改的参数，修改族的类型参数将导致该族同一类型的图元同步变化。

3）实例参数：不出现在类型参数中，而是只出现在实例属性中，修改图元的实例参数，只会导致选中的图元改变，而不影响任何其他的图元。

3. 族的样板简介

Revit 族样板相当于一个构建块，其中包括在开始创建族时以及 Revit 在项目中放置族时所需要的信息。用户可以从分类、功能、使用等角度从系统提供的样板中进行选择。若选取不恰当的样板，会造成使用不便、功能受限等问题，甚至导致完全返工。因此，用户在创建或编辑族时选择适合的族样板非常关键。

（1）族类别的确定　对族样板进行选择首先需要通过样板文件的名称来进行选择，同时还要特别考虑其适用对象的构建及使用特征。从这两个角度来说，族样板主要可以分为以下9类：

1）基于墙的样板。用来创建将插入到墙中的构件，如：门、窗和照明设备等。有些墙构件（例如门和窗）包含洞口，因此在墙上放置这种构件时，墙上会剪切出一个洞口。

2）基于天花板的样板。用来创建将插入到天花板中的构件，如：消防装置、照明设备等。有些天花板构件包含洞口，因此在天花板上放置该种构件时，天花板上会剪切出一个洞口。

3）基于楼板的样板。用来创建将插入到楼板中的构件。有些楼板构件，如：加热风口或排水口，包含洞口，因此在楼板上放置该种构件时，楼板上会剪切出一个洞口。

4）基于屋顶的样板。用来创建将插入到屋顶中的构件，如：天窗和屋顶风机等。有些屋顶构件包含洞口，因此在屋顶上放置该种构件时，屋顶上会剪切出一个洞口。

5）独立样板。独立构件不依赖于任何主体，可以放置在模型中的任何位置，可以相对于其他独立构件或基于主体的构件添加尺寸标注。家具、电气器具、风管以及管件是典型的独立构件。

6）自适应样板。用以创建需要灵活适应许多独特上下文条件的构件，如：自适应构件可以用在通过布置多个符合用户定义限制条件的构件而生成的重复系统中。选择一个自适应样板时，将使用概念设计环境中的一个特殊的族编辑器创建体量族。

7）基于线的样板。用以创建采用两次拾取放置的族。其中详图构件属于二维构件，模型构件属于三维构件。常见的有灌木丛、窗台披水、屋面卷材、梁、带箭头的引线、沿直线等距布局的配景等。

8）基于面的样板。用以创建基于工作平面的族，这些族可以修改它们的主体。从样板创建的族可在主体中进行复杂的剪切。这些族的实例可放置在任何表面上，而不考虑它自身的方向。常见例子有门窗把手、投影仪、水龙头等。

9）专用样板。当族需要与模型进行特殊交互时使用专用样板。这些族样板仅特定于一种类型的族，如："结构框架"样板仅可用于创建结构框架构件。

（2）族样板的特殊功能　一些族样板都有其特殊功能，用户在选择使用时可以不拘泥于族样板文件名称而选择使用，来制作出满足需求的构件。

以"公制柱.rft"样板为例，一般的族样板中只有一个参照标高，而公制柱样板的最主要特征是它包含有两个参照标高。当族被放置到任何平面中时，会自动识别其所在的标高和

上层标高并产生关联映射。根据这个特性，我们可以灵活地用它来制作需要和层高发生关系的构件族，例如柱、自动扶梯、坡道等等。建立关联后，当层高变化时，这些构件也会根据预先定义的规则进行相应的变化。

9.2.2 创建族

使用族体系新建构件，建成的构件可以进行二次包装转换成单一或指定参数的构件，方便导入到项目或其他族中并在应用过程中进行参数调整，和进行整体建筑物的搭建。在族的系统内对构件建模主要有5种一般建模方式：拉伸、融合、旋转、放样、放样融合。对于单个构件会根据其结构特性采取对应的建模方式，即相同或不同建模方式不同顺序的排列组合，每类构件均是由不同排列组合建模方式建造出来的体块拼合而成，较为常用的是拉伸和融合方式。

在建模过程中，首先需要设置一个工作平面在进行建模操作，创建不同体块时需要重新设置工作平面，即所要进行体块创建操作的参照面。基本除第一层体块外，其余的体块都需要拾取之前所建体块的某个平面作为工作平面进行建模操作。

上述的5种建模方法生成的实体模型可以进行拼合，也可以建空心模型对实体模型进行剪切，以实现设计效果。以下将逐一介绍族建模方法。

9.2.2.1 拉伸

1. 功能

通过拉伸二维形状（轮廓）来创建三维实心形状。

2. 执行方式

- 功能区：【创建】\【形状】\拉伸

在工作平面上画出体块的底边的封闭轮廓，之后设定该模块的高度（或厚度，对不同构件有不同的约束），也可以在建完该体块之后进行修改，所建立的体块可以理解为所有的“柱体”。

3. 操作步骤

依次单击“文件\新建\族”，族类型选择“公制常规模型”，或从“建筑\构件\内建模型”选择“常规模型”。

单击“拉伸”按钮，单击“工作平面”组中的“设置”，打开如图9-2所示的工作平面对话框。选择“拾取一个平面”［例如：“参照平面：中心（前/后）”］，确定后选择转到视图“立面：前”。

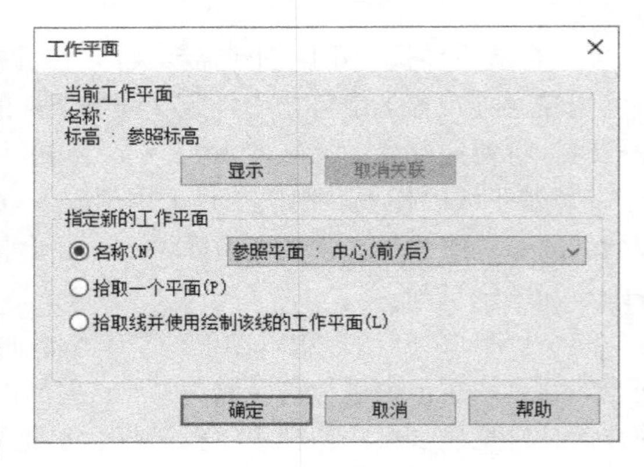

图9-2　工作平面对话框

绘制如图9-3所示的屋顶形状，单击完成按钮“✔”完成拉伸。

完成后的拉伸模型在三维视图中通过拖拽各造型操纵柄“►”，即可实现对屋顶尺寸的变更，如图9-4所示。

9.2.2.2 融合

1. 功能

用于创建三维实心形状，该形状将沿着长度方向发生变化，从初始形状融合到最终形状。

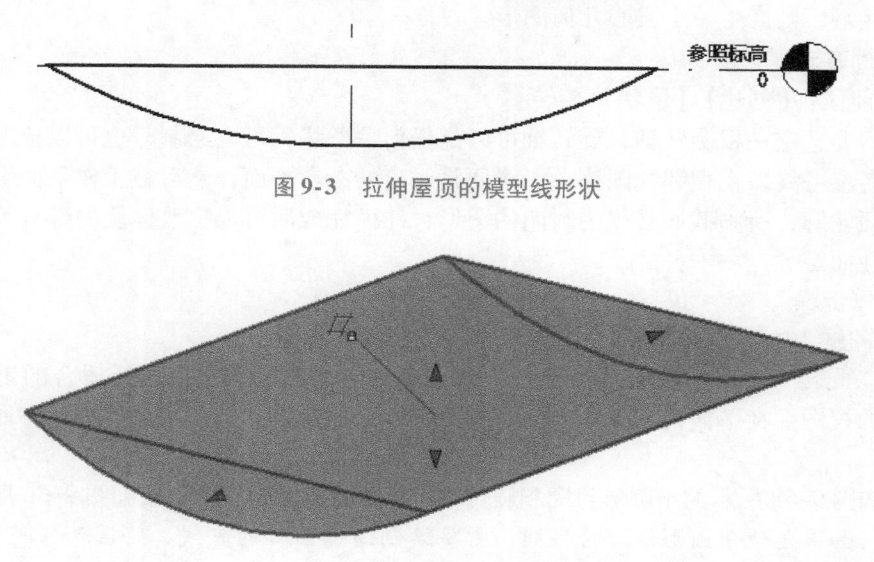

图 9-3　拉伸屋顶的模型线形状

图 9-4　拉伸模型

2. 执行方式

- 功能区：【创建】\【形状】\融合

融合是用来构建上下两个底面轮廓不同的体块，两个底面之间的过渡由软件自行计算完成。融合操作的过程是先在工作平面上画出体块的底部轮廓，可以是任意形状，之后切换一下，在同一个工作平面上画体块的顶部轮廓，然后设置底面和顶面之间的距离，此距离也可以在建完体块之后进行调整。融合实体的顶部和底部轮廓必须是单一封闭线框。

3. 操作步骤

选择【文件】\【新建】\【族】命令，族类型选择“公制常规模型”。

在工作平面上画出体块的底部正六边形轮廓和顶部正方形轮廓，如图 9-5a 和 b 所示。单击完成后，可以在三维视图或立面视图通过拖动造型操纵柄来改变融合实体高度，如图 9-5c 所示。

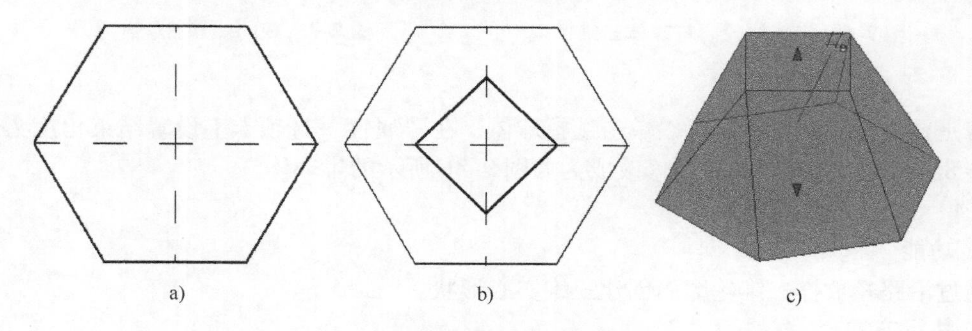

图 9-5　融合示例

a）底部轮廓　b）顶部轮廓　c）完成融合

9.2.2.3　旋转

1. 功能

旋转是指围绕轴旋转某个形状而创建的形状。可以旋转形状一周或小于一周。如果轴与旋转造型接触，则产生一个实心几何图形。

2. 执行方式

- 功能区：【创建】\【形状】\旋转

首先需要选定一根旋转轴，旋转轴可以是任何一条线，可以绘制，也可以拾取某构件的轮廓线或者参考线，在相邻视图该参考线便是对应的参考平面，然后在工作平面上画出此旋转体的截面轮廓，所画截面必须为封闭的图形，建模完成后可以更改体块的部分尺寸，视具体体块特性而定。

3. 操作步骤

依次单击“文件\新建\族”，族类型选择“公制常规模型”。

使用“旋转”命令，在立面上绘制轮廓。在工作平面对话框中选择适合的工作平面并进入相应的视图。在平面视图上绘制一个参照平面，通过设置工作平面进入该参照平面的立面视图。

绘制如图9-6a所示的半圆形轮廓和旋转轴，单击完成后，旋转形成如图9-6b所示球体。

说明：如果是使用圆形修改为半圆，需要绘制通过圆心的直线，将圆形修剪为半圆形，单击绘制的圆形在“属性”选项卡中勾选“使中心标记可见”，如图9-7所示。

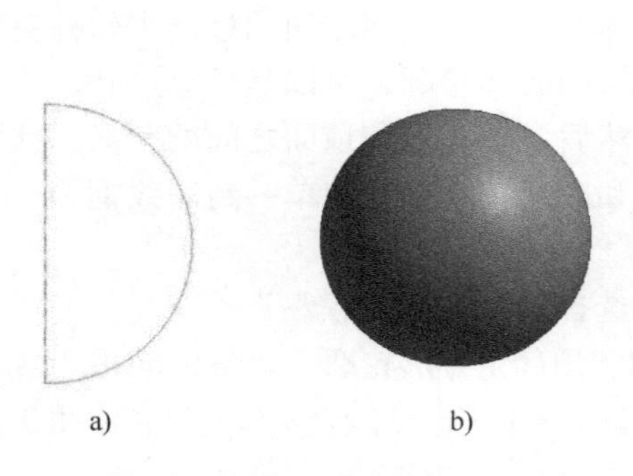

图9-6　旋转体轮廓与球体三维模型

a）半圆形轮廓和旋转轴　b）完成后的球体

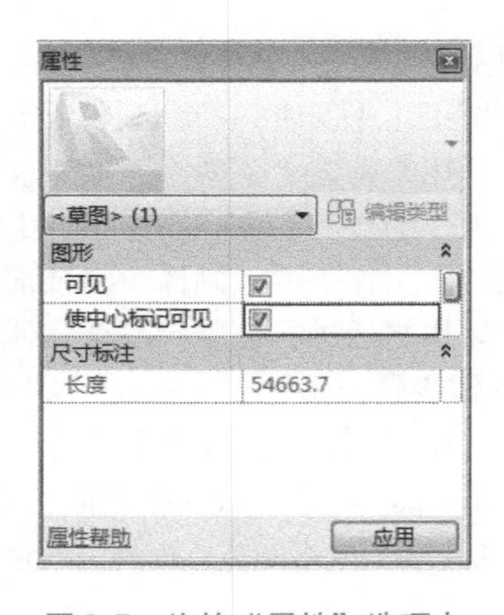

图9-7　族的“属性”选项卡

若是要创建半球体，则可以单击选择球体，在“属性”选项卡上设置结束角度为180°，如图9-8a所示，将原有的球体修改成为如图9-8b所示的半球体。

9.2.2.4　放样

1. 功能

通过沿路径放样二维轮廓而创建三维实心形状。

2. 执行方式

- 功能区：【创建】\【形状】\放样

放样实现的是横截面沿着所规定的路径滑动而形成的实体，因此需要描绘所建体块的路径和体块的横截面轮廓，适用于横截面规则但路径不为直线的体块。

3. 操作步骤

依次单击“文件\新建\族”，族类型选择“公制常规模型”。

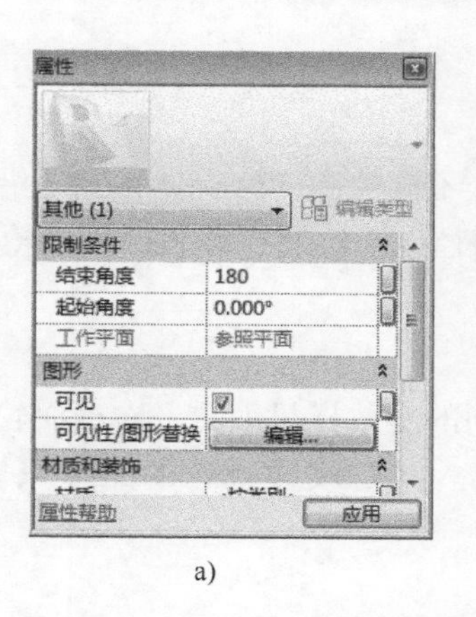

a)

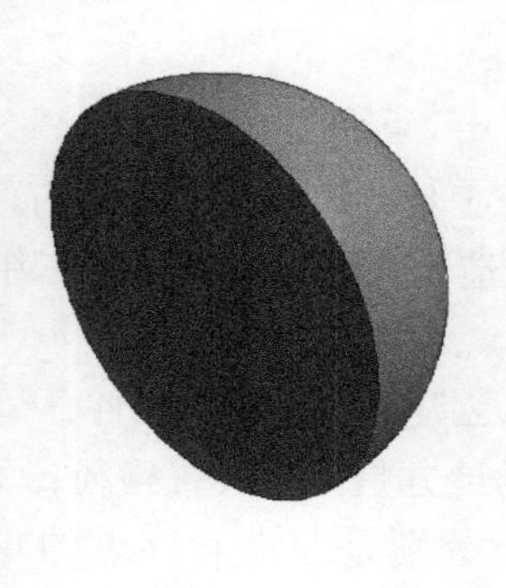

b)

图 9-8　修改为半球体

a）球体族的“属性”选项卡　b）完成后的半球体

使用“放样”命令后，单击“绘制路径”，绘制如图 9-9a 所示正方形线框。放样模型的路径必须是连续的线，可以不封闭。完成路径绘制后，单击图 9-9a 中的“轮廓：轮廓”平面，然后选择“编辑轮廓”，弹出“转到视图”对话框，如图 9-10 所示，选择“立面：前”后单击“打开视图”，进入轮廓前立面编辑视图。绘制如图 9-9b 所示的圆形轮廓。

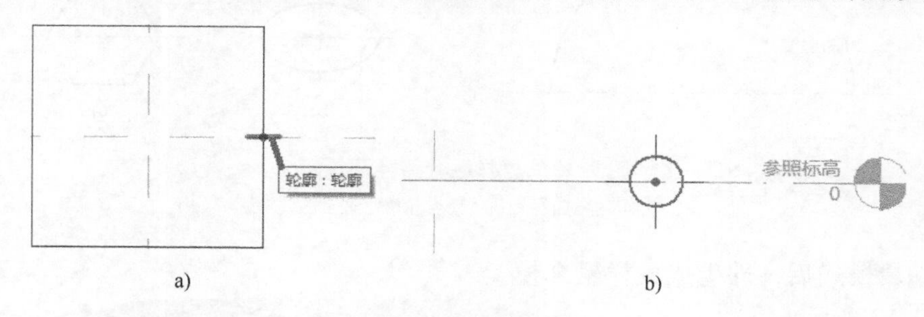

a)　　b)

图 9-9　放样示例

a）放样路径　b）放样轮廓

单击“完成轮廓”，单击“完成放样”，完成后的模型如图 9-11 所示。

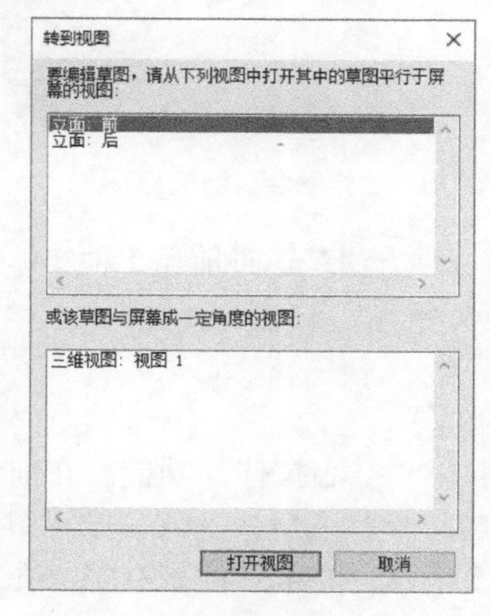

图 9-10　“转到视图”对话框

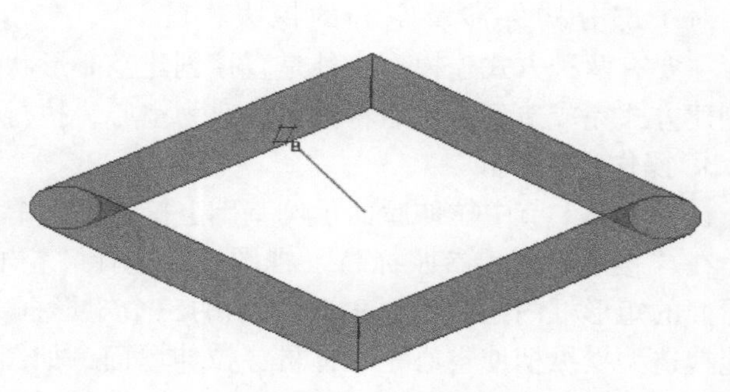

图 9-11　放样完成模型

9.2.2.5 放样融合

1. 功能

通过放样融合工具可以创建一个具有两个不同轮廓的融合体，然后沿某个路径对其进行放样。放样融合的造型由绘制或拾取的二维路径以及绘制或载入的两个轮廓确定。

2. 执行方式

- 功能区：【创建】\【形状】\拉伸

与放样相同的地方是需要设置路径，不同的是放样只编辑一次截面轮廓，而放样融合需要分别编辑两次，分别是起点和终点的轮廓。同时放样融合的路径只能是一段不封闭的线条。

3. 操作步骤

依次单击“文件\新建\族”，族类型选择“公制常规模型”。

选择“放样融合”功能后单击“绘制路径”，在参照平面上绘制如图 9-12a 所示的半圆弧路径。然后分别选择轮廓 1 和轮廓 2，即路径起点和终点的轮廓。起点轮廓绘制如图 9-12b 所示椭圆，终点轮廓绘制如图 9-12c 所示正六边形。

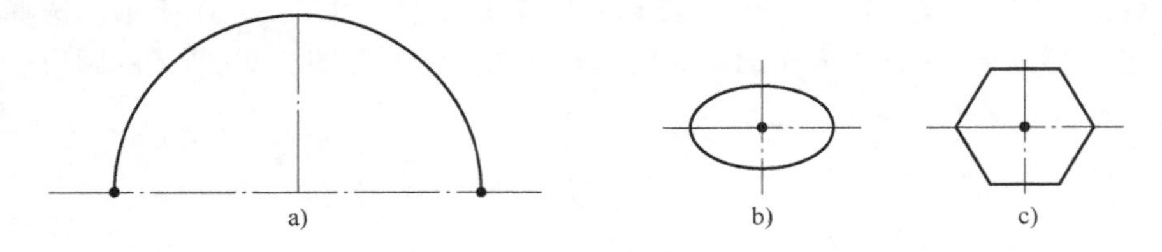

图 9-12 放样融合路径及轮廓

a）放样融合路径 b）起点轮廓 c）终点轮廓

完成编辑模式后，即生成放样融合模型，如图 9-13 所示。

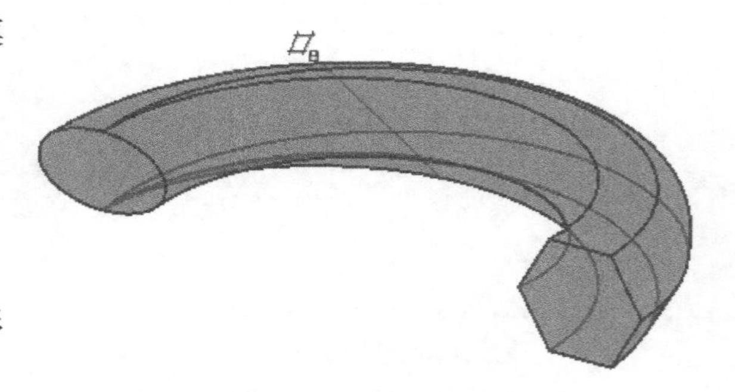

图 9-13 放样融合示例模型

9.2.2.6 空心形状

1. 功能

用于删除实心形状中的一部分。

2. 执行方式

- 功能区：【创建】\【形状】\空心形状

对于部分构件涉及空心的挖去、贯穿，主要有两种方式建模：一种是直接创建空心形状；另一种方法是通过前述 5 种实体体块的创建方式完成造型，然后将其属性改为空心，执行剪切命令。

3. 操作步骤

在 9.2.2.1 节中拉伸屋面示例基础上挖切出几个空心孔洞。

在“楼层平面：参照标高”视图中，选择“空心形状”“空心拉伸”功能。在前例拉伸屋面的矩形框内绘制如图 9-14 所示的三个矩形框。完成编辑状态后，进入三维视图，通过拖拽造型操纵柄使空心矩形框贯穿拉伸屋面，如图 9-15 所示。完成后的带有空心孔洞的拉伸屋面如图 9-16 所示。

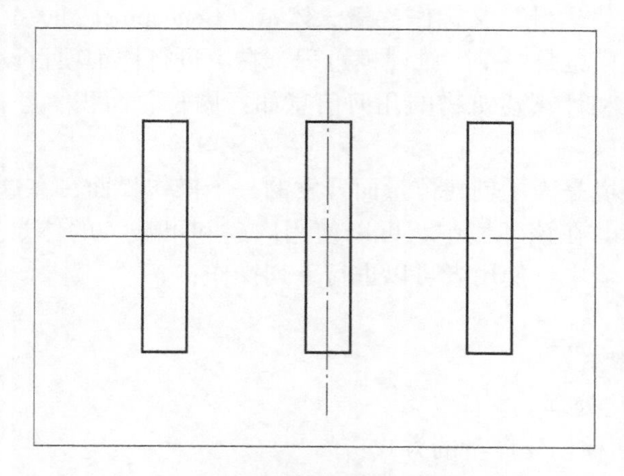

图 9-14　空心拉伸轮廓

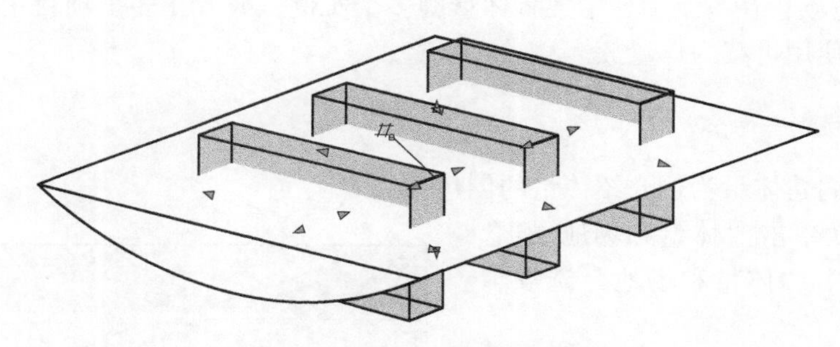

图 9-15　调整空心拉伸高度

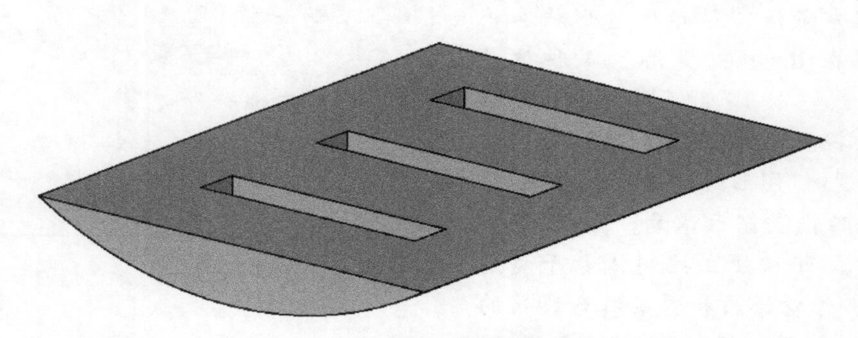

图 9-16　带有空心孔洞的拉伸屋面

■9.3　体量

9.3.1　体量的概念

体量（Mass）是在建筑模型的初始设计中使用的三维形状，是形体的空间几何概念。在项目初期，需要对基本造型进行概念化设计，通过体量研究，可以使用造型形成建筑模型概念，从而探究设计的理念。概念设计完成后，可以直接将建筑图元添加到这些形状中，从而生成实体模型。因此“体量”又称作“概念体量（Conceptual Mass）”。

进行概念体量的建模也是一个三维建模过程，在不进行详细项目设计的情况下，使用者可以传达潜在设计理念和计算建筑物的几何信息如：周长、面积、容积、体积等。在Revit软件中，体量也是一种族。

概念体量的设计环境是为了创建体量而开发的一个操作界面，在这个界面，使用者可以专门用来创建概念体量。在该环境中，可以使用内建和可载入的体量族图元来创建概念设计。在概念体量设计环境中，使用者可以进行下列操作：

1）创建自由形状。

2）编辑创建的形状。

3）形状表面有理化处理。

Revit提供了以下两种创建体量的方式：

1）内建体量：用于表示项目独特的体量形状。

2）创建体量族：在一个项目中放置体量的多个实例，或者在多个项目中需要使用同一体量族时，通常使用可载入体量族。

9.3.2 创建体量

这里以新建内建体量为例介绍体量的创建方法。

步骤1：依次单击“体量和场地\概念体量\内建体量”，“体量和场地”选项卡如图9-17所示。

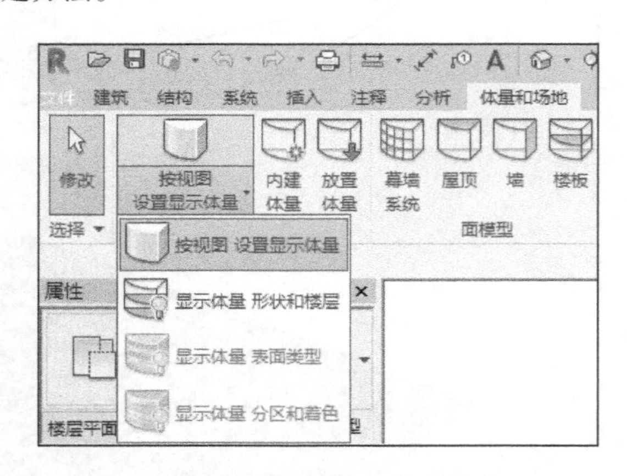

图9-17 “体量和场地”选项卡

说明：默认体量为不可见的，为了创建体量，可先激活“显示体量形状和楼层”模式。在Revit中提供了4种体量显示：

1）“按视图 设置显示体量”：此选项将根据“可见性/图形”对话框中“体量”类别的可见性设置显示体量。当“体量”类别可见时，可以独立控制体量子类别（如体量墙、体量楼层和图案填充线）的可见性。这些视图专有的设置还决定是否打印体量。

2）“显示体量 形状和楼层”：设置此选项后，即使体量类别的可见性在某视图中关闭，所有体量实例和体量楼层也会在所有视图中显示。

3）“显示体量 表面类型”：执行概念能量分析时，可使用此选项显示体量表面，以便可以选择各个表面并修改其图形外观或能量设置。要激活此选项，可单击“分析”选项卡下“能量设置”中的“创建能量模型”按钮。

4）“显示体量 分区和着色”：执行概念能量分析时，可使用此选项显示体量分区和着色，以便可以选择各个分区并修改其设置。要激活此选项，可单击“分析”选项卡下“能量设置”中的“创建能量模型”。

步骤2：如图9-18所示，在弹出的“名称”对话框中输入内建体量族的名称，然后单

击“确定”按钮，即可进入内建体量的草图绘制模型。

Revit 将自动打开如图 9-19 所示的体量模型的“创建”选项卡，列出了创建体量的常用工具。可以通过绘制、载入或导入的方法得到需要被拉伸、旋转、放样、融合的一个或多个几何图形。

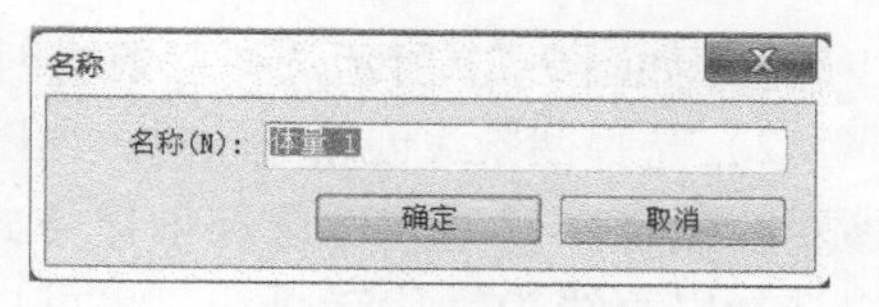

图 9-18 “名称”对话框

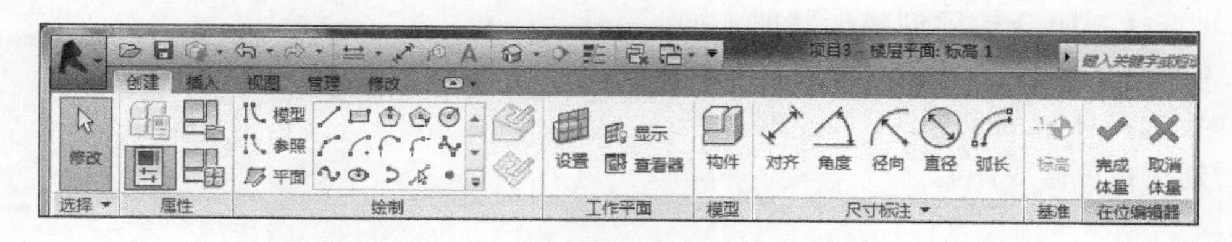

图 9-19 体量模型的“创建”选项卡

步骤 3：可用于创建体量的线类型包括模型线和参照线。使用线工具绘制的闭合或不闭合的直线、矩形、多边形、圆、圆弧、样条曲线、椭圆、椭圆弧等作为模型线。参照线用于创建新的体量或者创建体量的限制条件。

如图 9-20 所示，本例中以样条曲线为例，依次单击“创建\绘制\模型\通过点的样条曲线”，将基于所放置的几个点创建一个样条曲线，插入的点将成为线的驱动点。通过拖曳这些点可修改样条曲线形状。

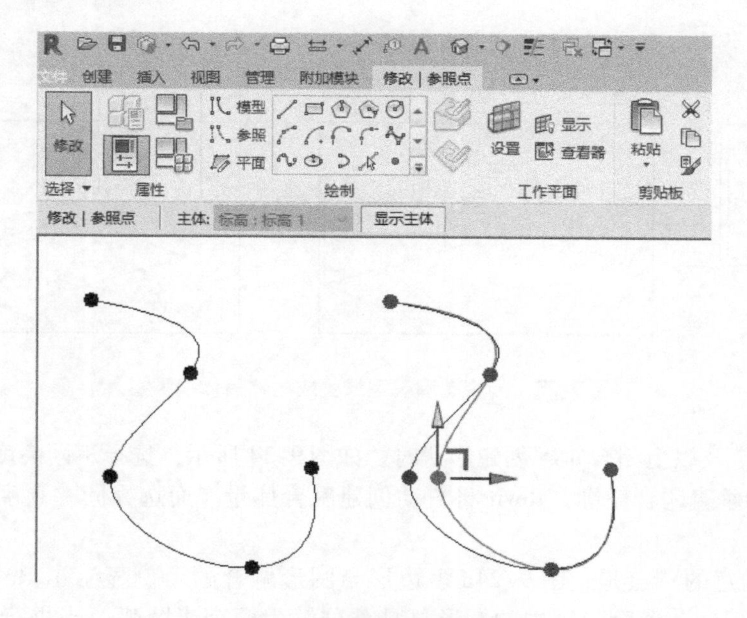

图 9-20 样条曲线模型线

说明：这里模型线可以是外部导入的线，或者为自创建的形状的边。

步骤 4：这里对于不同模型线的选择情况，可以生成不同类型的体量模型。

通过选择上一步的方法创建的一个或多个线、顶点、边或面，依次单击“修改 | 线\形状\创建形状”可创建精确的实心形状或空心形状。通过拖曳这些形状可以创建所需的造型，可直接操纵形状。不再需要为更改形状造型而进入草图模式。

1）如图9-21所示选择一条线创建形状：线将垂直向上生成面。

2）选择两条线创建形状时，如图9-22所示，预览图形下方可选择创建方式，可以选择以直线为轴旋转弧线，也可以选择两条线作为模型线形成面。

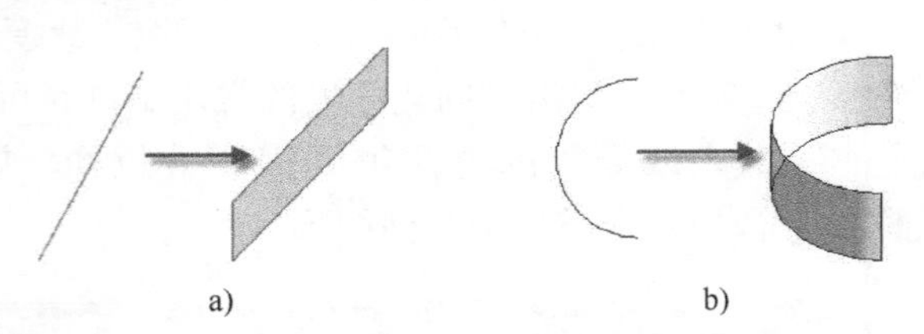

图9-21　一条模型线生成的体量面模型
a）直线模型线　b）圆弧模型线

3）选择一闭合轮廓创建形状时，如图9-23所示，创建拉伸实体时按【Tab】键可切换选择体量的点、线、面、体，选择后可通过拖曳修改体量。

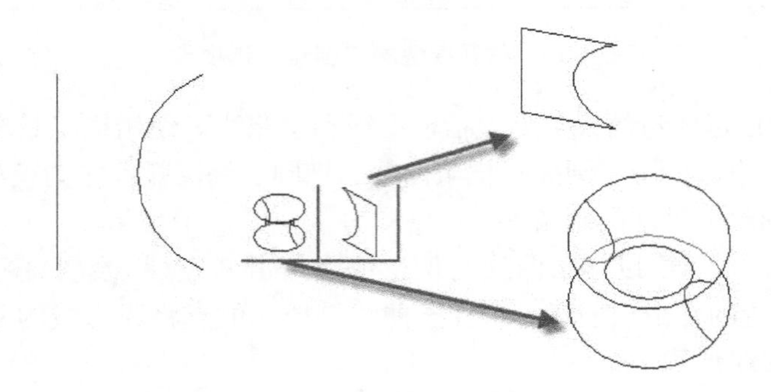

图9-22　两条模型线生成的体量面模型和旋转面模型

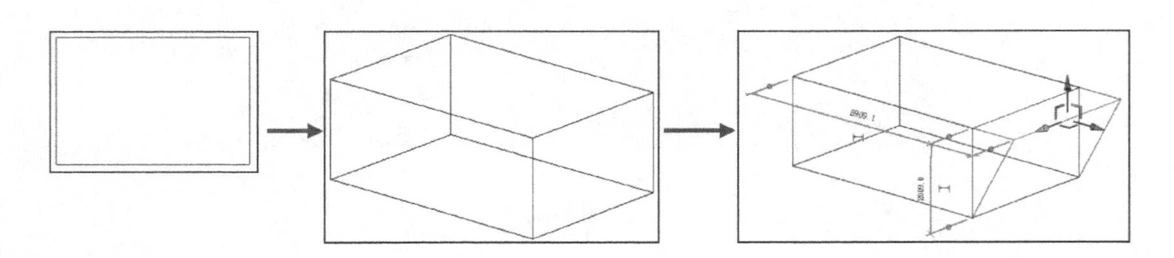

图9-23　闭合轮廓模型线生成的体量体模型

4）选择两个及以上闭合轮廓创建形状时，如图9-24所示，选择不同高度的两个闭合轮廓或不同位置的垂直闭合轮廓，Revit将自动创建融合体量。而选择同一高度的两个闭合轮廓无法生成体量。

这里需要注意的一点是，图9-24a多边形与圆形融合的示例显示了Revit软件建模中的一个特点，即Revit模型轮廓中的圆形总是被分解为两个半圆弧。当进行多边形与圆形轮廓融合时，其结果与实际工况的期望差异甚大。如果使用者希望融合效果贴近实际工况中对圆形轮廓的期望，可以选用正多边形（Revit软件正多边形的最多边数为36）来代替圆形。

5）选择一条模型线及一条闭合轮廓创建形状时，如图9-25所示，当线与闭合轮廓位于同一工作平面时，将以直线为轴旋转闭合轮廓创建形体，而当选择线及线的垂直工作平面上的闭合轮廓创建形状时，将创建放样的形体。

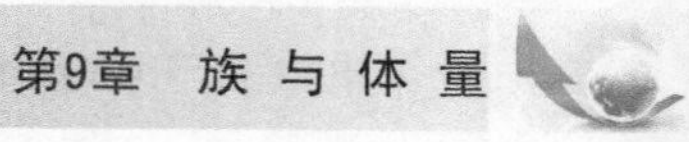

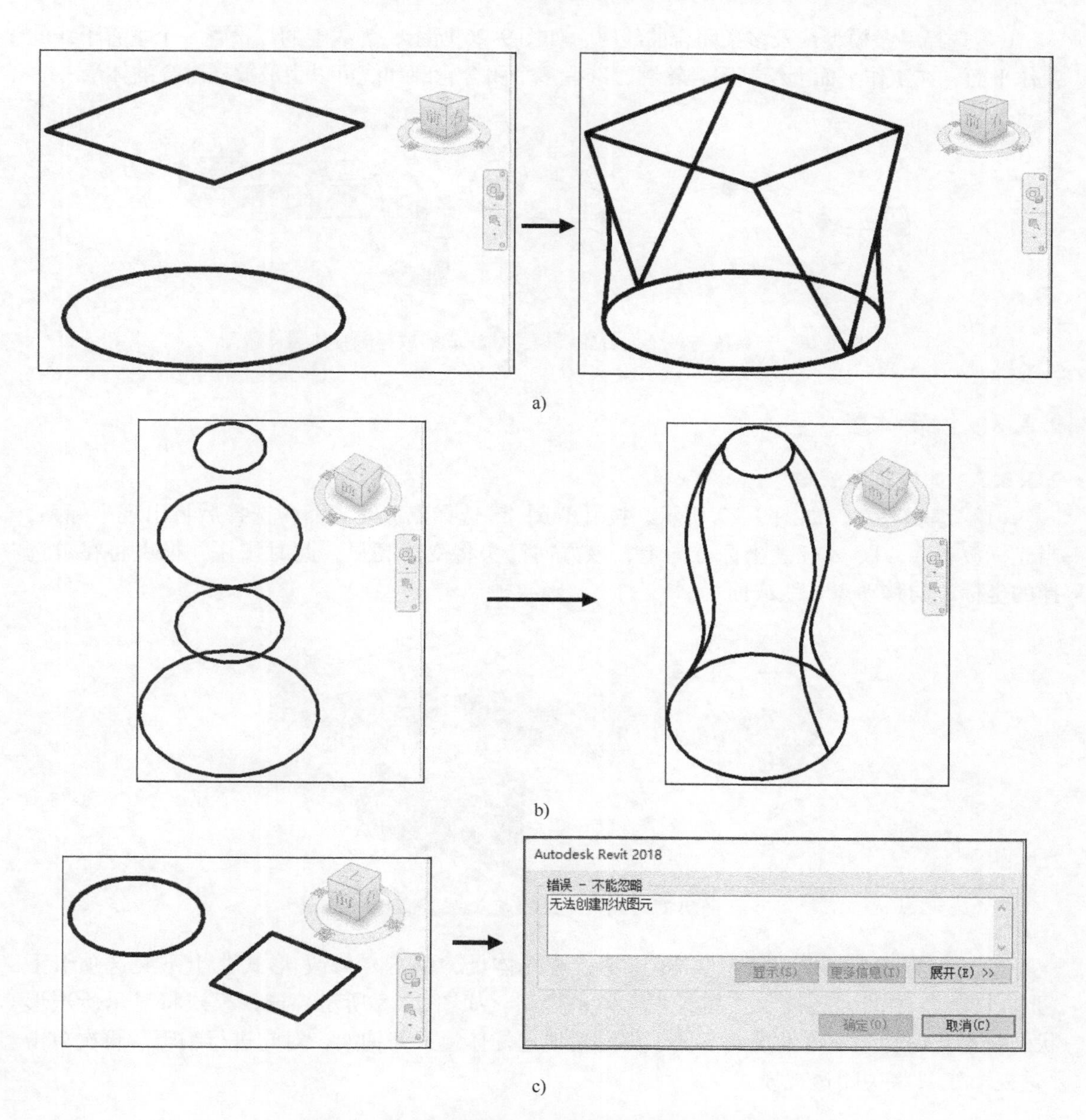

图 9-24 多组轮廓模型线生成的融合体量体模型

a）多边形与圆形融合 b）多组轮廓融合 c）同一高度无法融合

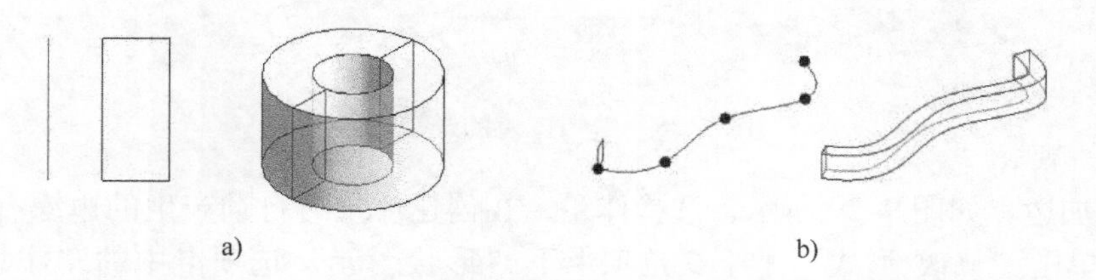

图 9-25 一条线与一个闭合轮廓模型线生成的放样体量体模型

a）直线作为轴线对闭合轮廓放样 b）曲线作为路径对闭合轮廓放样

6）选择一条模型线及多条闭合曲线时，如图9-26所示，为线上的点设置一个垂直于线的工作平面，在工作平面上绘制闭合轮廓，选择多个闭合轮廓和线可以生成放样融合的体量。

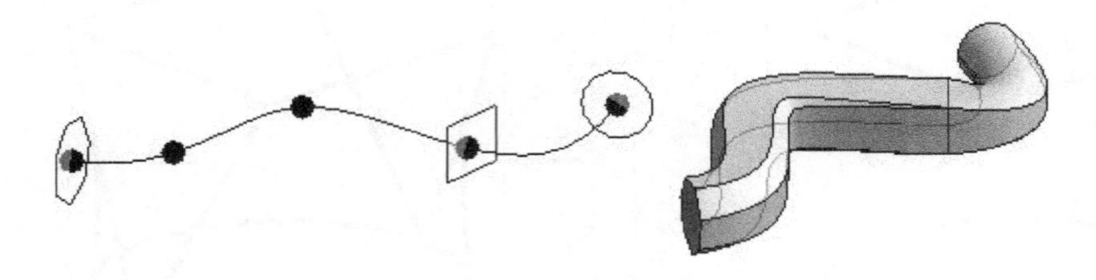

图9-26 一条线与多个闭合轮廓模型线生成的放样融合体量体模型

9.3.3 编辑体量

9.3.3.1 体量模型编辑

（1）编辑轮廓 如图9-27所示，按【Tab】键选择点、线、面，选择后将出现坐标系，当光标放在X、Y、Z任意坐标方向上，该方向箭头将变为亮显，此时按住并拖曳将在被选择的坐标方向移动点、线或面。

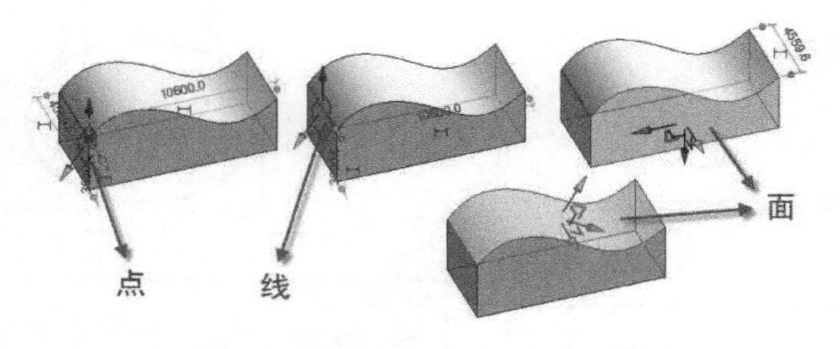

图9-27 编辑体量的点、线、面轮廓

（2）编辑透视效果 如图9-28所示，选择体量，单击“修改 形式”上下文选项卡下“形状图元”中的“透视”按钮，观察体量模型。如图9-28所示，透视模式将显示所选形状的基本几何骨架。这种模式下便于更清楚地选择体量几何构架，对它进行编辑。再次单击“透视”工具将关闭透视模式。

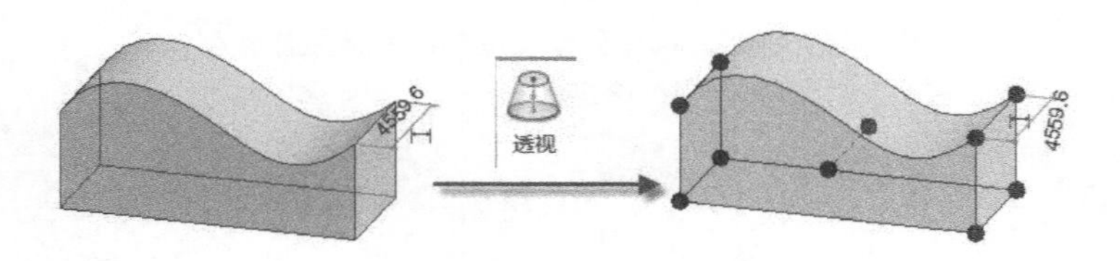

图9-28 编辑体量的透视效果

（3）添加边 如图9-29所示，选择体量，在创建体量时自动产生的边缘有时不能满足编辑需要，单击“修改 形式”上下文选项卡下“形状图元”选项卡中的“添加边”按钮，将光标移动到体量面上，将出现新边的预览，在适当位置单击即完成新边的添加。同时也添加了与其他边相交的点，可选择该边或点通过拖曳的方式编辑体量。

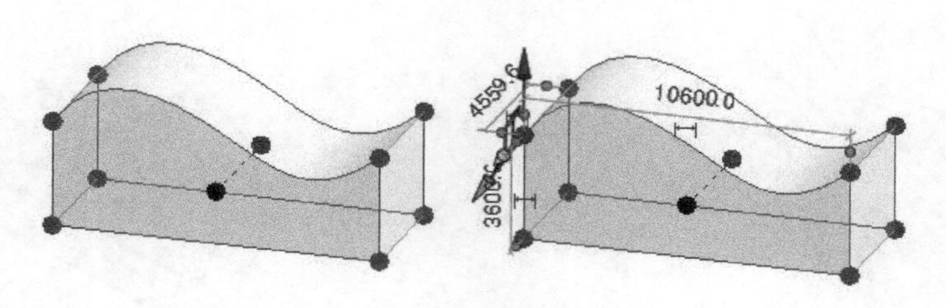

图 9-29 添加体量模型的边

（4）添加轮廓 如图 9-30 所示，选择体量，选择依次单击“修改|形式\形状图元\添加轮廓”，将光标移动到体量上，将出现与初始轮廓平行的新轮廓的预览，在适当位置单击将完成新的闭合轮廓的添加。新的轮廓同时将生成新的点及边缘线，可以通过操纵它们来修改体量。

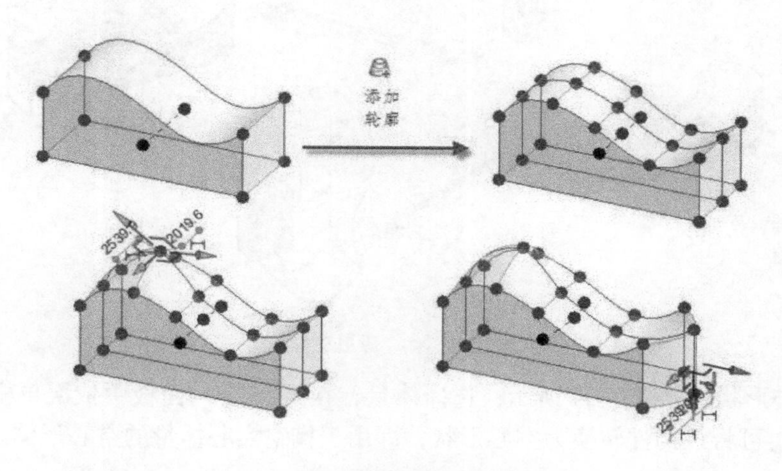

图 9-30 为体量模型添加轮廓

（5）锁定轮廓 如图 9-31 所示，选择体量中的某一轮廓，依次单击“修改|形式\形状图元\锁定轮廓”，体量将简化为所选轮廓的拉伸，手动添加的轮廓将失效，并且操纵方式受到限制，而且锁定轮廓后无法再添加新轮廓。

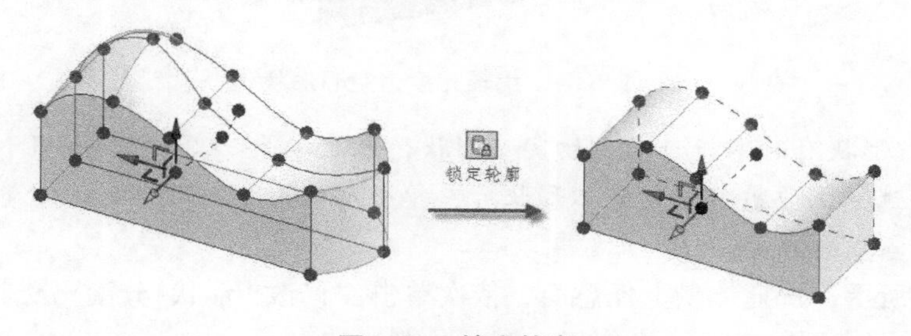

图 9-31 锁定轮廓

（6）解锁轮廓 如图 9-32 所示，选择被锁定的轮廓或体量，依次单击“修改|形式\形状图元\解锁轮廓”，将取消对操纵柄的操作限制，添加的轮廓也将重新显示并可编辑，但不会恢复锁定轮廓前的形状。

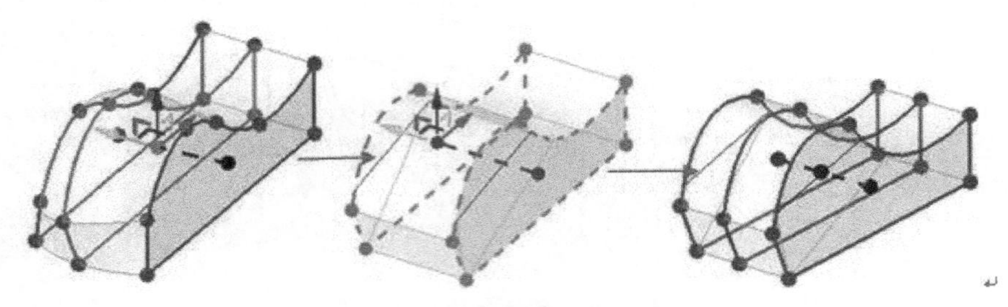

图 9-32　解锁轮廓

（7）变更主体　如图 9-33 所示，选择体量，依次单击“修改 | 形式\形状图元\变更形状的主体”，可以修改体量的工作平面，将体量移动到其他体量或构件的面上。

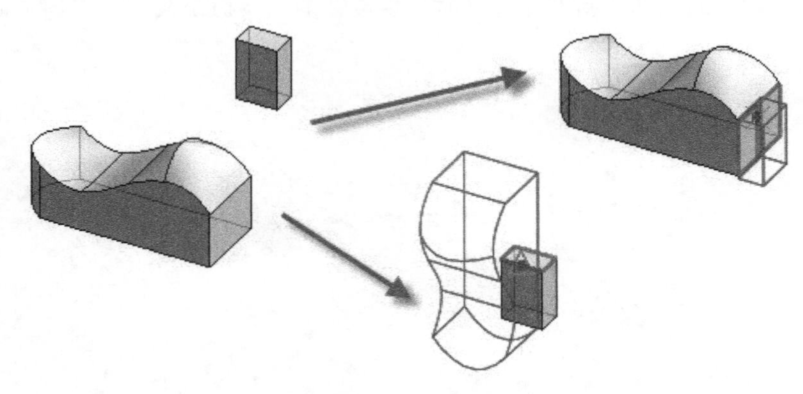

图 9-33　变更主体

（8）空心形状　如图 9-34 所示，选择体量，在“属性”面板中依次单击“标识数据\实心 | 空心”，可将该构件转换为空心形状，即用于掏空实心体量的空心形体。

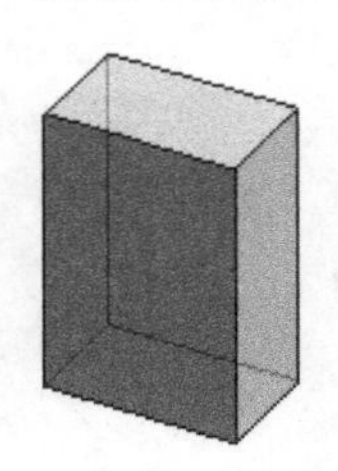
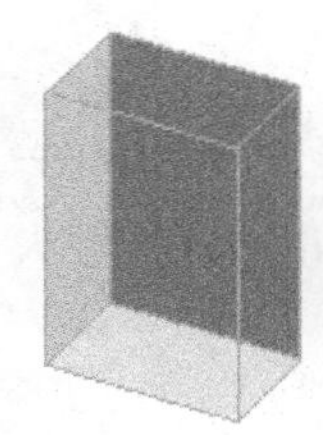
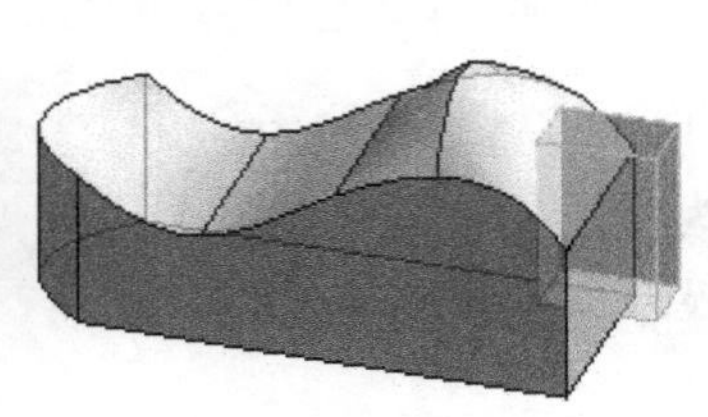
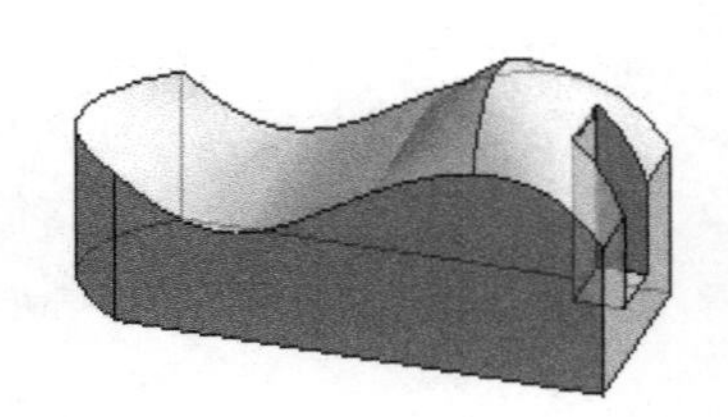

图 9-34　编辑转换为空心形状

说明：空心形状有时不能自动剪切实心形状，依次单击“修改\编辑几何图形\剪切\剪切几何图形”，选择需要被剪切的实心形状后，单击空心形状，即可实现体量的剪切。

9.3.3.2　体量分割面的编辑

如图 9-35 所示，选择体量上任意面，依次单击“修改 | 形状\分割\分割表面”，表面将通过 *UV* 网格（即表面的自然网格分割）进行分割所选表面。

说明：*UV* 网格是用于非平面表面的坐标绘图网格。三维空间中的绘图位置基于 *XYZ* 坐标系，而二维空间则基于 *XY* 坐标系。由于表面不一定是平面，因此绘制位置时采用 *UVW* 坐标系。这在图纸上表示为一个网格，针对非平面表面或形状的等高线进行调整。如图 9-36 所示，*UV* 网格用在概念设计环境中相当于 *XY* 网格。即两个方向默认垂直交叉的网格，表面

的默认分割数为：12×12（英制单位）和10×10（公制单位）。

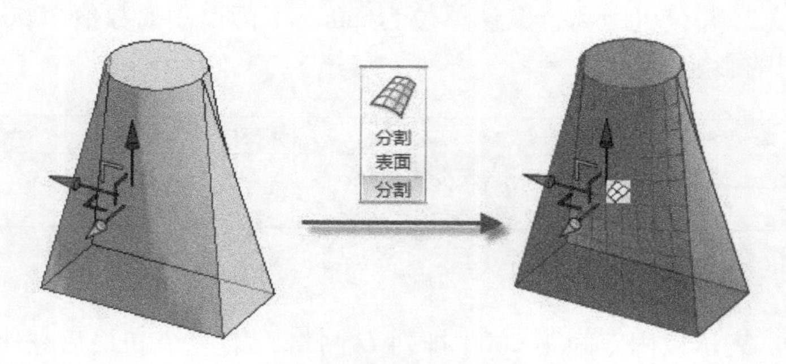

图 9-35 分割表面

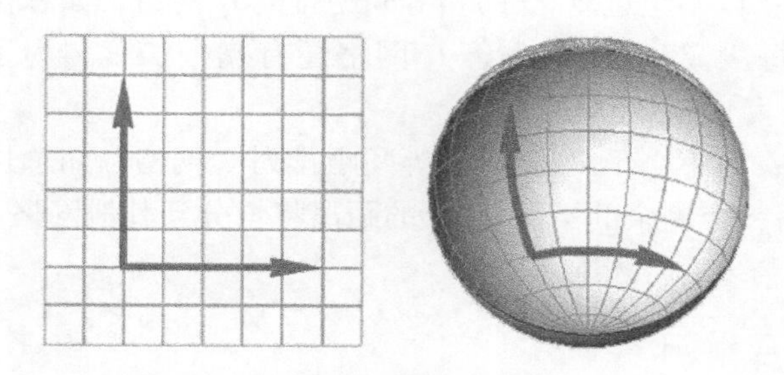

图 9-36 *UV* 网格在平面和曲面中的定义

UV 网格彼此独立，并且可以根据需要开启和关闭。默认情况下，最初分割表面后，*U* 网格和 *V* 网格都处于启用状态。

如图 9-37 所示，依次单击“修改｜分割表面*UV* 网格*U* 网格”，将关闭横向 *U* 网格，再次单击该按钮将开启 *U* 网格，关闭、开启 *V* 网格操作相同。

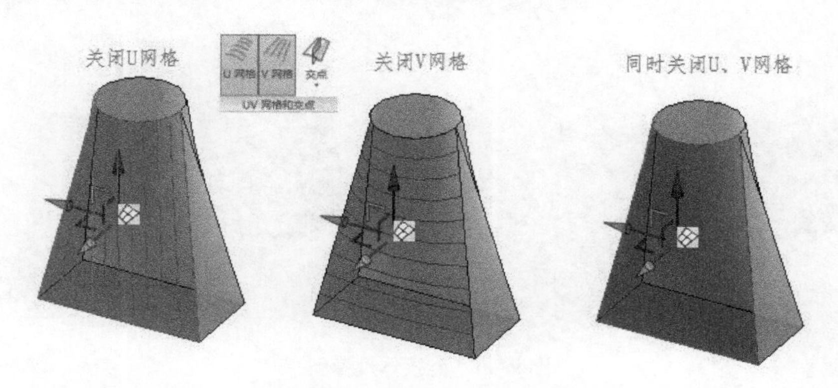

图 9-37 *UV* 网格的开关效果

选择被分割的表面，在选项栏可以设置 *UV* 排列方式：“编号”即以固定数量排列网格，如图 9-38 所示，*U* 网格“编号”为“10”，即在表面上等距排布 10 个 *U* 网格。

图 9-38 *U* 网格数量设置

如图9-39所示，选择选项栏的“距离”单选按钮，在下拉列表可以选择“距离”“最大距离”“最小距离”并设置距离，默认单位为mm。下面以距离数值2000为例，介绍3个选项对*U*网格排列的影响。

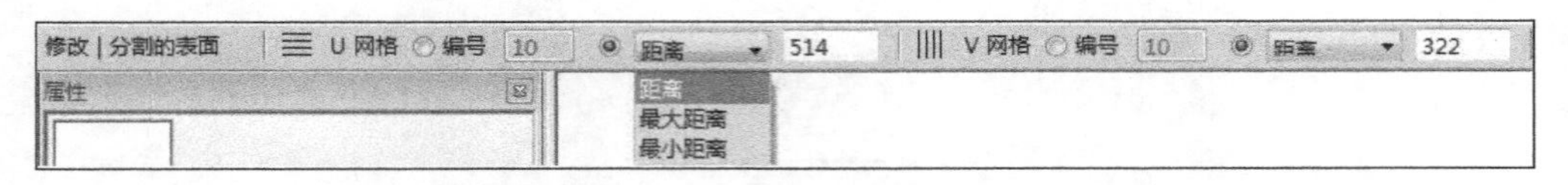

图9-39　网格的“距离”选项卡

1）距离2000：表示以固定间距2000排列*U*网格，第一个和最后一个不足2000mm也自成一格。

2）最大距离2000：以不超过2000的相等间距排列*U*网格，如总长度为11000，将等距产生*U*网格6个，即每段2000排布5条*U*网格还有剩余长度，为了保证每段都不超过2000，将等距生成6条*U*网格。

3）最小距离2000：以不小于2000的相等间距排列*U*网格，如总长度为11000，将等距产生*U*网格5个，最后一个剩余的不足2000的距离将均分到其他网格。

*V*网格的排列设置与*U*网格相同。

9.3.4　体量应用综合举例

本节通过一个示例对Revit建筑体量的构建与体量在项目中的应用过程进行说明。

步骤1：多个体量的载入。在项目中可以载入多个体量。如果载入体量在视图中不可见，需要通过“可见性/图形”设置在相应的视图中选中“体量”显示。

如体量之间有重叠部分，可依次单击“修改\几何图形\连接\连接几何图形 连接”，如图9-40所示，依次单击交叉的体量，即可清理掉体量重叠部分。

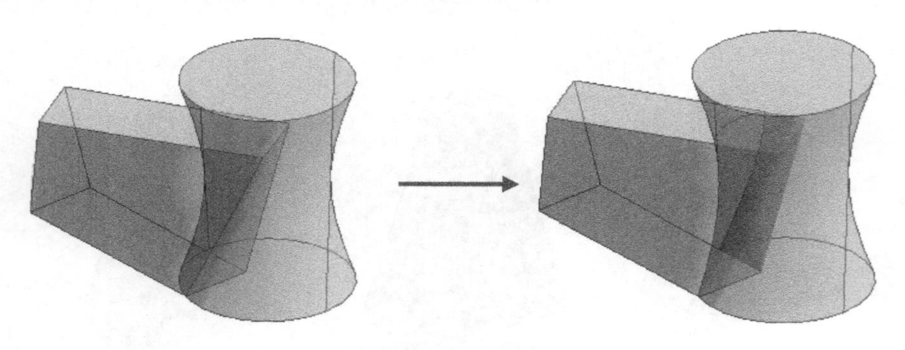

图9-40　连接体量模型

步骤2：按标高生成楼层面。如图9-41所示，选择项目中的体量，依次单击“修改|体量\模型\体量楼层”，将弹出“体量楼层”对话框，将列出项目中标高名称，勾选各复选框并单击“确定”按钮后，Revit将在体量与标高交叉位置生成符合体量的楼层面。

步骤3：创建屋顶。如图9-42所示，进入“体量和场地”选项卡，依次单击“面模型\屋顶”，在绘图区域单击体量的顶面，然后依次单击“多重选择\创建屋顶”，即可将顶面转换为屋顶的实体构件。

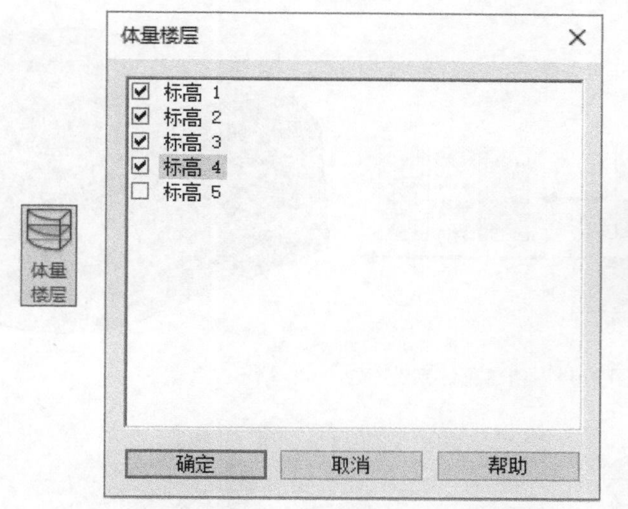

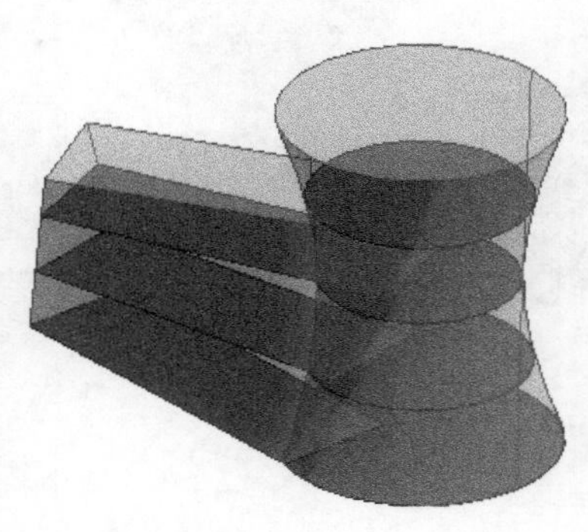

图 9-41 生成楼层面

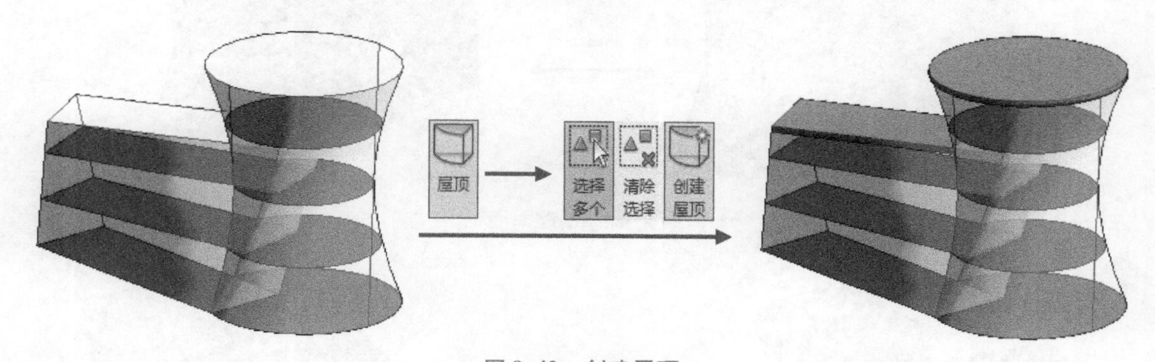

图 9-42 创建屋顶

如图 9-43 所示，在“属性”选项卡中可以修改屋顶类型。

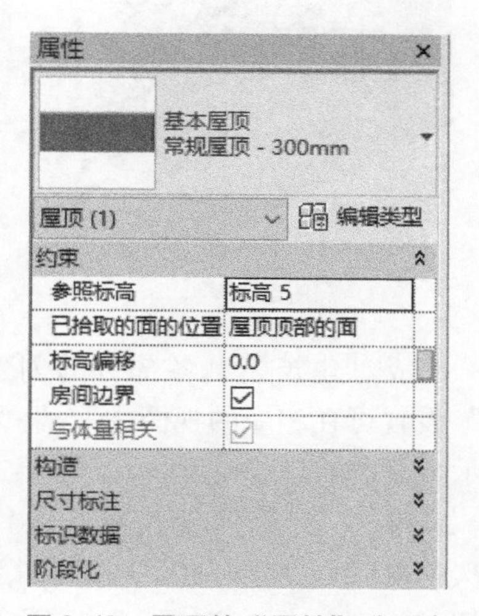

图 9-43 屋顶的“属性”选项卡

步骤 4：创建幕墙系统。如图 9-44 所示，进入“体量和场地”选项卡，依次单击“面模型\幕墙系统”，在绘图区域依次单击需要创建幕墙系统的面，然后依次单击“多重选择\创建系统”，即可在选择的面上创建幕墙系统。

步骤 5：创建面墙。如图 9-45 所示，进入“体量和场地”选项卡，依次单击“面模型\墙”，在绘图区域单击需要创建墙体的面，即可生成面墙。

步骤 6：创建实体楼板。如图 9-46 所示，进入“体量和场地”选项卡，依次单击“面模型\楼板”，在绘图区域单击楼层面积面，或直接框选体量，Revit 将自动识别所有被框选的楼层面积，然后依次单击“多重选择\创建楼板”，即可在被选择的楼层面积面上创建实体楼板。

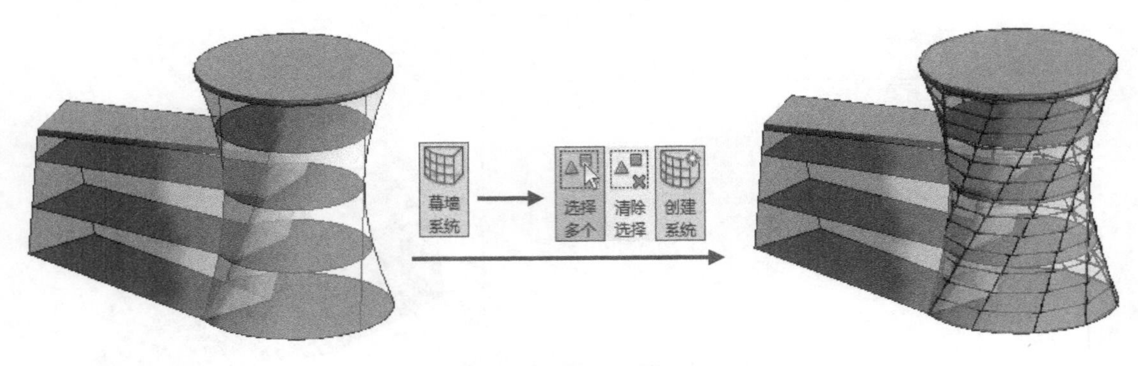

图 9-44　创建幕墙系统

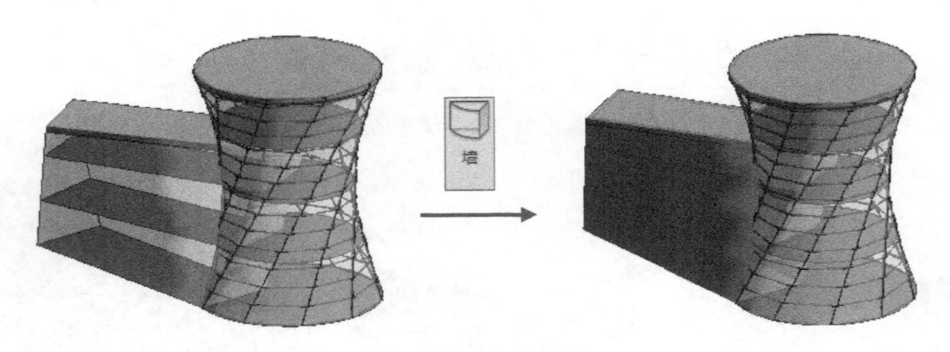

图 9-45　创建面墙

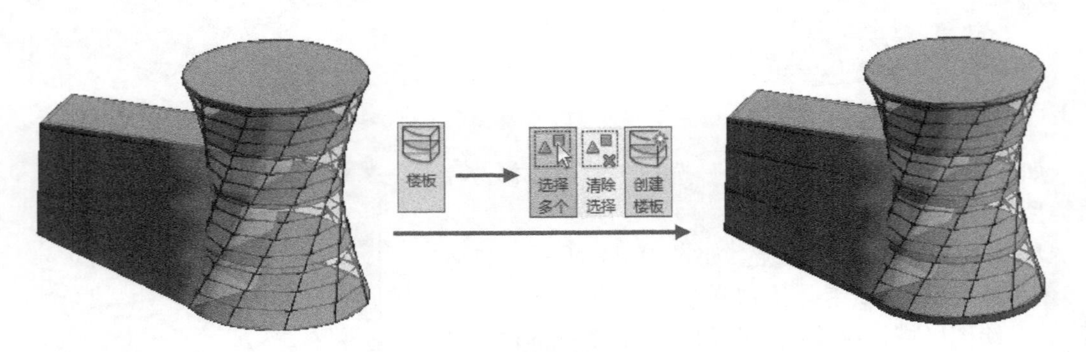

图 9-46　创建楼板

完成对建筑模型各部分的创建后，通过“可见性/图形”设置可在相应的视图中取消“体量”显示。如图 9-47 所示为完成的建筑模型。

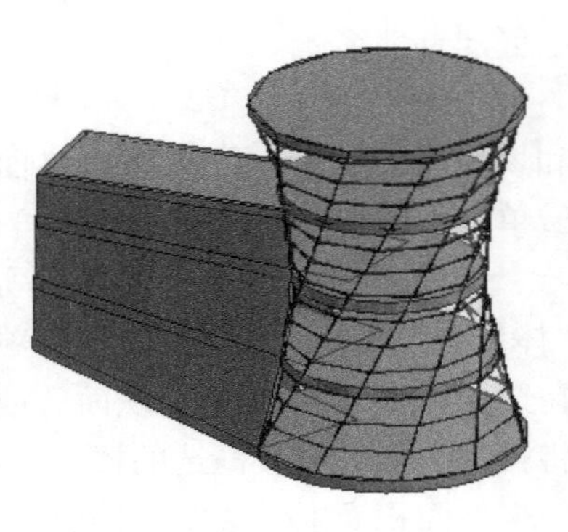

图 9-47　完成的建筑模型

步骤 7：计算体量几何信息。进入“视图”选项卡，依次单击“创建\明细表\明细表|数量”，在弹出的“新建明细表”对话框中选择“体量”，如图 9-48 所示，单击“确定”按钮后弹出图 9-49 所示的“明细表属性”对话框。在“明细表属性”对话框中，通过“添加参数”按钮和“移除参数”按钮将左侧可用的字段中所需的内容

添加到右侧明细表字段中。在明细表字段中可以通过“上移参数⬆E”按钮和“下移参数⬇E”按钮来对已选择的多个字段进行排序。

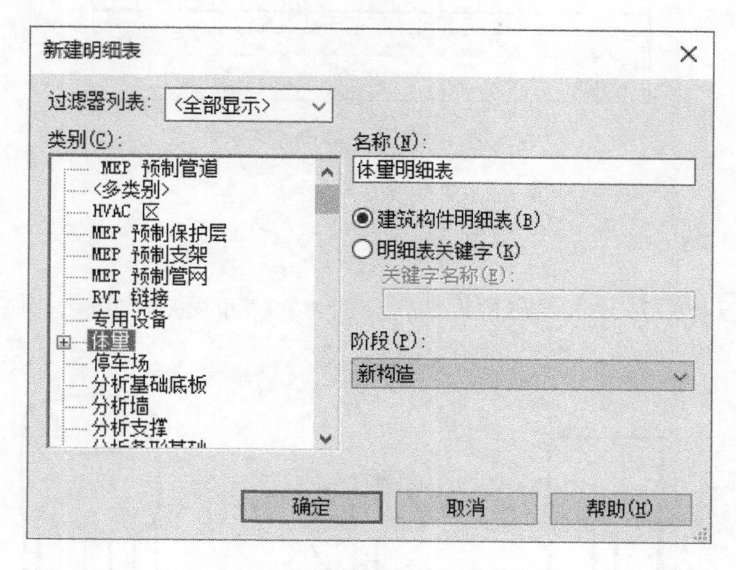

图 9-48 “新建明细表”对话框

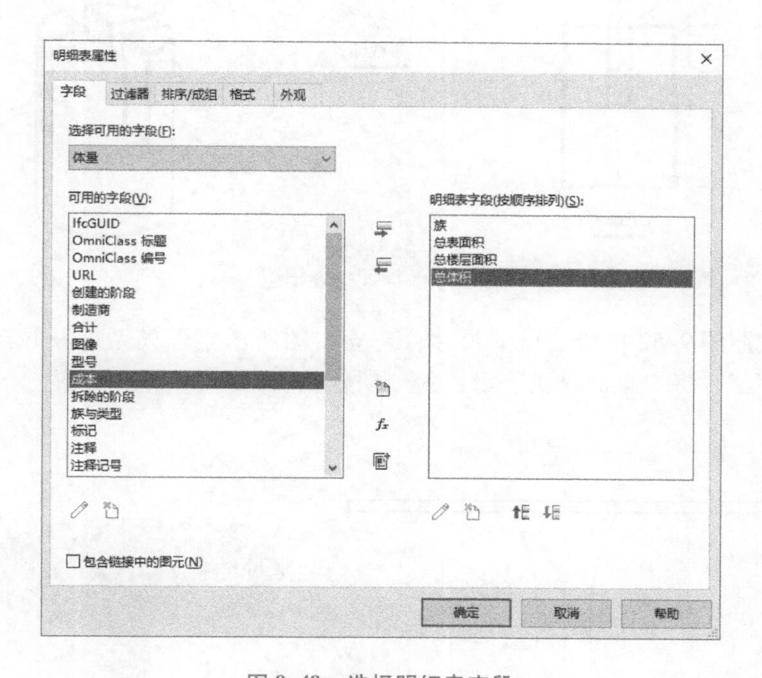

图 9-49 选择明细表字段

完成明细表的字段选取，单击“确定”按钮后，将生成图 9-50 所示的〈体量明细表〉。该明细表可以在“项目浏览器”中随时调出查阅。当概念体量模型有调整时，该明细表中各字段数据也会自动计算更新。

<体量明细表>			
A	B	C	D
族	总表面积	总楼层面积	总体积
体量2斜棱柱	277 m²	139 m²	366.85 m³
体量1圆柱	366 m²	148 m²	434.96 m³

图 9-50　该例生成的体量明细表

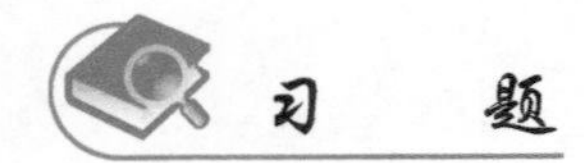

习　题

［9-1］　按照图 9-51 中所给出的尺寸，分别建立榫卯模型构件族，并载入到榫卯构件族集中。

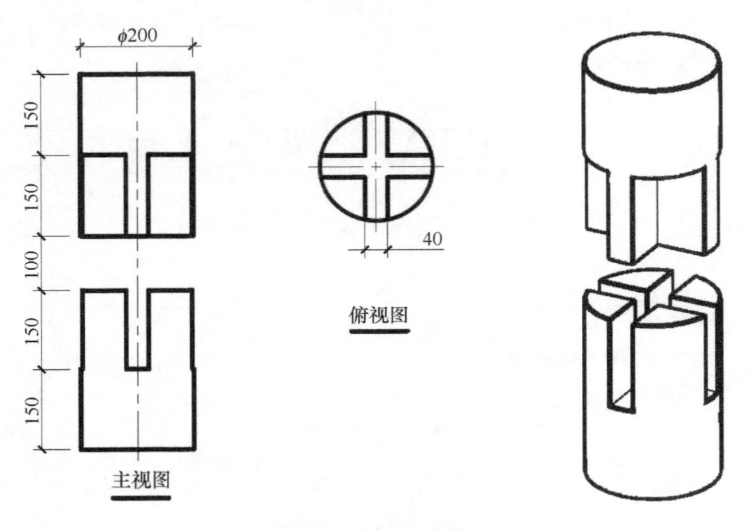

图 9-51　榫卯构件模型

［9-2］　按照图 9-52 中所给出的尺寸，建立右图所示桌子模型族。并将“桌腿材质”设置为“镀锌钢”，将“桌面材质”设置为“淡蓝玻璃”。

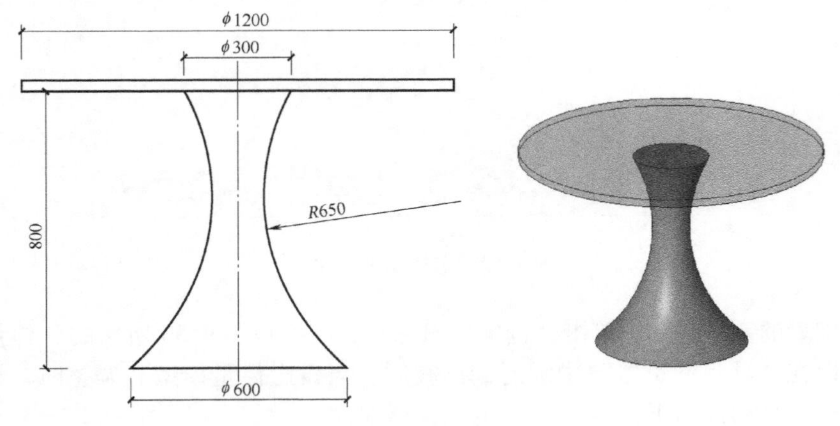

图 9-52　桌子构件模型

［9-3］　创建如图9-53所示的建筑体量模型，并插入到项目中。项目中创建“标高1”~“标高11”，层高4m。按标高生成楼板，将模型外表面生成幕墙系统，U向1.5m、V向3m。计算建筑物的总楼层面积和总体积。

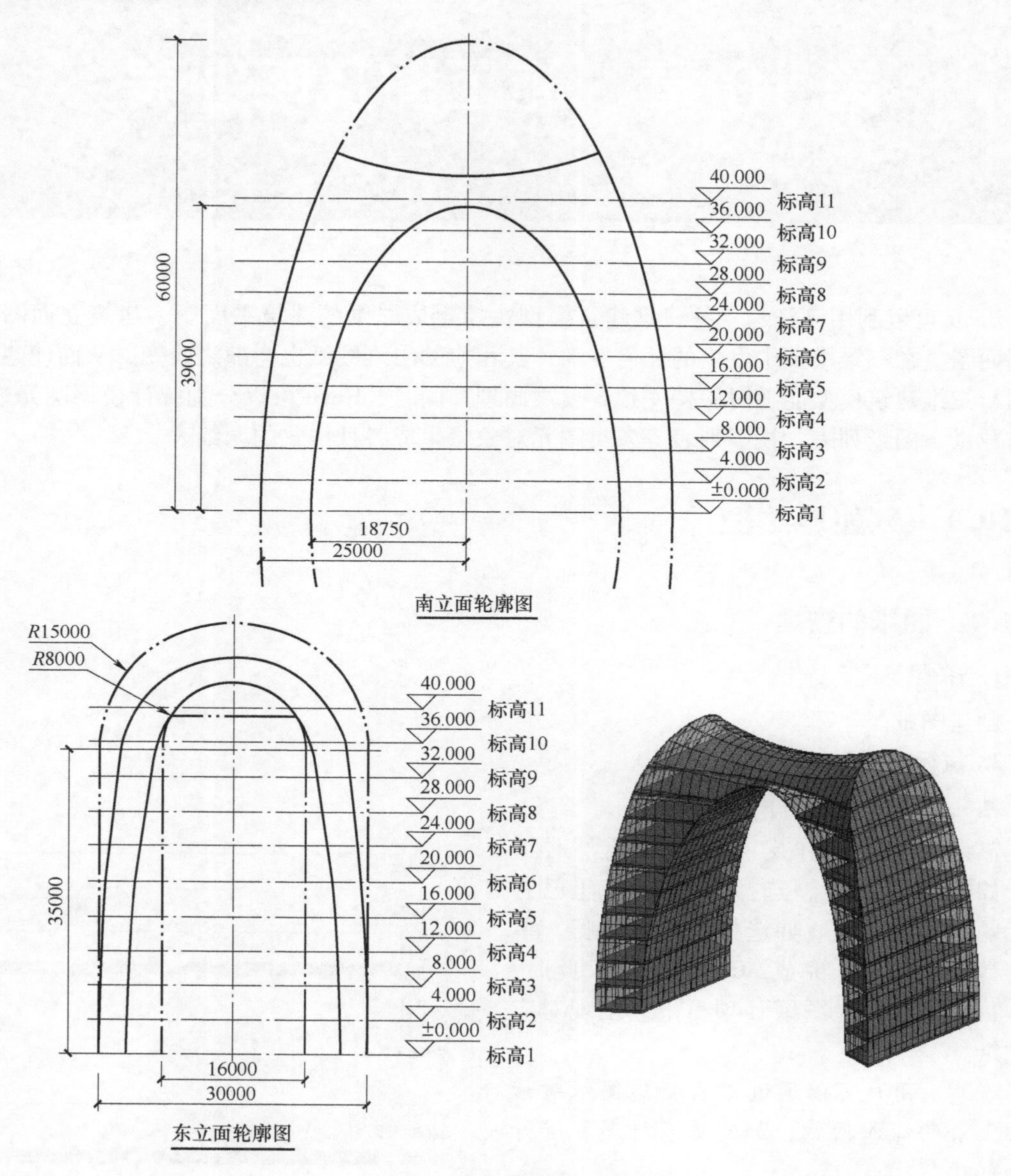

图9-53　建筑体量模型

第10章　施工图及明细表

Revit可以利用已经建立的三维建筑模型快速生成二维的建筑平面图、建筑立面图、建筑剖面图。在三维模型中发生的任何变动，其相应的二维图纸也会随之改变，从而使建筑工程图与三维建筑模型能随时保持一致，反之同理。同时，Revit可以分别统计模型图元数量、材质数量、图纸列表、视图列表等各类图元对象，生成各种样式的明细表。

10.1　创建施工图

10.1.1　图纸的创建

1. 功能

创建图纸。

2. 执行方式

- 功能区:【视图】\

输入命令后，弹出“新建图纸”对话框，如图10-1所示，选择Revit系统里已有的标题栏创建图纸。如选择“A0公制”，单击“确定”按钮，完成A0图纸创建，此时，在项目浏览器的“图纸”项目下会出现对应的图纸。

说明：用户可以通过单击新建图纸对话框右上角的载入按钮，加载更多标题栏进行图纸创建。

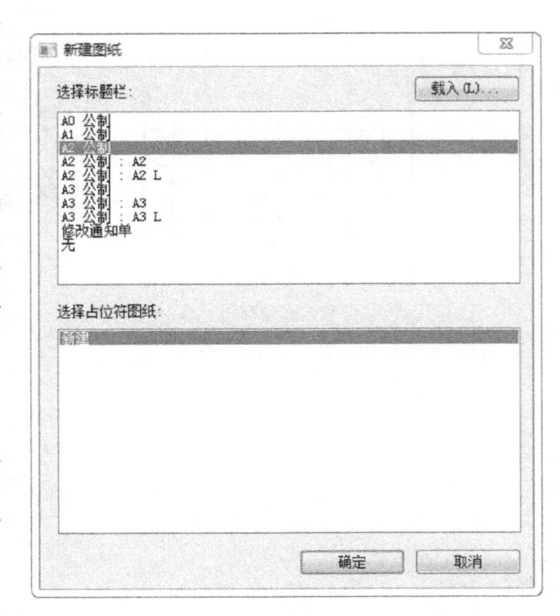

图10-1　“新建图纸”对话框

10.1.2　编辑图纸

Revit提供了标准的图纸样板，我们也可以对样板进行修改，创建自己的图纸，按照需要自行定义图纸尺寸及标题栏内容。

操作步骤：

步骤1：依次单击“文件/新建/标题

栏”，弹出对话框如图 10-2 所示，在标题栏文件夹中选择所需创建的图纸规格，如选择“A3 公制”，单击“打开”按钮，界面会出现一张空白的 A3 图纸。

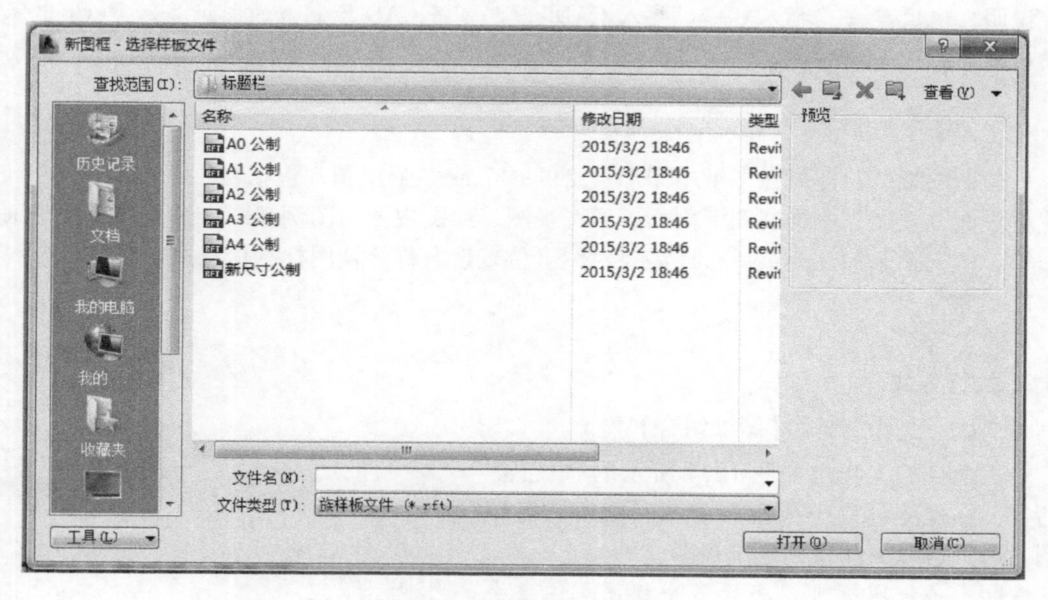

图 10-2　“新图框”对话框

步骤 2：绘制图线。单击“创建/详图/线”命令，为图纸绘制图框和标题栏。

步骤 3：添加文字。单击“创建/文字/文字”命令，添加文字。完成如图 10-3 所示的标题栏。

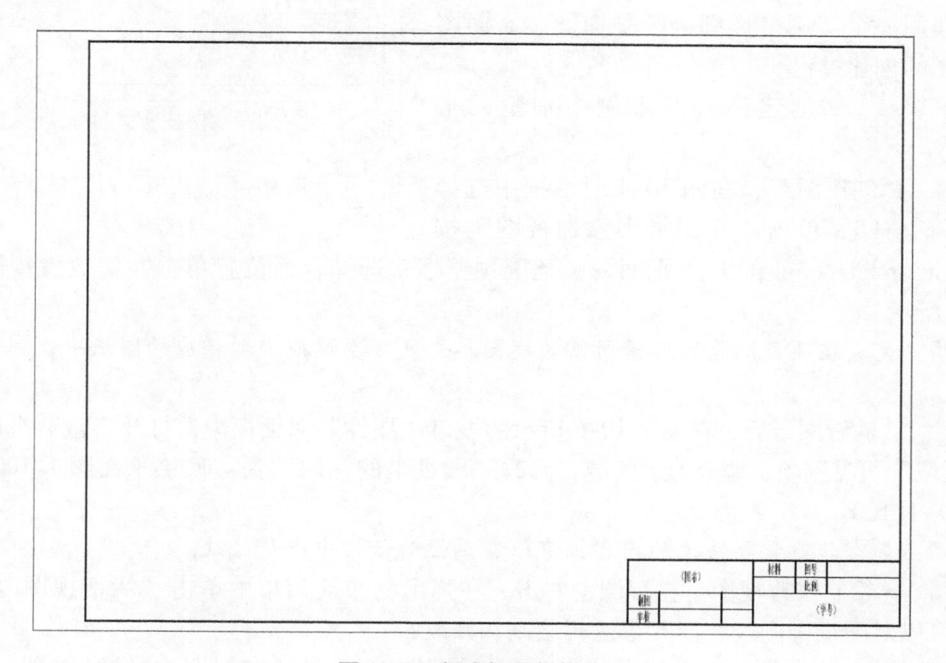

图 10-3　新建标题栏样式

步骤4：编辑完成后，单击“保存”按钮，用户可将自行编辑过的图纸保存为模板文件，扩展名为“.rfa”，方便以后使用。

说明：依次单击“插入\导入\导入CAD”，也可将CAD绘制好的图纸导入Revit中保存为模板文件。

10.1.3 创建工程图

创建了图纸后，即可在图纸中添加建筑的一个或多个视图，包括楼层平面、场地平面、天花板平面、立面、三维视图、剖面、详图视图、绘图视图、图例视图、渲染视图及明细表视图等。将视图添加到图纸后，还需要对图纸位置、名称等视图标题信息进行设置。

1. 功能

创建工程图。

2. 执行方式

- 功能区：【视图】\【图纸组合】\

输入命令后，弹出如图10-4所示的“视图”对话框，在视图列表中列出当前项目中所有可用视图，用户可以依此来创建工程图。

说明：每张图纸可以布置多个视图，但每个视图仅可以放置到一张图纸上。要在项目的多个图纸中添加特定视图，请在项目浏览器中视图名称上右击，依次单击“复制视图、带细节复制”，创建视图副本，可将副本布置于不同图纸上。

下面用一个实例来详细讲解平面图、立面图和剖面图的创建过程。

【例10-1】 创建第8章示例中别墅的平面图。

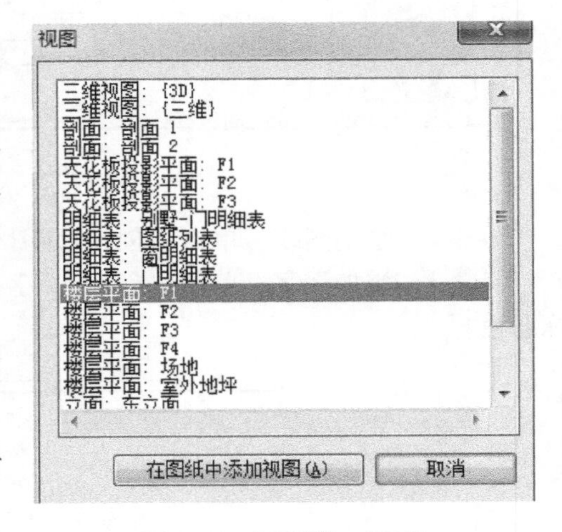

图10-4 “视图”对话框

步骤1：创建图纸，在图10-4对话框中选择“楼层平面 F1”，单击“在图纸中添加视图”按钮，Revit Architecture给出F1平面视图范围预览框，选择合适位置单击左键放置视图，如图10-5所示。

说明：也可在项目浏览器选择所需的视图单击鼠标左键拖拽到相应的图纸中，完成视图的创建。

步骤2：放置图纸后，在如图10-6所示的视口“属性”对话框中，打开“裁剪视图”和“裁剪区域”可见选项，调节剪裁区域，修改“图纸上的标题”为“底层平面图1:100”，比例调整为1:100。

说明：如有其他需要修改的内容，可以在属性对话框中进行修改。

步骤3：绘制修改视图。在视图上右击，在弹出的快捷菜单中单击“激活视图”，视图激活后可以对图纸中图线、图元等进行绘制和修改：

1）隐藏图元/类别。选中其中一个立面符号右击，单击“在视图中隐藏\类别”，将不需要在图纸中显示的立面符号等图元信息隐藏。

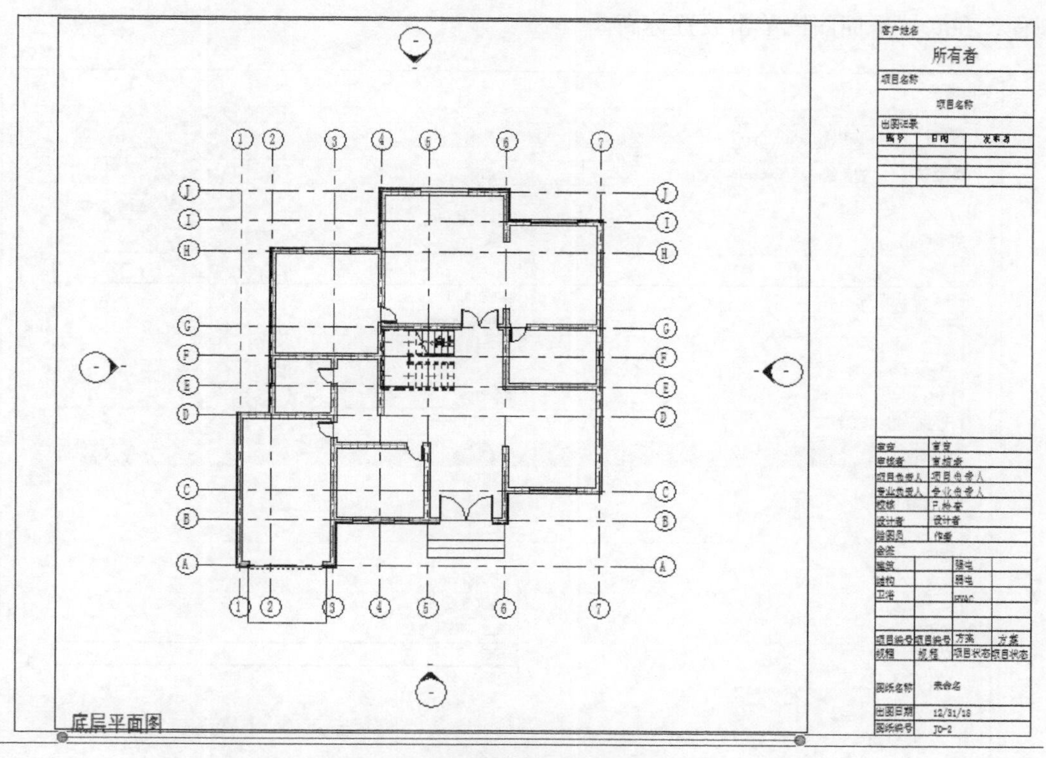

图 10-5　未修改的 F1 楼层平面图

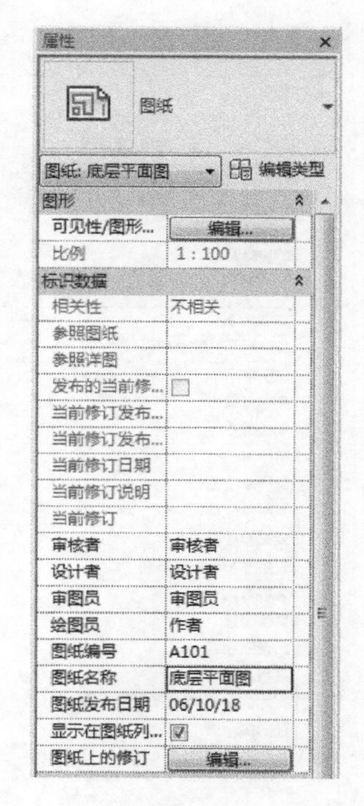

图 10-6 “属性”对话框

说明：如果在图纸中单击删除图元，项目中该图元的信息也将被删除，请谨慎操作。

2）添加尺寸。选择“注释”选项卡对应的尺寸标注工具栏，可以添加对齐、线性、角度、半径和弧长 5 种尺寸标注。我们利用“对齐”和“线性”命令，为该平面图添加了外墙的三道尺寸，在放置尺寸标注的属性对话框中，可以设置尺寸标注的样式及字体，设置“记号”为“对角线 3mm”，“文字字体”为“仿宋”，如图 10-7 所示。

3）添加标高。单击功能区“注释/尺寸标注/高程点”，在高程点属性对话框中选择“编辑类型”，打开高程点“类型属性”对话框，设置高程点“引线箭头”为“无”，“符号”为“高程点”，“文字字体”为“仿宋”，“高程原点”为“项目基点”，如图 10-8 所示。单击“单位格式”参数后的按钮，打开“格式”对话框，不勾选“使用项目设置”选项，设置“单位”为“米”，“舍入”为“3 个小数位”，“单位符号”为“无”，如图 10-9 所示。不勾选选项栏中的“引线”选项，设置“显示高程”为“实际（选定）高程”，如图 10-10 所示，即显示所选构件位置处高程，在底层平面图中单击放置标高。

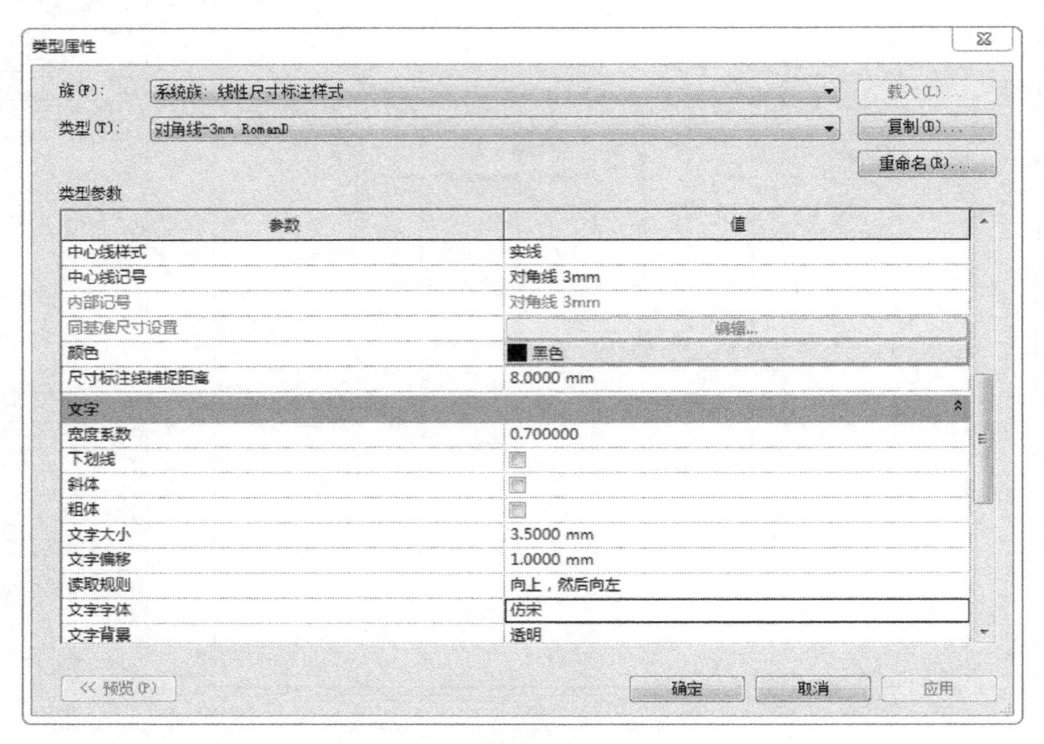

图 10-7　尺寸标注样式设置

图 10-8　高程点“类型属性”对话框

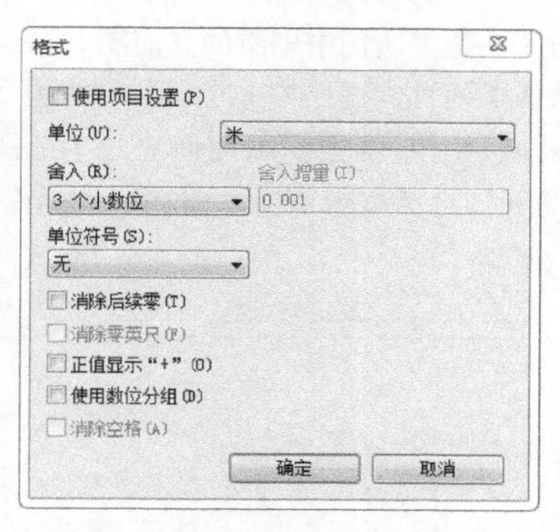

图 10-9　高程点单位“格式”对话框

图 10-10　高程点选项栏设置

4）添加符号。单击“注释”选项卡中的“符号”按钮，在“修改\放置符号”工具栏中，选择“载入族”，载入指北针，插入到图纸的相应位置。

修改完成后，在视图上右击，单击“取消激活视图”命令。修改后的图纸如图 10-11 所示。

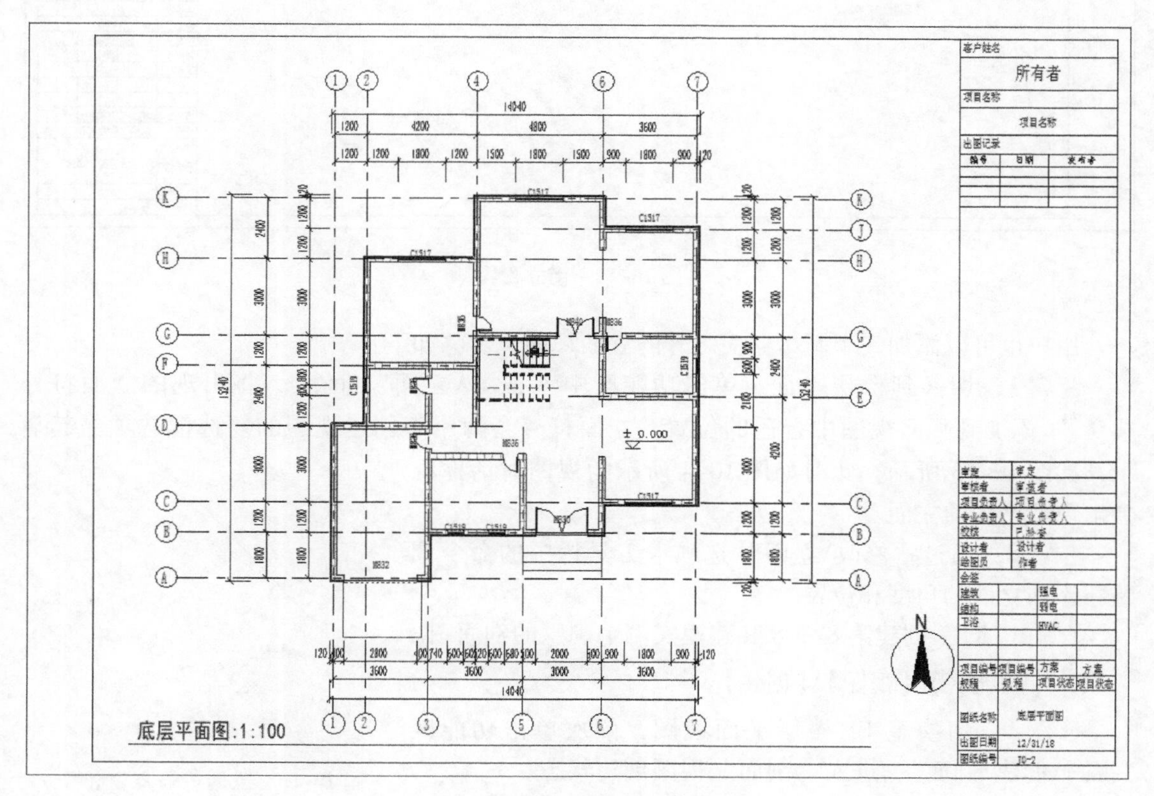

图 10-11　底层平面图

【例 10-2】 创建第 8 章 8.9 建模实例中别墅的立面图。

Revit 软件立面视图中默认了四种立面图“东立面”“西立面”“南立面”“北立面”，在平面视图中用“”符号表示。基本立面图的创建与平面图的创建方式相同，不再赘述。在如图 10-4 所示的“视图”对话框中单击“立面：南立面”，将其放置在图纸中，得到的立面图如图 10-12 所示。

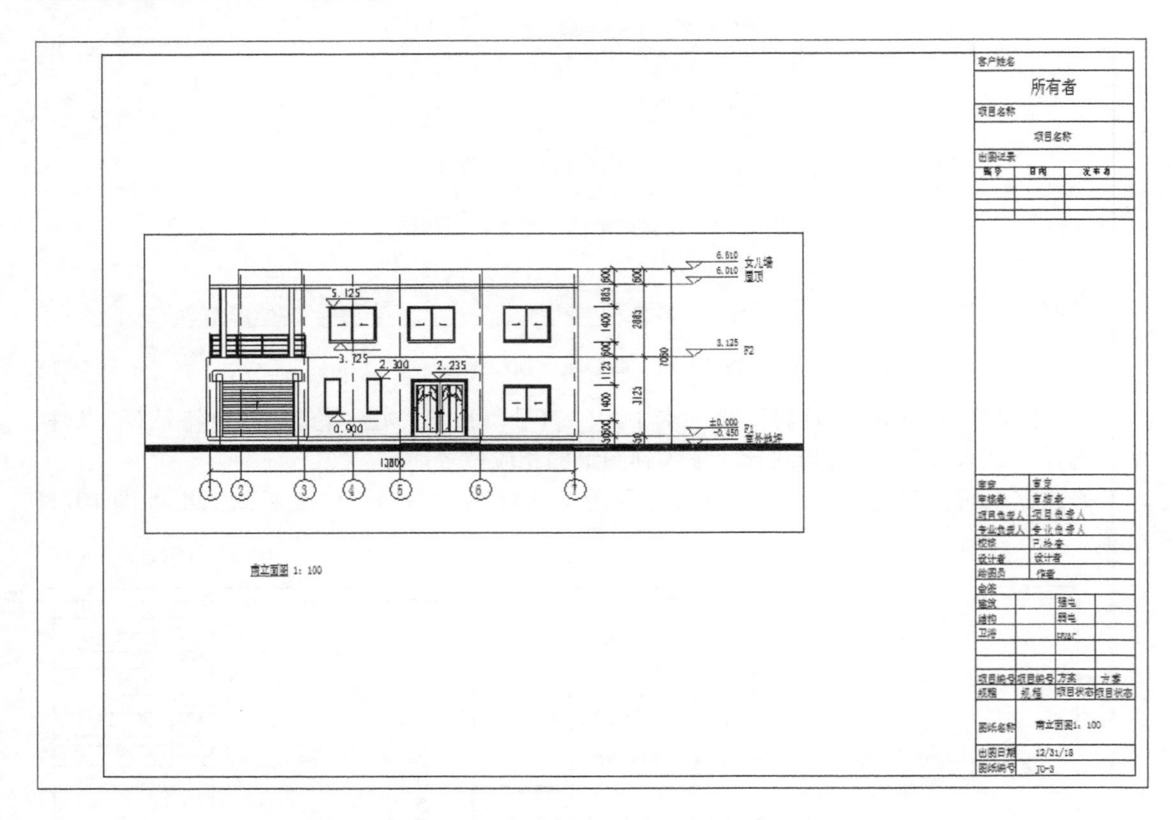

图 10-12　南立面图

用户也可以添加一个基本立面之外的立面视图，步骤如下：

步骤 1：切换到楼层平面，单击功能区中“视图\立面”命令，将出现的立面符号“”添加到平面视图中合适的位置。立面符号会随用于创建视图的复选框选项一起显示，如图 10-13 所示。此时如图 10-4 所示的视图对话框中会出现新增加的立面。

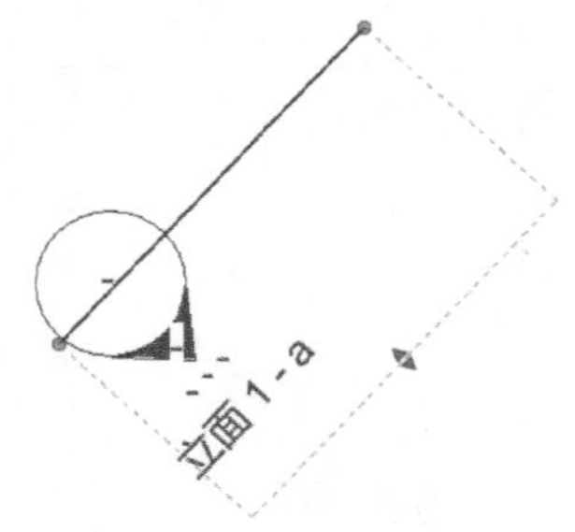

图 10-13　立面符号及复选框

步骤 2：通过“修改\立面”选项卡工具栏中的命令调整新添加立面的角度和位置。

【例 10-3】 创建第 8 章 8.9 建模实例中别墅的剖面图。

- 【功能区】\【视图】\【创建】\

步骤 1：切换至 F1 楼层平面视图，依次单击功能区“视图\创建\剖面”，进入“剖面”视图创建状态。

步骤2：绘制剖面线。移动鼠标指针至Ⓔ—Ⓕ轴线之间的左侧窗时，单击作为剖面起点。沿水平方向向右移动鼠标指针，当剖面线长度超过建筑物右侧外墙时，单击作为剖面终点，在该位置绘制剖面线，如图10-14所示。在项目浏览器中，展开“剖面（建筑剖面-国内符号）”视图类别，可以查看该剖面视图，视图自动命名为“剖面1”。

说明：单击平面视图中创建的剖面线，显示的虚线框表示剖切后的可见视图范围，可以根据需要调节剖视图的范围，该值范围内的模型都将显示在剖面视图中。按住并拖动剖面范围调整操作柄，可以自由调整剖面视图的显示范围。

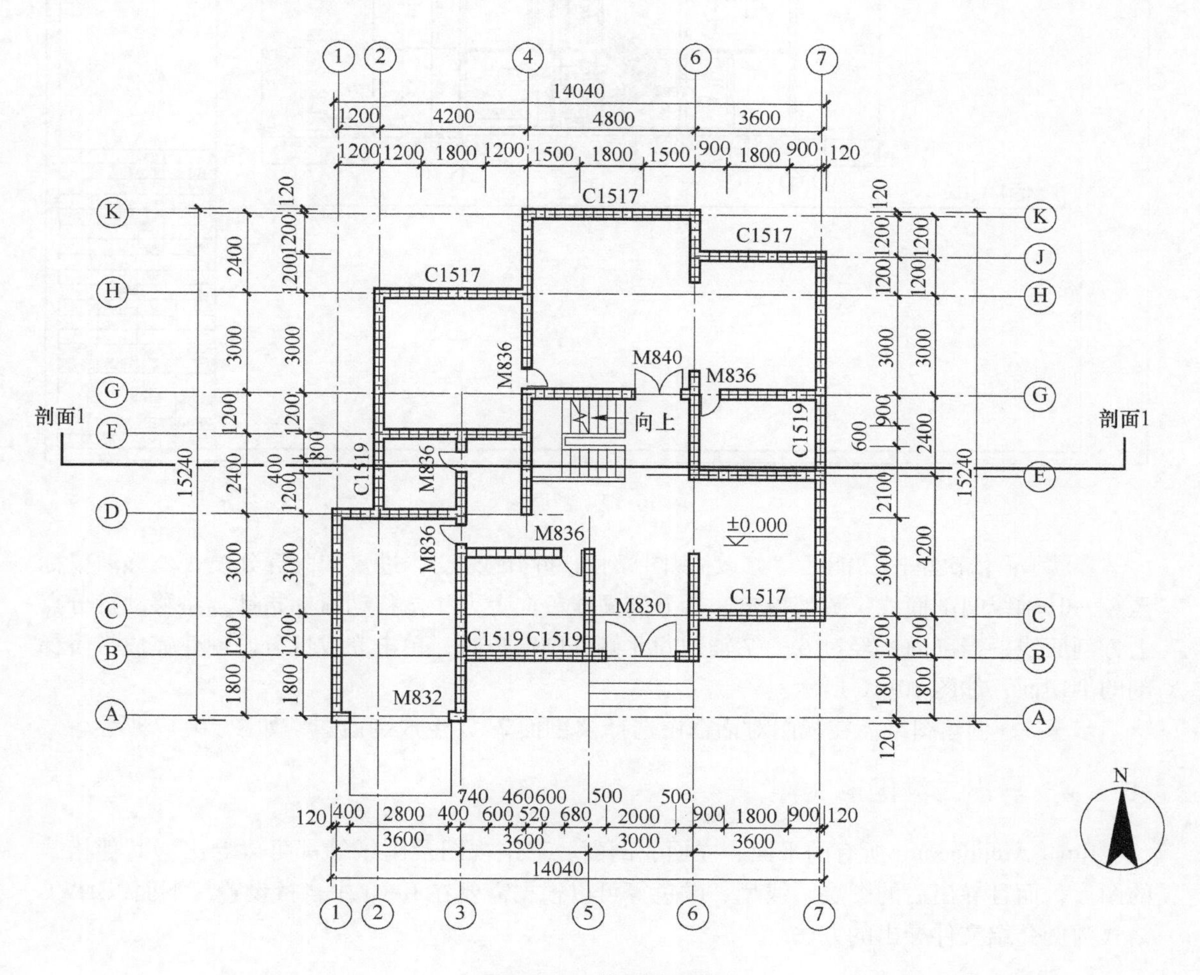

图10-14　绘制剖面线

步骤3：创建图纸。在视图对话框中选择“剖面1”，生成剖面图，如图10-15所示。

Revit Architecture不仅能够创建单一剖切平面的剖面视图，也可以创建阶梯剖的剖面视图，下面举例绘制阶梯剖切平面的剖面视图，步骤如下：

步骤1：按照原有单一剖切平面绘图方法在⑤—⑥轴线之间的位置创建一个新的剖切平面。

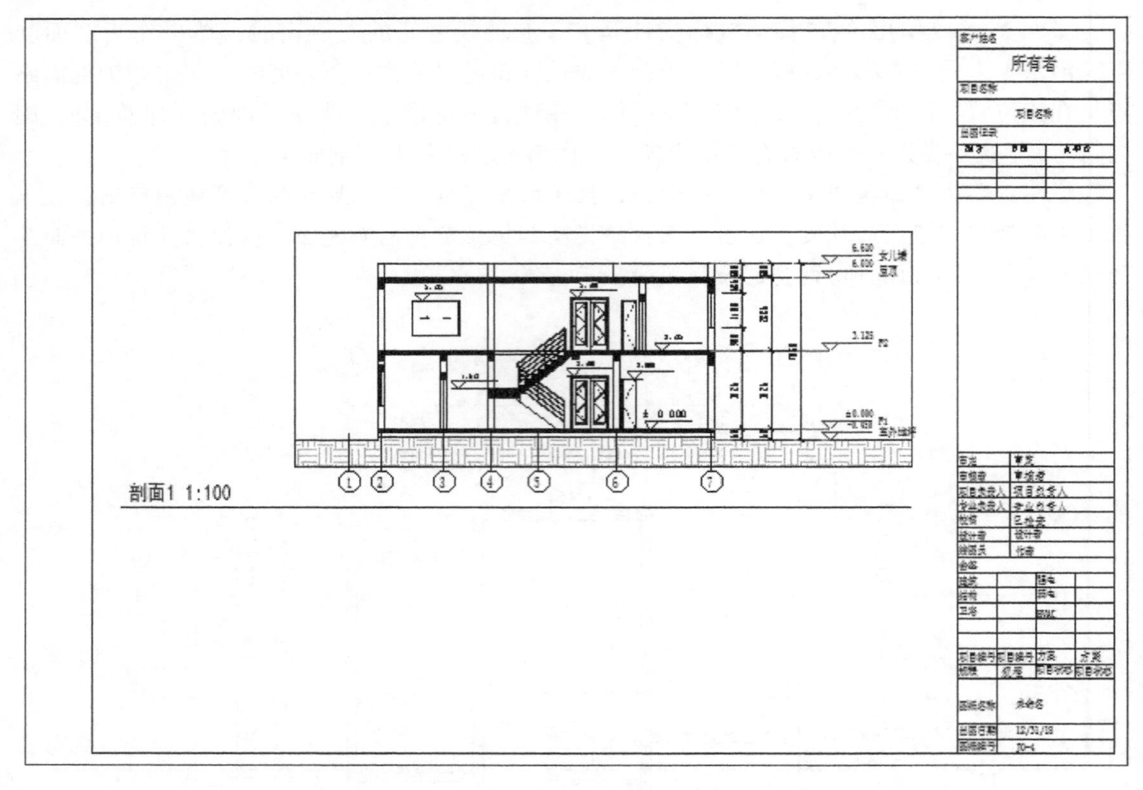

图 10-15 剖面图

步骤 2：依次单击功能区“修改\视图\剖面\拆分线段”，进入剖面拆分模式。移动鼠标至Ⓖ—Ⓗ轴线间剖面线位置处单击，拆分剖面线。向上方稍微移动鼠标指针，将移动拆分点上方剖面线，当剖面线经过⑥—⑦轴网间北侧外墙窗户时，单击完成拆分。创建完成带阶梯剖的剖切面，如图 10-16 所示。

步骤 3：创建图纸。在视图对话框中选择“剖面 2”，生成剖面图，如图 10-17 所示。

10.1.4 导出二维图形文件

Revit Architecture 所有的平面、立面、剖面、三维视图及图纸等都可以导出为其他格式的图形，而且导出后的图层、线型、颜色等可以根据需要在 Revit 中自行设置。下面以 DWG 格式为例介绍文件导出的方法。

1. 功能

导出 DWG 格式文件。

2. 执行方式

- 菜单栏：【文件】\【导出】\【CAD 格式】\【DWG】

输入命令后，弹出“DWG 导出”对话框，如图 10-18 所示，单击“选择导出设置”的浏览按钮“…”，弹出如图 10-19 所示的“修改 DWG/DWF 导出设置”对话框。在该对话框中，可以分别对 Revit 模型导出为 CAD 时的图层、线型、填充图案、字体、CAD 版本等分别进行设置。

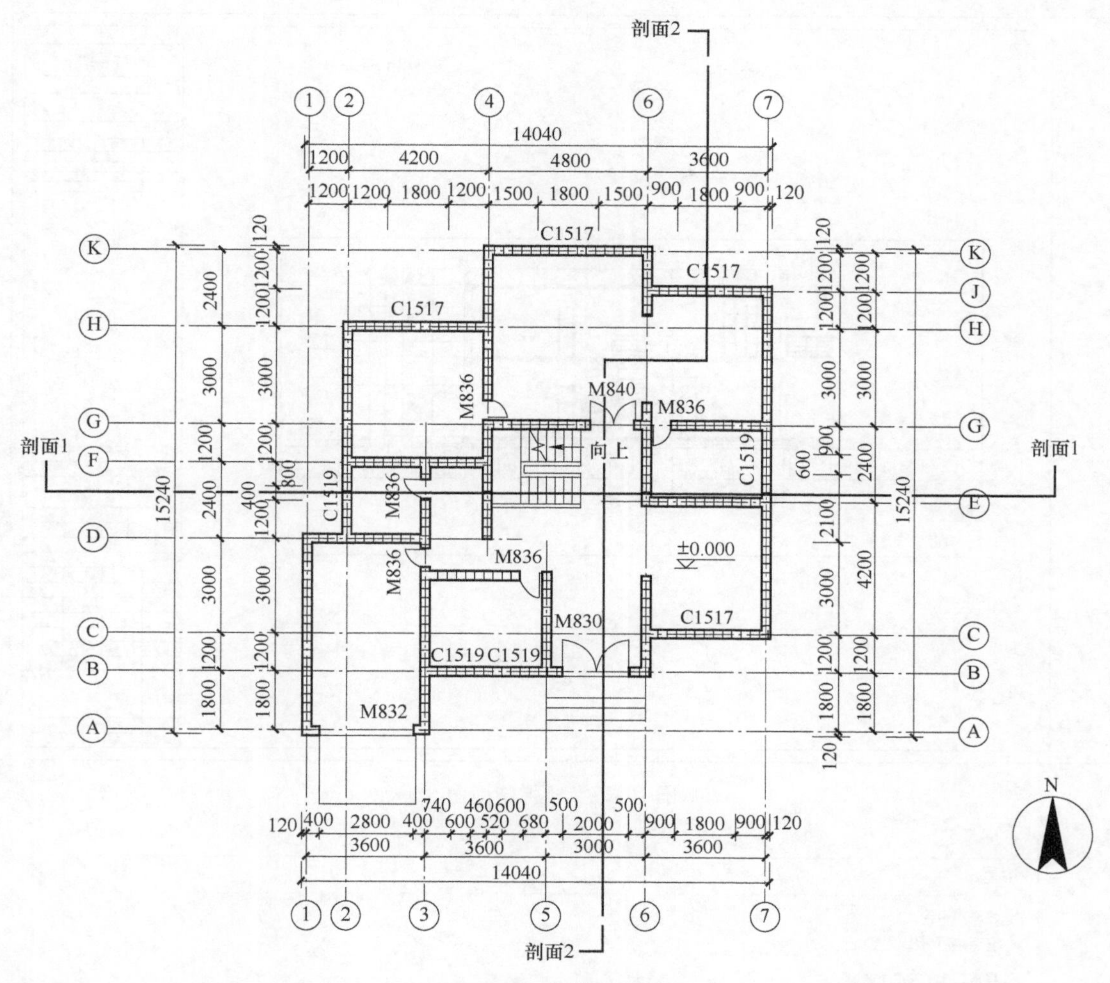

图 10-16　拆分剖面线

1）“层”选项卡：列出了 Revit 模型中的各个类别所对应的 AutoCAD 文件中的图层名称，如图 10-19 所示。可以对图层及颜色进行修改。以轴网的图层设置为例，在类别中找到“轴网”，默认情况下轴网和轴网标头的图层名称均为 S-GRIDIDM，因此，导出后轴网和轴网标头均位于图层 S-GRIDIDM 上，无法分别控制线型和可见性等属性。单击“轴网”图层名称 S-GRIDIDM 输入新名称 AXIS，单击“轴网标头”图层名称 S-GRIDIDM，输入新名称 PUM_BIM。这样导出的 DWG 文件，轴网在 AXIS 图层上，而“轴网标头”在 PUM_BIM 图层上，符合绘图习惯。

2）“线”选项卡：列出了 Revit 与 DWG 文件中的图线映射关系，如图 10-20 所示，可以按照需要将映射关系进行修改。

3）“填充图案”选项卡：列出了 Revit 与 DWG 文件填充的图例之间的映射关系。默认情况下 Revit 中的填充图案在导出为 DWG 时选择“自动生成填充图案”，即保持 Revit 中的填充样式方法不变。但是诸如混凝土、钢筋混凝土等填充图案在导出为 DWG 后会出现无法被 AutoCAD 识别为内部填充图案，从而造成无法对图案进行编辑的情况，要避免这种情况可以单击填充图案对应的下拉列表，选择合适的 AutoCAD 内部填充样式即可，如图 10-21 所示。

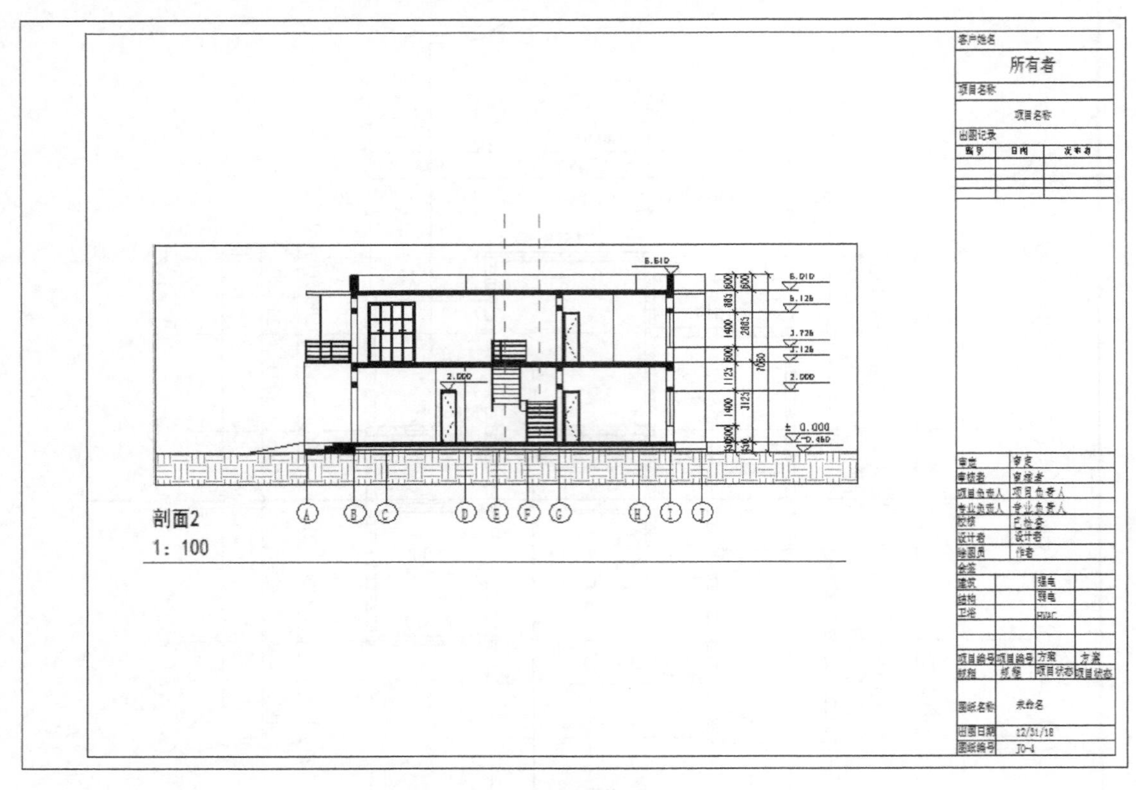

图 10-17　阶梯剖面图

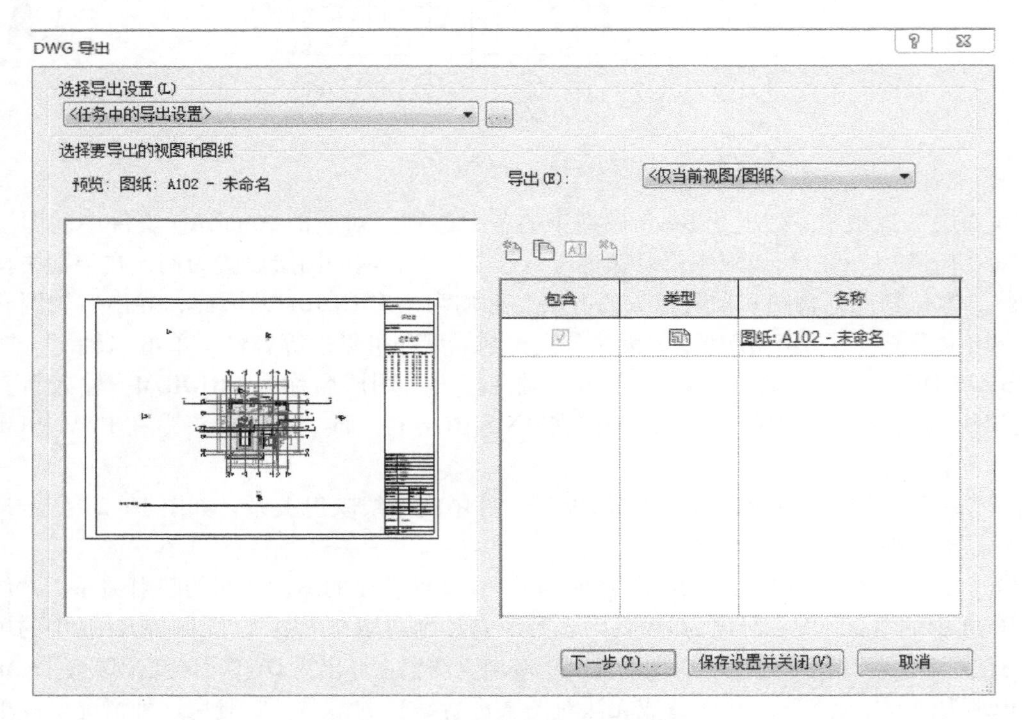

图 10-18　“DWG 导出”对话框

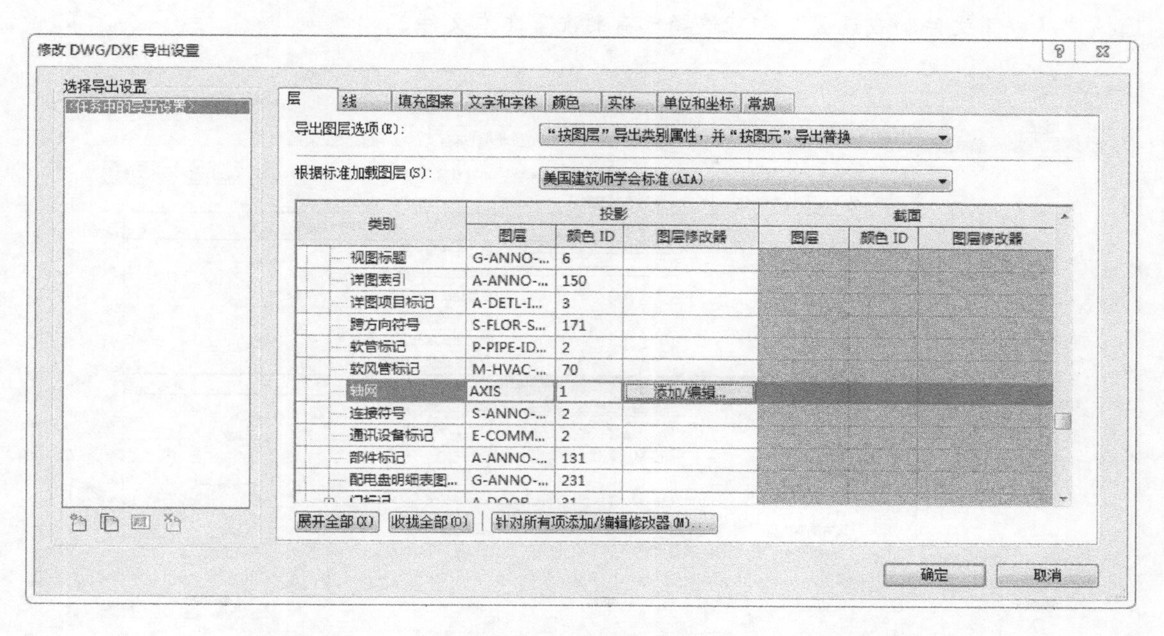

图 10-19 "修改 DWG/DWF 导出设置"对话框——"层"选项卡

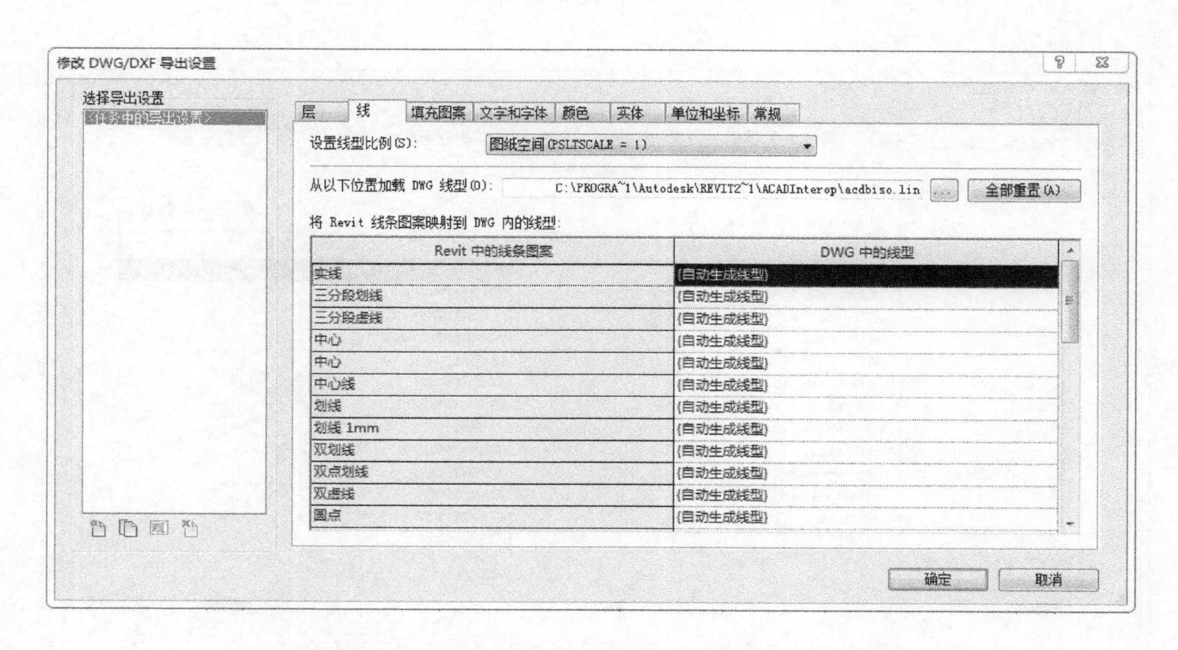

图 10-20 "修改 DWG/DWF 导出设置"对话框——"线"选项卡

4）"文字和字体"选项卡：列出了 Revit 与 DWG 文件字体的映射关系，如图 10-22 所示，可按照需要进行修改。

说明：也可通过加载图层映射标准进行批量修改。单击"根据标准加载图层"下拉列表按钮，Revit 中提供了 4 种国际图层映射标准，以及从外部加载图层映射标准文件的方式。

选择“从以下文件加载设置”即可选择已有的配置文本文件。

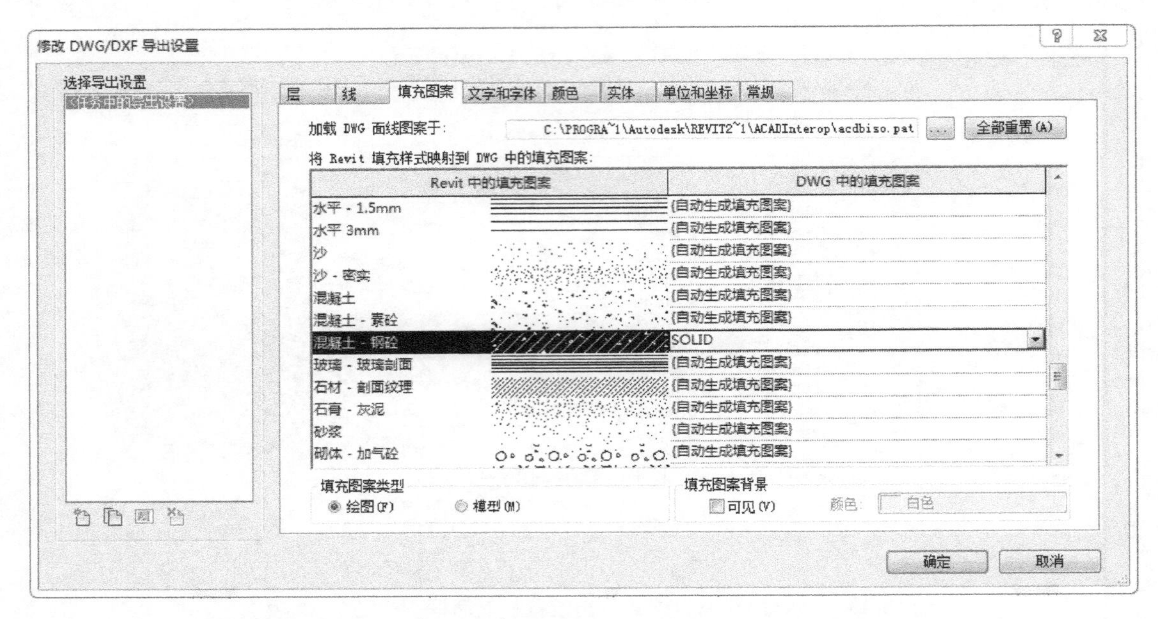

图 10-21 “修改 DWG/DWF 导出设置”对话框——“填充图案”选项卡

图 10-22 “修改 DWG/DWF 导出设置”对话框——“文字和字体”选项卡

设置完成后，在“导出 CAD 格式”对话框中，单击“下一步”按钮，弹出“导出 CAD 格式-保存到目标文件夹”对话框，如图 10-23 所示。选择路径，输入文件名后单击“确定”按钮，完成 DWG 文件导出设置。

图 10-23　“导出 CAD 格式-保存到目标文件夹”对话框

■10.2　创建明细表

Revit 软件可以按照对象类别统计并列表显示项目中各类模型图元的信息，例如，可以统计项目中门、窗高度、宽度、数量等信息。下面介绍生成明细表的方法。

10.2.1　创建明细表

1. 功能

创建明细表。

2. 执行方式

- 功能区：【视图】\【创建】\【明细表】\

输入上述命令后，弹出“新建明细表”对话框，在“类别”栏中选择所需的对象类型，用户选择相应的对象，将要统计的项目对象类别的图元信息，用于生成明细表。在“名称”栏中填写明细表的名称，勾选明细表的类型，单击“确定”按钮，打开“明细表属性”对话框，如图 10-24 所示。

下面就前述别墅示例中的门明细表为例，介绍明细表属性中各选项卡的内容及设置方法。

1）“字段”选项卡：用于设置明细表所统计的项目种类。

“可用的字段”栏中显示对象类别中，所有可以在明细表中显示的实例参数和类型参数，依次在列表中选择所需统计的各项参数，如类型、宽度、高度、注释、合计等，单击“”按钮，添加到右侧“明细表字段”栏中，如图 10-25 所示。可通过“”或“”按钮来调节字段顺序。

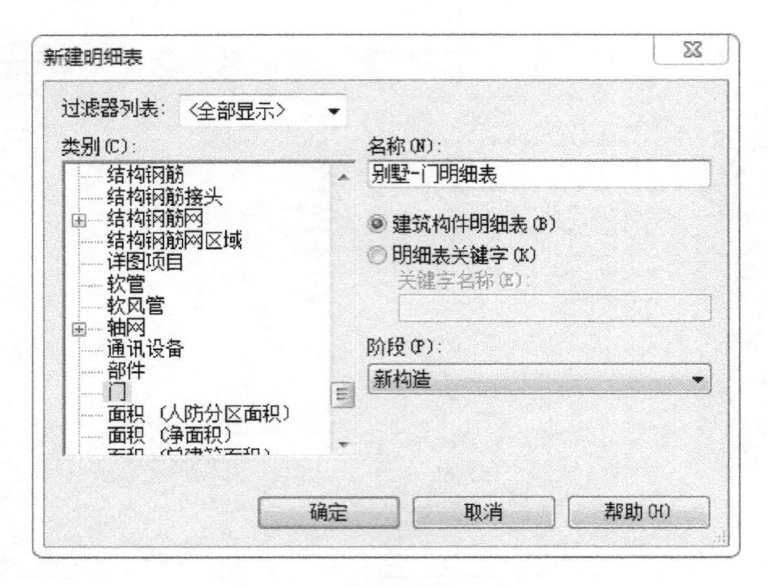

图 10-24 “新建明细表”对话框

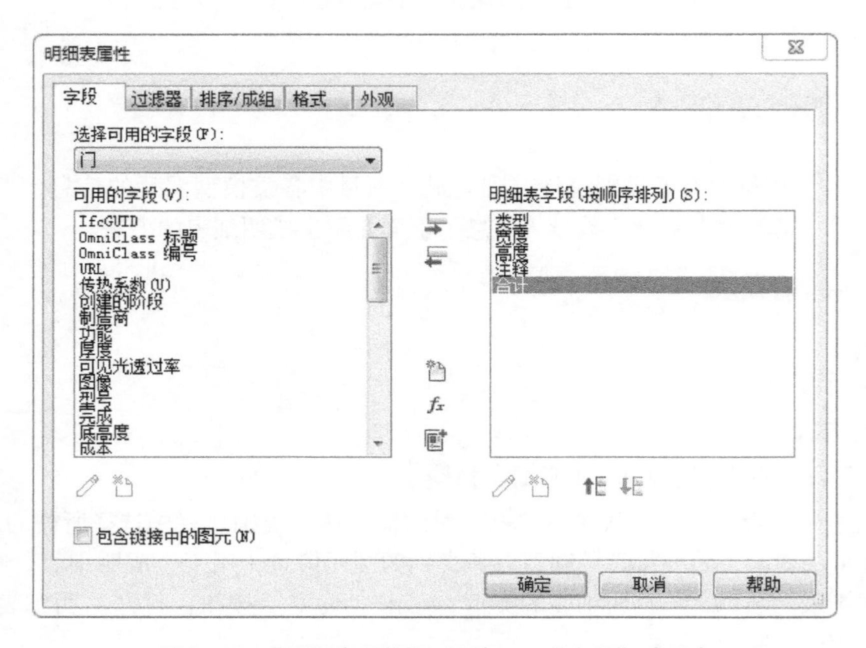

图 10-25 “明细表属性”对话框——“字段”选项卡

2）“过滤器”选项卡：用于指定过滤器令明细表中只显示特定类型信息。

设置“过滤条件”为“宽度”“不等于”和“2800”，即在明细表中显示所有“宽度不等于2800”的图元，如图10-26所示。完成后单击“确定”按钮，返回明细表视图，明细表不再显示被过滤的图元，即不显示宽度为2800的门，本示例中为车库卷帘门。

3）“排序\成组”选项卡：用于指定明细表中各行的排序选项。

设置“排序方式”为“类型”，排列顺序为“升序”，在设置“否则按”为“宽度”，

排序方式为“升序”，在每种门的类型中自动按照宽度升序排列，如图 10-27 所示。如不勾选“逐项列举每个实例（Z）”选项，明细表会将每种类型的门只列举一次并标注该类型门的总数。

图 10-26　“明细表属性”对话框——“过滤器”选项卡

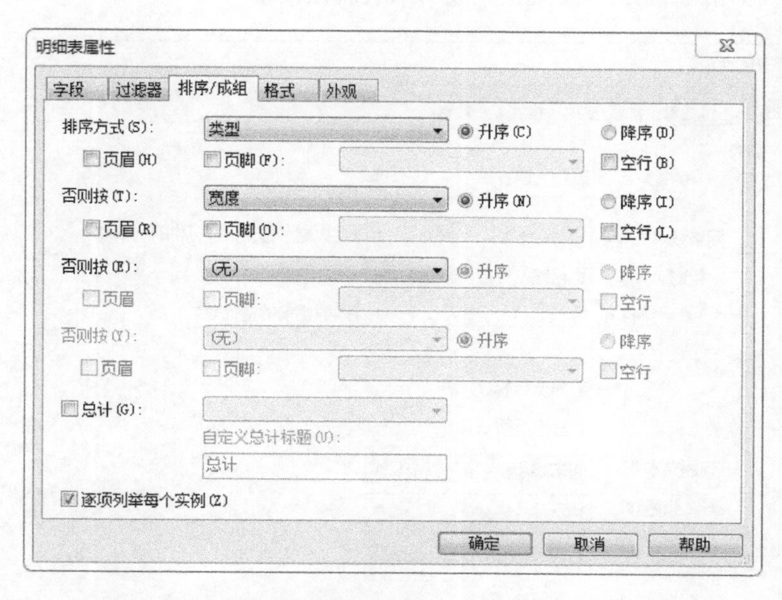

图 10-27　“明细表属性”对话框——“排序/成组”选项卡

4）“格式”选项卡：为明细表每个字段设置标题的方向和对齐方式，如图 10-28 所示。

5）外观选项卡：为明细表指定图形和文字格式。

图 10-28 “明细表属性”对话框——“格式”选项卡

勾选“网格线（G）”选项，设置“网格线”样式为“细线”，勾选“轮廓（D）”选项，设置“轮廓”样式为“中粗线”，取消勾选“数据前的空行”选项，确认勾选“显示标题”和“显示页眉”选项，按实际需要设置“标题文本”“标题”“正文”的字体，如图 10-29 所示，单击“确定”按钮，完成明细表属性设置。

图 10-29 “明细表属性”对话框——“外观”选项卡

按照上述设置，形成如图 10-30 所示的明细表。

〈门明细表〉				
A	B	C	D	E
类型	宽度	高度	注释	合计
内双开1400 x 2100mm 2	1400	2100		2
大门1500 x 2100mm 2	2000	2200		1
室内木门700 x 2100mm 2	600	2000		10
阳台推拉门1500 x 2100 mm 2	1800	2400		1

图 10-30　门明细表 1

10.2.2　扩展与编辑明细表

如果明细表的格式不合适时，用户还可以对明细表作进一步的调整。

1. 调整修改表格

按如下步骤调整修改表格：

步骤 1：单击表头各单元格名称，进入文字输入状态后，可以根据设计需要修改各表头名称，修改明细表头名称不会修改图元参数名称。

步骤 2：在明细表视图中可以进一步编辑明细表外观样式，按住并拖动鼠标左键选择“宽度”和“高度”列页眉，单击“明细表”选项卡中的“成组”工具，合并生成新表头单元格。单击合并生成的新表头行单元格，进入文字输入状态，输入“尺寸”作为新页眉行名称，结果如图 10-31 所示。

〈门明细表〉				
A	B	C	D	E
	尺寸			
类型	宽度	高度	注释	合计
内双开1400 x 2100mm 2	1400	2100		2
大门1500 x 2100mm 2	2000	2200		1
室内木门700 x 2100mm 2	600	2000		10
阳台推拉门1500 x 2100 mm 2	1800	2400		1

图 10-31　成组后的门明细表

2. 扩展表格

可以在明细表中添加计算公式，用于计算材料的面积、成本等。

单击“修改明细表/数量”选项卡中“计算”按钮“fx”，弹出“计算值”对话框，如图 10-32 所示，设置名称为“门洞口面积”，设置类型为“面积”，公式为“宽度 * 高度”（其中宽度和高度参数可以从“...”按钮的“字段”对话框中选择），然后单击“确定”按钮，返回“明细表属性”对话框，调整“洞口面积”字段位置为合适位置，添加了“门洞口面

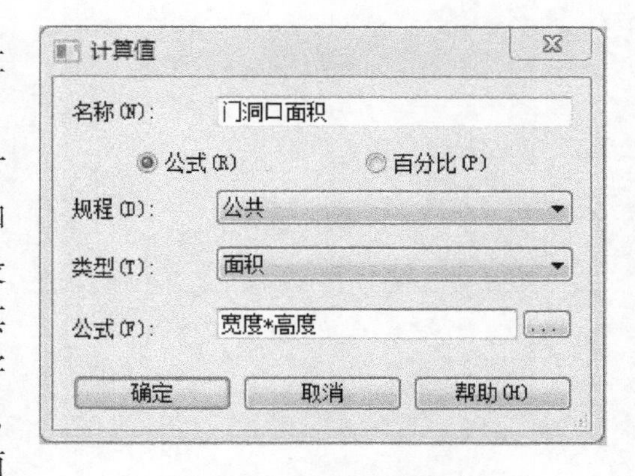

图 10-32　添加计算公式

积”字段后的明细表，如图 10-33 所示。

<门明细表>					
A	B	C	D	E	F
	尺寸				
类型	宽度	高度	注释	面积	合计
内双开1400 x 2100mm 2	1400	2100		2.94	2
大门1500 x 2100mm 2	2000	2200		4.40	1
室内木门700 x 2100mm 2	600	2000		1.20	10
阳台推拉门1500 x 2100 mm 2	1800	2400		4.32	1

图 10-33 门明细表 2

说明：选择明细表中某项内容后，通过依次单击“修改明细表\数量\删除”来删除明细表中的门类型，此时项目模型中的对应图元也会被删除，请谨慎操作。

10.2.3 明细表的应用

用户也可以通过明细表查询项目中对应的图元。

在明细表视图中，单击查询对象，依次单击功能区“修改明细表/数量/图元/在模型中高亮显示”，系统自动切换至包含该图元的视图中，并弹出如图 10-34 所示的“显示视图中的图元”对话框，单击“显示”按钮可以在包含该图元的不同视图之间切换，单击“关闭”按钮退出。

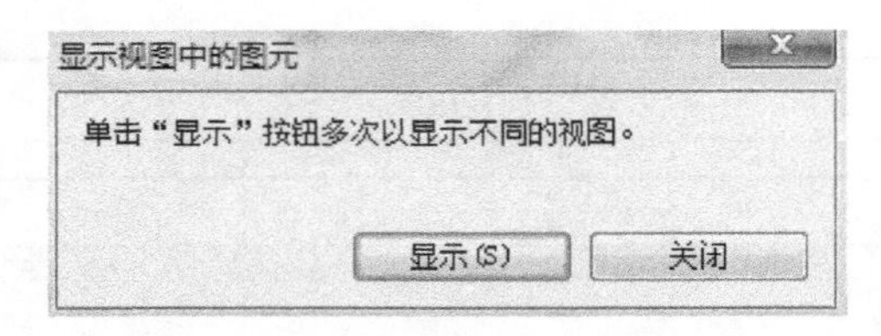

图 10-34 “显示视图中的图元”对话框